"十三五"职业教育国家规划教材

"十二五"职业教育国家规划教材

计算机应用基础

侯冬梅◎主　编

张宁林　赫　亮◎副主编

中国铁道出版社有限公司

CHINA RAILWAY PUBLISHING HOUSE CO., LTD.

内 容 简 介

《计算机应用基础（第4版）》在编写过程中大量汲取国内外知名计算机评测标准和相关教材的精华。本书延续第3版的写作风格，以《高等职业教育专科信息技术课程标准2021年版》为导向，结合国际范围内广泛认可的课程标准而编写，全书分为10个单元，内容包括：计算机基础知识，计算机硬件与软件，操作系统基础，网络应用与信息检索，文字处理，电子表格，演示文稿，新一代信息技术概论，大数据、云计算及人工智能，信息素养与社会责任。每个单元精心设计了若干实践任务，每个任务包括"任务描述—解决路径—相关知识—任务实施"几个环节，可有效提升学习者应用技能，培养其结合学习、生活、工作实际分析问题、解决问题的能力。

本书按照"精简理论，注重应用"的思路进行讲解，层次清晰，内容丰富，图文并茂，每个单元增加了相应知识点微课，读者可扫描二维码获得相关视频。

本书适合作为高等职业院校计算机公共课程的教材，也可作为信息社会人们计算机能力培养及提高的培训教材。

图书在版编目（CIP）数据

计算机应用基础/侯冬梅主编.—4版.—北京：
中国铁道出版社有限公司，2021.9（2022.9重印）
"十三五"职业教育国家规划教材
ISBN 978-7-113-28286-8

Ⅰ.①计… Ⅱ.①侯… Ⅲ.①电子计算机-高等职业
教育-教材 Ⅳ.①TP3

中国版本图书馆CIP数据核字（2021）第163448号

书　　名：计算机应用基础
作　　者：侯冬梅

策　　划：王春霞　　　　　　　　　　　　编辑部电话：（010）63551006
责任编辑：王春霞　彭立辉
封面设计：付　巍
封面制作：刘　颖
责任校对：安海燕
责任印制：樊启鹏

出版发行：中国铁道出版社有限公司（100054，北京市西城区右安门西街8号）
网　　址：http://www.tdpress.com/51eds/
印　　刷：三河市航远印刷有限公司
版　　次：2011年7月第1版　2021年9月第4版　2022年9月第3次印刷
开　　本：880 mm×1230 mm　1/16　印张：18.25　字数：600千
书　　号：ISBN 978-7-113-28286-8
定　　价：49.80元

前　言

随着移动互联时代的到来，信息化不仅改变着人们的生活和工作方式，而且改变着人们的思维和学习方式。在计算机普及的基础上，手机、平板计算机等便携式设备也成为重要的信息化终端设备，大数据、云计算及人工智能开始走进了每一个人的生活，所有这些新的变化和发展为计算机基础教学提出了新的挑战。在以往的计算机基础教学中，采用案例驱动方式居多，学习者按照教材中的操作步骤可以完成案例，体会到一定的成就感，但是，再次遇到同类问题时却无从下手，不能较好地运用知识和技能解决实际问题。开发理实一体化的教材，从完成实际工作任务的主要工作过程入手，在教学过程中给学习者一定的思考空间，不仅能提升技能，而且能提升能力和素养，对培养"面向现代化，面向世界，面向未来"的创新人才更具深远意义。

本书延续第 3 版的写作风格，以《高等职业教育专科信息技术课程标准 2021 年版》为导向，结合国际范围内广泛认可的课程标准，如微软 Office 商务应用国际标准（BAP）、全国计算机等级考试（National Computer Rank Examination）大纲等，将操作系统及常用软件进行了升级：操作系统由原来的 Windows 7 升级为 Windows 10，常用软件由原来的 Office 2010 升级到 Office 2016。本教材的素材及任务也得到了有效的升级并更新，同时还新增了新一代信息技术概论，网络应用与信息检索，大数据、云计算及人工智能，信息素养与社会责任 4 个单元，涵盖了当今较新的网络和计算机应用技术。

本书由中国铁道出版社有限公司聘请多名富有一线实践教学经验和项目实施能力的教师精心打造。从高校到工作岗位对计算机常用办公软件通用技能的要求着手，结合日常学习和生活对计算机应用的需求，全面提供了计算机应用软件的实用知识。全书分为 10 个单元，每个单元精心设计了若干实践任务，每个任务都包含"任务描述—解决路径—相关知识—任务实施"几个环节，可全面提升读者应用技能，培养其结合学习、生活、工作实际分析问题、解决问题的能力。这种全新的编写理念取代了传统教材简单的任务驱动式步骤操作，对学习者解决实际问题的能力有很大的提高和加强。通过本书的学习，可加深对计算机基础知识点的理解，对取得国际计算机证书及通过全国计算机一级等级考试有很大帮助。

本书以培养实用型人才为根本出发点，从计算机应用技术的实际出发，结合大量任务实践练习，并对其操作过程及使用技巧加以详细讲解，按照"精简理论、注重应用"的思路，使初学者少走弯路、快速掌握信息社会所需的计算机应用技术。全书所有内容都经过了上机测试，层次清晰，内容丰富，案例众多，图文并茂，通俗易懂，便于学生学习。

此外，本书与配套实训教材相得益彰，学生在认真研读主教材的基础上，通过接触实训教材的具体项目，能够更深入地了解这些重要知识在人们日常工作、生活中的应用，起到了在原有成就的基础上锦上添花的作用。

本书主要内容如下：

单元 1　计算机基础知识：主要讲述了生活中的计算机，计算机的历史、现状与未来，计算机与社会，以及人机工程学四部分内容。每部分内容以图文并茂的形式展现，可使读者直观形象地理解、领会所学知识。

单元 2　计算机硬件与软件：介绍了计算机软硬件的相关概念和知识，深入介绍了计算机系统中的各种硬件设备以及设备的常用性能指标，讲解了各种类型的计算机以及各种类型的软件及其功能，并且讨论了不同类型计算机上软件的区别。

单元 3　操作系统基础；介绍了计算机系统中软件与硬件的关系，系统软件与应用软件的区别以及操作系统在计算机系统中的作用以及常见的操作系统。在介绍计算机操作系统中的基本知识与操作后，讲述了保障计算机系统安全、稳定运行的操作系统维护工作。

单元 4　网络应用与信息检索：主要介绍了网络的概念、局域网中共享资源的方法、使用浏览器高效浏览与组织信息的方法、网络信息检索的概念与使用技巧、使用 Outlook 管理邮件与日程的方法等。

单元 5　文字处理：介绍了文档的创建、编辑、排版和管理，详细介绍了需要熟练掌握的文档样式、页面布局、各类引用以及各类对象，如表格数据处理，艺术字、图片、文本框和数学公式等的使用。另外，还介绍了文档审阅的修订、批注等内容。

单元 6　电子表格：介绍了工作簿与工作表的创建、编辑、管理，常用函数及常用统计函数的应用，电子表格中数据管理和分析的工具，包括排序、筛选（自动筛选和高级筛选）、分类汇总和数据透视表，图表的创建和编辑，以及如何在电子表格中导入文本数据、合并数据及保护工作簿等操作。

单元 7　演示文稿：介绍了演示文稿母版的设计、插入和格式化文本和图形对象的方法、动画的设置技巧，以及演示文稿的发布与共享等内容。

单元 8　新一代信息技术概论：主要介绍了以物联网、5G 和区块链为代表的新一代信息技术的概念、发展趋势和最典型的应用场景。

单元 9　大数据、云计算及人工智能：主要讲述了大数据、云计算及人工智能的基础知识，以及它们的应用领域，并且对大数据、云计算及人工智能的关系，进行了详细的分析；采用通俗易懂、图文并茂的实例讲述，可使读者轻松地读懂、理解三者的关系。

单元 10　信息素养与社会责任：主要讲述信息安全的概念与意义、主要的信息安全技术、个人用户如何在 Windows 操作系统中进行安全防护、人工智能等新的信息技术在社会和伦理等各方面带来的冲击，并以无人驾驶汽车责任划分为例进行分析与思考。

本书适合作为高等职业院校计算机公共课程的教材，也可作为信息社会人们计算机能力学习及提高的培训教材。

为了帮助教师授课和学生学习，本书提供数字化教学资源，包括实训教程、教学课件、教学视频、案例素材、数字化教学资源，可到 http://www.tdpress.com/51eds 下载。

本书由侯冬梅教授任主编，张宁林、赫亮任副主编，具体编写分工：单元 1、6、9 由侯冬梅编写；单元 2、3、5 由张宁林编写；单元 4、7、8、10 由赫亮编写。全书由侯冬梅组织编写并统稿。

由于时间仓促，编者水平有限，书中难免存在疏漏与不妥之处，敬请广大读者提出宝贵意见和建议。我们会在适当时间进行修订和补充。

编　者

2021 年 6 月

目 录

单元 1

计算机基础知识

计算机是一种能自动、高速地进行数据信息处理的机器，是 20 世纪人类最伟大、最卓越的科学技术发明之一。随着计算机技术的发展，计算机已广泛应用于现代科学技术、国防、工业、农业、企业管理、办公自动化以及日常生活中的各个领域，并产生了巨大的效益。

在互联网时代，每一位职场人在完成工作任务时，都需要掌握一定的计算机基础知识，所以当前学习计算机相关知识，是为未来的发展奠定基础，可为自己打开更多的发展渠道。同时，还需要重视发展趋势，尤其要重视新技术的学习。本单元讲述了计算机基础知识及计算机新技术的概念，通过扼要的讲解及生动的例子为读者奠定了夯实的计算机基础。

学习目标

- 学习计算机的基础知识。
- 了解生活中的计算机。
- 了解计算机的历史、现状与未来。
- 了解计算机与社会。
- 了解人机工程学。

任务 1 了解生活中的计算机

计算机广泛地应用在社会方方面面（如家庭、政府、教育和办公室），人们几乎随时随地有机会接触到计算机，它已成为个人连接现代社会不可缺少的媒介。为什么计算机的地位如此重要？因为它具备 4 个特性：一是数据处理速度快；二是存储容量大；三是准确性高；四是传输方便。

任务描述

本任务要求读者理解为什么要了解计算机；了解计算机在家庭、教育、工作及其他方面的应用。

解决路径

本任务以图文并茂的形式讲述，可使读者轻松地了解计算机的各个应用领域。总体来说，此任务可以按照四部分来了解、学习、理解计算机的各个应用领域，如图 1-1 所示。

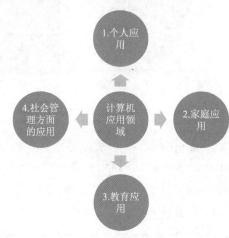

图 1-1 计算机的应用领域

相关知识

1. 计算机系统组成

计算机系统由硬件和软件两大部分组成：硬件系统包括主机和外围设备；软件系统包括系统软件和应用软件，如图 1-2 所示。

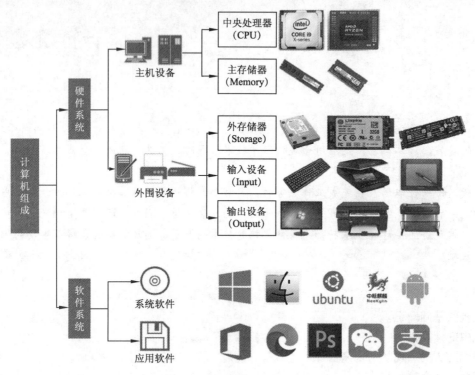

图 1-2　计算机系统组成

2. 计算机处理信息的设备

① 输入设备：作用是把信息输入计算机，计算机可以用键盘来写，用传声器（俗称麦克风）来讲，用扫描仪来看，用鼠标来选。常用的输入设备如图 1-3 所示。

（a）鼠标　　　　　　（b）键盘　　　　　　（c）扫描仪　　　　　（d）传声器

图 1-3　常用输入设备

② 输出设备：把计算机处理过的信息传送出去。人们把显示器、打印机、扬声器（俗称音箱）等叫作计算机的输出设备，通过输出设备把计算机处理过的信息（图像、声音、文字等）传送出去。常用的输出设备如图 1-4 所示。

3. 计算机的分类

按照计算机的处理能力将其分为：微型计算机、小型计算机、大型计算机和超级计算机，各类计算机的外观如图 1-5 所示。

（a）显示器

（b）打印机

（c）扬声器

图 1-4　常用输出设备

（a）微型计算机

（b）小型计算机

（c）大型计算机

（d）超级计算机

图 1-5　微型、小型、大型和超级计算机

任务实施

自微处理器诞生以来，个人计算机一直在不断发展，与之相关的计算机应用更是涉及人们的工作与生活中。近年来，平板计算机和智能型手机的普及，将个人计算机应用发展到了新的阶段，随时随地都可以享受到计算机带来的方便。

1. 了解计算机在个人应用方面的应用

（1）计算机改变了人们的工作方式

计算机和网络的结合，让人们可以在家中办公，即便是在公司、学校、其他工作单位，几乎每一项工作也都需要计算机的辅助。至于从事工程或美术的设计者，更是必须借助于计算机才能完成工作。计算机改变了人们的工作方式，达到了信息化、便捷化，如图 1-6 所示。

（2）社交圈不再受地理限制

社交发展已不只是面对面地交流，通过网络社群或即时通信软件，使人们的社交圈变得空前宽广。朋友可以来自五湖四海，不再受地理位置的限制，如图 1-7 所示。

（3）随时随地可娱乐休闲与办公

平板计算机和智能型手机让个人应用更加便利，随时随地可以享受网络带来的便利，亦可不分场所进行娱乐休闲与办公活动，如图 1-8 所示。

图 1-6 计算机信息化、便捷化

图 1-7 社交圈不再受地理位置限制

图 1-8 随时随地娱乐休闲与办公

（4）电子邮件得到广泛应用

传统的信件几乎完全被更加快捷的电子邮件所取代，以往需要数日才能收到的信件，现在只需几秒就能完成信息传递。电子邮件得到了广泛应用，如图 1-9 所示。

图 1-9 电子邮件得到广泛应用

（5）云端应用技术让数据存取更方便

云端应用技术已走进人们的生活，无论人们在哪里都可以通过网络服务器获取数据，同时也可将数据存储到服务器中，方便异地存取。云端应用技术让资料存取更方便，如图 1-10 所示。

图 1-10 云端应用技术让数据存取更方便

（6）出行更便利

世界变得越来越小，足不出户亦可浏览天下风光。即便是旅游、公出，电子地图也能帮助人们规划好出行路线，地球仿佛就在人们手中，如图 1-11 所示。

（7）信息传递更及时，信息量更大

古人说"秀才不出门，能知天下事"或许有些夸张，但是随着个人计算机的普及、信息爆炸式的扩散，世界上每个角落的新闻都可以立即获取。通过网络信息传递更及时，信息量也更大，如图 1-12 所示。

图 1-11 出行更便利

图 1-12 信息传递更及时，信息量更大

2．了解计算机在家庭方面的应用

由于硬件制造技术的快速发展，计算机的生产成本大幅降低，性能和功能却越来越高。如今，计算机在一般家庭都相当普及，许多家庭已购置一台或一台以上的计算机。

网络和周边设备的不断研发，家用计算机功能之完善令人大开眼界，用途非常广泛。

（1）网上购物

B2C 电子商务的兴起改变了人们商业交易的方式，商品种类和数量更丰富、无实体店铺、安全交易、完善的网络购物吸引着消费者。只要在网络上轻轻一点鼠标，货物就会由专人送到家门口，用不着去商场花很多的时间和精力选购。网上购物十分方便，如图 1-13 所示。

图 1-13 网上购物

（2）网上租赁

买卖汽车或租赁汽车，只要上网找一找，就可以免费获取很多相关汽车租赁买卖的信息，当然也少不了买卖双方、买主卖主对交易结果的评论。网上租赁非常方便，如图 1-14 所示。

图 1-14 网上租赁

（3）网上求职

想找工作，规划个人生涯，各大求职网站都提供了网上信息服务，主动提供公司和人才的介绍、沟通方式，省事、省心、省力，又有效率。通过网上求职效率会提高，如图 1-15 所示。

图 1-15 网上求职

（4）网上银行

现在到银行排队存款、取钱太浪费时间，利用网上银行可以迅速管理好自己的钱财，也可以网上投资、交电话费、水费、电费等。网上银行给生活带来方便，如图 1-16 所示。

图 1-16 网上银行

（5）网上娱乐

任何时候感觉累了，在网上看电影、电视，或者玩游戏、听音乐，即可满足家庭的视听享受，如图 1-17 所示。

图 1-17　网上娱乐

（6）网上搜索

万维网就是一个资料丰富的超级图书馆，无论是查询飞机航班（见图 1-18），这是查询交通路线地图、世界各地风俗民情等，都很便利。

图 1-18　网上搜索

3．了解计算机在教育方面的应用

教育的作用在于引导学生适应社会和推动社会的发展，而信息时代的来临，让教育事业有了一个全新面貌。尤其计算机多媒体采用大量文字、图片、影像、视频等形式展示资料，甚至利用相关的计算机与多媒体软件及网络技术，让教学活动有更多的师生互动，强化学习效果，拓展教育对象和范围。

无论是小学、中学、大学还是研究生院，计算机都成为辅助教学精确化和高效化的重要工具。计算机和远程教育的发展为边远地区的学生提高科学知识和教育水平提供了平台。

（1）多媒体教室

在这个信息技术发达的时代，多媒体教室已成为必不可少的教学工具，它由多媒体计算机、液晶投影仪、数字视频展示台、中央控制系统、投影屏幕、音响设备等多种现代教学设备组成，主要应用于教学、培训及会议等方面，如图 1-19 所示。

图 1-19　多媒体教室效果图

（2）远程教学

远程教学不受时间、空间、年龄的限制，无论是在职工作人员、家庭主妇或学生，都可以通过远程教学获得不同程度、不同科目的知识，并且在网上请教专家。图1-20所示为一个远程教学网站。

图1-20　远程教学网站

（3）自学网站

无论人在何处，只要有一台计算机，连接网络后，就可以浏览世界各地网站，寻找有兴趣的课程，自学最新的知识，随时获取他人的建议和指导，下载有用的学习资源。图1-21所示为一个可以自学考试的网站。

图1-21　自学考试网站

4．了解计算机在社会、办公、管理方面的应用

工业化让劳动力获得解放，同时大幅提高生产力。计算机的出现则更进一步强化了生产、办公的效率，让社会产业获得指数级的提升。

（1）计算机监控自动化生产线

传统的工农业需要密集的人力资源，而引入计算机的监控和指挥，可以减少错误率，控制品质和速度，让产品从原材料到最终加工成型达到全自动化的目标。图1-22所示为计算机监控自动化生产线。

（2）中国电子政务网站

当前政府部门需要管理的事务众多，分项也越来越细，社会经济成长的即时追踪和调控、国防事务的严密掌控、行政事务的登记管理等，都需要消耗庞大的人力，通过计算机的辅助，可以减少人工作业的时间，让政务推行得更快更完善。中国电子政务网站如图1-23所示。

图1-22　计算机监控自动化生产线

图 1-23 中国电子政务网站

（3）现代化办公室

在计算机普及之前，各行各业工作人员必须依靠算盘、纸、笔等工具来计算数据、记录资料等，效率低、容易发生手误、笔误，浪费大量人力、物力资源。自从计算机引入各行各业之后，完全取代了这些办公工具，加快了工作速度，提高了工作效率，且更安全。图 1-24 所示为一间现代化办公室。

（4）电子医疗设备

采用电子医疗设备，能有效协助医生诊断病情，追踪记录病人的疗程，管理医院内部行政、药房、病历等工作。图 1-25 所示为一种为病人诊断病情的医疗设备，病人可以通过医疗系统获知身体状况、咨询保健方法等。

图 1-24 现代化办公室

图 1-25 电子医疗设备

计算机和医学技术的进步使早期诊断和确定有效治疗方案变得易如反掌。计算机也对培训医生起到了非常有效的帮助，比如，医学院利用计算机模拟软件，来训练外科医生进行"虚拟手术"，帮助他们为在实际病人手术的时候积累经验和知识，这种训练的好处是显而易见的。

（5）交通监控系统

为了改善交通堵塞问题，目前许多国家都采用地理信息系统（Geographic Information System，GIS），利用计算机监控各交通繁忙路段的状况，记录分析管理行车路线，改善道路的行车状况。在高速路口、桥梁等场所设立了电子收费系统（Electric Toll Collection，ETC）自动分析收取各种车辆的过路费，提高收费效率。而目前的全球定位系统（Global Positioning System，GPS）则是通过人造卫星来进行定位的，同时为家用消费者提供更多的附加应用，包括外出旅游，也可以用手机导航，为出行的人带来诸多方便。交通监控实时画面如图 1-26 所示。

（6）计算机监控系统

大城市由于流动人口多，基于维持社会治安的考虑，在一些重要或偏僻的路段，会安排巡警执勤，并且安装计算机监控系统，全天候监控并录像，以便不时之需。另外，在计算机资料库中登记刑事档案，有助于案件的侦破。图 1-27 所示为计算机监控系统之一。

图 1-26　交通监控实时画面　　　　　　　　图 1-27　计算机监控系统

任务 2　了解计算机的历史、现状与未来

无处不在、无所不能的计算机，已历经了 70 多个春华秋实。计算机和网络的出现，将整个人类带入一个全新的领域，表示信息时代的来临，同时也使世界也变得越来越小，将整个地球变成了一个"地球村"。现代人可以使用计算机完成日常生活中的各种活动。

任务描述

本任务要求读者了解计算机的历史发展阶段、计算机的现状与当前热点及未来发展趋势。

解决路径

本任务通过相关知识的介绍，以图文并茂的形式讲述，使读者逐步了解计算机的历史发展、现状及未来。总体来说，此任务可以按照以下三部分来了解、学习、理解计算机的过去、现状及未来，如图 1-28 所示。

图 1-28　任务 2 的学习步骤

相关知识

1．网络技术的发展趋势

当前网络技术的发展趋势是从计算机网络到互联网、移动互联网到物联网。据统计，2020 年底我国互联网发展的用户数如表 1-1 所示。

表 1-1　互联网的用户数

名　　称	用户数及普及率
互联网用户数	7.21 亿～9.89 亿
互联网普及率	53.2%～70.4%
手机网民规模	6.5 亿～9.86 亿

（1）互联网与物联网的区别

① 互联网是提供全球性公共信息的服务。

② 物联网是提供行业性、区域性的服务。

（2）物联网的概念

物联网技术对现代物流业的发展提供了一个契机，它是通过射频识别（RFID）技术、传感器技术、GPS 技术等信息传感设备，按约定的协议，把任何物品与互联网相连接，进行信息交换和通信，以实现对物品的智能化识别、定位、跟踪、监控和管理的一种网络。而对于各行各业来说，物流业的发展关系着决策者对于生产、销售等进行实时管控，管理者可以通过实时的实际情况决定当前的工作进展情况，如生产某种产品，可以根据当前库存的信息决定进货的数量，这样就避免了生产过程中可能造成的原材料不足或者产量过剩的情况，从而实现进货、生产及销售的平衡。

目前，物联网应用范围非常广泛，主要有智能交通、数字农业、数字医疗、现代物流、遥感与卫星定位、空间探测、数字海洋、安全监控、智能家居、智能电网、数字地质、数字环保、数字制造、公共安全等。

2．常用移动设备

目前用得最多的移动设备是智能手机和平板计算机，它们的出现，为物联网及电子商务的发展插上了翅膀。移动设备的处理速度，达到了物联网及电子商务的技术要求，并且不断发展的硬件和软件，会提供更强力的支持。

（1）智能手机

智能手机（Smart Phone）是指"像个人计算机一样，具有独立的操作系统、独立的运行空间，可以由用户自行安装软件、游戏、导航等第三方服务商提供的程序，并可以通过移动通信网络来实现无线网络接入的一类手机的总称"。智能手机比传统手机更具活力，它不仅有更强的数据处理能力，而且操作系统日臻完善，并有数十万计的应用软件。它把通信与计算及网络功能融合在一起，不仅实现了人与人之间随时随地的通信，而且成为人们爱不释手的 IT 用品。

（2）平板计算机

平板计算机（Tablet PC）是一种小型、携带方便的个人计算机，以触摸屏作为基本输入设备，而不是传统的键盘或鼠标。平板计算机除了具有笔记本计算机的功能外，还有语音识别和手写功能。很多软件是专为平板计算机设计的，不能运行在其他设备上。最初由于技术和价格等原因，平板计算机未能实现普及，主要用于一些垂直行业，如医疗、运输和物流等。直到 2010 年苹果公司的乔布斯对平板计算机概念进行了重新思考定位：以超薄、轻便、优雅的外观，高精度的电容多点触控屏，基本实现了传统计算机的所有功能。屏幕具有可以自由旋转、无线上网等功能，用户可看电影、听音乐、上网、写文件和非常舒适地阅读电子图书，更好的娱乐性能使平板计算机异军突起。

2021 年，苹果公司新款 iPad Pro 问世，其 CPU 性能比前代（A12Z）提升 50%，GPU 性能提升 40%，并且支持 5G 网络，最高下载速度可达 4 Gbit/s。

另外，新款 iPad Pro 在镜头、存储等关键硬件上的提升还有：前置镜头升级为 1 200 万超广角镜头，后置镜头则新增了 HDR3 技术；存储容量最高提升至 2 TB，可以存放 220 小时的 4K HDR 视频。目前市场主流计算机接口为雷电 3[①]，而 iPad Pro 升级到了最新的雷电 4（见图 1-29），可以通过这个接口外接一台 6K 显示器。

[①] 雷电 3 接口简言之就是雷电接口的第三代版本（Thunderbolt 3）。雷电是一种数据传输标准，最早是由 Intel 推出的，融合了 PCIExpress 数据传输技术和 DisplayPort 显示技术，支持数据和视频信号同时传输，主要应用在物理接口 mini DP 上。

图 1-29　雷电 4

3. 数字化信息编码与数据表示

计算机中的信息包括能被计算机处理的数值、文字、语音、图形和图像等。这些信息必须数字化编码，才能在计算机中传送、存储和处理。

（1）进制的概念

逢 R 进一，借一当 R：十进制 R=10，可使用 0、1、2、3、4、5、6、7、8、9；二进制 R=2，可使用 0、1；八进制 R=8，可使用 0、1、2、3、4、5、6、7；十六进制 R=16，可使用 0~9、A、B、C、D、E、F。

① 二进制概念：所谓"二进制"，就是一种仅用"1"和"0"的排列组合来表示具体数值的，一种计数方法，如图 1-30 所示。

图 1-30　二进制表示

② 信息的存储单位：在计算机数据存储中，存储数据的基本单位是字节(B)，最小单位是位(bit)。8 个位组成一个字节，能够容纳一个英文字符，如图 1-31 所示。

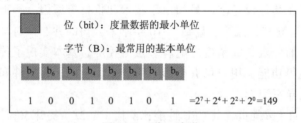

图 1-31　位、字节

③ 换算关系：

1 B=8 bit

1 KB（千字节）=1 024 B

1 MB（兆字节）=1 024 KB

1 GB（吉字节）=1 024 MB

1 TB（太字节）=1 024 GB

1 PB（拍字节）=1 024 TB

（2）数制转换基础

十进制、二进制、八进制、十六进制数据对照表如表 1-2 所示。

表 1-2　十进制、二进制、八进制、十六进制数据对照表

十进制（D）	二进制（B）	八进制（O）	十六进制（H）
0	0	0	0
1	1	1	1
2	10	2	2
3	11	3	3
4	100	4	4
5	101	5	5
6	110	6	6
7	111	7	7
8	1000	10	8
9	1001	11	9
10	1010	12	a
11	1011	13	b
12	1100	14	c
13	1101	15	d
14	1110	16	e
15	1111	17	f

（3）r 进制转化成十进制

$$a_n \ldots a_1 a_0.a_{-1} \ldots a_{-m}(r) = a_n * r^n + \ldots + a_1 * r^1 + a_0 * r^0 + a_{-1} * r^{-1} + \cdots + a_{-m} * r^{-m}$$

其中，a_i 是数码，r 是基数，r^i 是权；不同的基数，表示是不同的进制数。r 进制转化成十进制：数码乘以各自的权的累加。例如：

二进制转十进制：

$10101(B) = 2^4 + 2^2 + 1 = 21$

$101.11(B) = 2^2 + 1 + 2^{-1} + 2^{-2} = 5.75$

八进制转十进制：

$101(O) = 8^2 + 1 = 65$

$71(O) = 7 \times 8 + 1 = 57$

十六进制转十进制：

$101A(H) = 16^3 + 16 + 10 = 4106$

（4）十进制转化成 r 进制

整数部分：除以 r 取余数，直到商为 0，余数从下到上排列。小数部分：乘以 r 取整数，整数从上到下排列。例如：

十进制转二进制：100.345(D)=1100100.01011(B)

```
2 | 100              0.345
2 | 50    0        ×     2
2 | 25    0          0.690
2 | 12    1        ×     2
2 | 6     0          1.380
2 | 3     0        ×     2
  | 1     1          0.760
    0     1        ×     2
                     1.520
                  ×     2
                     1.04
```

十进制转八进制、十六进制：

100(D)=144(O)=64(H)

```
8 |100
8 |12  ····4       16 |100
8 |1   ····4       16 |6   ····4
   0   ····1          0   ····6
```

（5）八进制转化成二进制

每一个八进制数对应二进制的三位。例如：

7123(O)=<u>111</u> <u>001</u> <u>010</u> <u>011</u>(B)
　　　　　7　　1　　2　　3

（6）十六进制转化成二进制

每一个十六进制数对应二进制的四位。例如：

2C1D(H)=<u>0010</u> <u>1100</u> <u>0001</u> <u>1101</u>(B)
　　　　　2　　C　　1　　D

（7）二进制转化成十六进制和八进制

整数部分：从右向左进行分组。小数部分：从左向右进行分组。转化成八进制三位一组，转化成十六进制四位一组，不足补零。整数高位补零，小数低位补零。例如：

二进制转十六进制：<u>11</u> <u>0110</u> <u>1110</u>.<u>1101</u> <u>01</u>(B)=36F.D4(H)
　　　　　　　　　3　　6　　F . D　4

二进制转八进制：<u>1</u> <u>101</u> <u>101</u> <u>110</u>.<u>110</u> <u>101</u>(B)=1556.65(O)
　　　　　　　　1　5　5　6 . 6　5

（8）计算机中字符的表示

每一个字符有一个唯一的编码，即 ACSII 码（American Standard Code for Information Interchange，美国信息交换标准代码）常用的字符有 128 个，编码从 0 ~ 127。

空格	20H	32
0 ~ 9	30H ~ 39H	48 ~ 57
A ~ Z	41H ~ 5AH	65 ~ 90
a ~ z	61H ~ 7AH	97 ~ 122

控制字符：0 ~ 32，127；普通字符：94 个。

每个字符占一个字节，用 7 位，最高位不用，一般为 0。例如：a 字符的编码为 1100001，对应的十进制数是 97。

（9）计算机中汉字的表示

目前在计算机中主要有两种方式来表示汉字，分别是 GB2312 码和 big5 码。big5 码是繁体汉字编码字符集，它包含了 420 个图形符号和 13070 个汉字（不包含简体汉字）。

GB2312—1980（信息交换用汉字编码字符集　基本集），由国家标准总局发布，1981 年 5 月 1 日实施，收录简化汉字及符号、字母、日文假名等共 7 445 个图形字符，其中汉字占 6 763 个。其中一级汉字 3 755 个，二级汉字 3 008 个；同时，GB 2312—1980 收录了包括拉丁字母、希腊字母等在内的 682 个全角字符。

GB2312—1980 规定对任意一个图形字符都采用两个字节表示，每个字节均采用七位编码表示，习惯上称第一个字节为高字节，第二个字节为低字节。一个汉字需要两个字节的存储空间。机内码：最高位为 1。例如，汉字"中"和"华"两个字的国标码和机内码分别表示如下：

汉字	国标码	汉字内码
中	8680(01010110 01010000)$_B$	(11010110 11010000)$_B$
华	5942(00111011 00101010)$_B$	(10111011 10101010)$_B$

（10）计算机中图形的表示

汉字在计算机中是以图形方式显示的,图形显示的简单原理为点阵方式。汉字的点阵有 16×16、24×24、32×32、48×48。其中,被画到的地方用 1 表示,空白处用 0 表示,如图 1-32 所示。

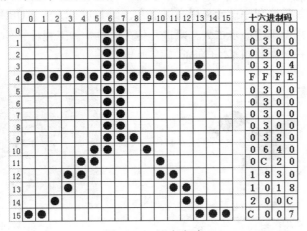

图 1-32　汉字点阵

任务实施

1. 了解计算机的历史发展阶段

计算机如同任何新生事物一样,历经萌芽、发展和成熟过程,而不过是短短 70 多年的时间。根据制作技术的不同,计算机的发展可以分成 4 个阶段,如表 1-3 所示。

表 1-3　计算机发展的阶段

发　展　阶　段	采　用　元　件	年　　份	应　　用
第一代	电子管	1946—1953 年	科学计算
第二代	晶体管	1954—1963 年	数据处理、工业控制
第三代	集成电路	1964—1971 年	文字处理、图形处理
第四代	大规模和超大规模集成电路	1972 至今	社会的各个领域

（1）第一代电子计算机

20 世纪 50 年代初是计算机研制的第一个高潮时期,那时的计算机中的主要元器件都是用电子管制成的,后人将用电子管制作的计算机称为第一代计算机。这个时期的计算机发展有 3 个特点:由军用扩展至民用,由实验室开发转入工业化生产,由科学计算扩展到数据和事务处理。电子管与第一代电子计算机如图 1-33 所示。

（a）电子管

（b）第一代电子计算机

图 1-33　电子管与第一代电子计算机

（2）第二代电子计算机

第二代电子计算机是采用晶体管制造的电子计算机。晶体管不仅能实现电子管的功能，还具有尺寸小、重量轻、寿命长、效率高、发热少、功耗降低、速度快（每秒运算可达几十万次）和可靠性高等特点；用磁芯做主存储器，外存储器采用磁盘、磁带等；程序设计采用高级语言，如 FORTRAN、COBOL、ALGOL 等；在软件方面还出现了操作系统。计算机的应用范围进一步扩大，除进行传统的科学和工程计算外，还应用于数据处理等更广泛的领域，晶体管与第二代电子计算机如图 1-34 所示。

（a）晶体管　　　　　　　　　　　　　　　　（b）第二代电子计算机

图 1-34　晶体管与第二代电子计算机

（3）第三代电子计算机

第三代电子计算机的特征是用集成电路（Integrated Circuit，IC）代替了分立元器件，集成电路是把多个电子元器件集中在几平方毫米的基片上形成的逻辑电路。第三代计算机已开始采用性能优良的半导体存储器取代磁芯存储器；运算速度提高到每秒几十万到几百万次基本运算，在存储器容量和可靠性等方面都有了较大的提高。同时，计算机软件技术的进一步发展，尤其是操作系统的逐步成熟是第三代计算机的显著特点。多处理器、虚拟存储器系统以及面向用户的应用软件的发展，大大丰富了计算机软件资源。最有影响力的是 IBM 公司研制的 IBM-360计算机系列。这个时期的另一个特点是小型计算机的应用。DEC 公司研制的 PDP-8 机、PDP-11 系列机以及后来的 VAX-11 系列机等，都曾对计算机的推广起了极大的作用，集成电路与第三代电子计算机如图 1-35 所示。

（a）集成电路　　　　　　　　　　　　　　　（b）第三代电子计算机

图 1-35　集成电路与第三代电子计算机

（4）第四代电子计算机

第四代电子计算机是由大规模和超大规模集成电路组装成的计算机。美国 ILLIAC-IV 计算机是第一台全面使用大规模集成电路作为逻辑元件和存储器的计算机，它标志着计算机的发展已到了第四代。1975 年，美国阿姆尔公司研制成 470V/6 型计算机，随后日本富士通公司生产出 M-190 机，是比较有代表性的第四代计算机。英国曼彻斯特大学 1968 年开始研制第四代计算机。1974 年研制成功 ICL2900 计算机，1976 年研制成功 DAP 系列机。1973年，德国西门子公司、法国国际信息公司与荷兰飞利浦公司联合成立了统一数据公司，共同研制出 Unidata7710系列机。大规模集成电路与第四代电子计算机如图 1-36 所示。

（a）大规模集成电路　　　　　　　　　（b）第四代电子计算机

图 1-36　大规模集成电路与第四代电子计算机

第四代计算机的另一个重要分支是以大规模、超大规模集成电路为基础发展起来的微处理器和微型计算机。出现集成电路后，唯一的发展方向是扩大规模，大规模集成电路（LSI）可以在一个芯片上容纳几百个元器件到了 20 世纪 80 年代，超大规模集成电路（VLSI）在芯片上容纳了几十万个元器件，例如 80386 微处理器，在面积约为 10 mm×l0 mm 的单个芯片上，可以集成大约 32 万个晶体管。后来的超大规模集成电路（ULSI）将数字扩充到百万级，可以在硬币大小的芯片上容纳如此数量的元器件，使得计算机的体积更小、造价更低、功能更强、可靠性更高。

20 世纪 70 年代中期，计算机制造商开始将计算机带给普通消费者，这时的小型机带有友好界面的软件包，供非专业人员使用的有文字处理和电子表格等软件，深受用户欢迎。

1981 年，IBM 推出个人计算机（PC），计算机继续缩小体积，从桌上到膝上再到掌上，使计算机进入了一个全新的时代。

目前，计算机中 CPU 的主频已经达数吉赫兹（GHz），内存也已达数吉字节（GB）。可以毫不夸张地说，没有集成电路，就没有现在的微型计算机。

2．了解计算机的现状

（1）计算机在现实中的应用

现代电子计算机，特别是微型计算机已广泛应用于人类生活的各个领域。大到宇宙飞船，小到每个家庭，都有计算机在发挥作用。计算机的应用归纳起来主要有以下几方面：

① 数值计算：就是利用计算机来完成科学研究和工程设计中的数学计算，这是计算机最基本的应用，如人造卫星的计算、气象预报等。这些工作由于计算量大、速度和精度要求都十分高，离开了计算机是根本无法完成的。

② 信息处理：计算机的重要应用方面。由于计算机的海量存储，可以把大量的数据输入计算机进行存储、加工、计算、分类和整理，因此它广泛用于工农业生产计划的制订、科技资料的管理、财务管理、人事档案管理、火车调度管理、飞机订票管理等。

③ 过程控制：也称为实时控制，它要求及时地搜集检测数据，按最佳方式进行自动控制或自动调节对象，这是实现生产自动化的重要手段。例如，用计算机控制发电，对锅炉水温、压力等参数进行优化控制，可使锅炉内燃料充分燃烧，提高发电效率。同时计算机可完成超限报警，使锅炉安全运行。计算机的过程控制已广泛应用于大型电站、火箭发射、雷达跟踪、炼钢等各个方面。

④ 计算机辅助设计（CAD）：就是计算机帮助人进行产品的设计，这不仅可以加快设计的过程，还可以缩短产品的研制周期。

⑤ 人工智能：主要研究如何利用计算机去"模仿"人的智能，使计算机具有"推理""学习"的功能。这是近年来计算机应用的新领域。

（2）计算机的应用领域

计算机的应用领域，前面已经做过介绍，这里不再赘述，详见单元 1 的任务 1。

3．了解计算机的未来发展趋势

计算机从 1946 年发明至今，经历了电子管时代、晶体管时代、集成电路时代、大规模和大规模集成电路时代，发展到现在，已广泛应用于各个领域，如本单元 1 任务 1 中讲到的几大应用领域。

人类在进步，科学在发展，历史上的新生事物都要经过一个从无到有的艰难历程，随着一代又一代科学家的不断努力，未来的计算机一定会更加方便人们的工作、学习及生活。未来计算机技术的发展潮流是超高速、超小型、平行处理、智能化，计算机技术的飞速发展必将对整个社会变革产生推动作用。未来计算机技术的前景是超大型计算机及超小型计算机并存，这种模式已成为业界认同的发展方向，以此为依托的计算机技术的重点发展方向将是超高速、智能化。例如，超级计算机、智能手机、平板计算机等，都具有以上特点。

（1）向"高""广""深"的方向发展

计算机未来的发展，将以一个三维的形式展现：一"高"、二"广"、三"深"。具体体现在以下三方面：

① 一是向"高"度方向发展，性能越来越强，速度越来越快。主要表现在计算机的主频越来越高；很多年前使用的都是 286、386，主频只有几十兆赫兹（MHz），现在已达数吉赫兹（GHz）。20 世纪 90 年代初，集成电路集成度已达到 100 万以上，从 VLSI 开始进入 ULSI，即特大规模集成电路时期。

② 二是向"广"度方向发展，即向并行处理发展。计算机发展的趋势就是无处不在，以至于像"没有计算机一样"。近年来更明显的趋势是网络化与向各个领域的渗透，即在"广"度上的发展。国外称这种趋势为普适计算（Pervasive Computing）或无处不在的计算。

③ 三是向"深"度发展，即向信息的智能化发展。网上有大量的信息，怎样把这些浩如烟海的信息变成想要的知识，是计算科学的重要课题。同时，人机界面要更加友好。未来可以用自然语言与计算机打交道，也可以用手写的文字与计算机打交道，甚至可以用表情、手势来与计算机沟通，使人机交流更加方便快捷。计算机从诞生之日起就致力于模拟人类思维，不仅能做一些复杂的事情，而且能做一些具有"智慧"的事，如推理、学习、联想等。

（2）向四化方向发展，即微型化、巨型化、网络化、智能化

从采用的物理元件来说，目前计算机的发展仍处于第四代水平，仍然属于冯·诺依曼机。计算机还将朝着微型化、巨型化、网络化和智能化 4 个方向发展，如图 1-37 所示。

① 微型化：指体积更小、功能更强、可靠性更高、携带更方便、价格更便宜、适用范围更广的计算机系统。

② 巨型化：指运算速度更快、存储容量更大、功能更强的巨型计算机。巨型计算机的发展集中体现了计算机科学技术的发展水平，主要用于尖端科学技术和军事国防系统的研究开发。这主要是为了满足诸如原子、天文、核技术等尖端科学以及探索新兴领域的需求。巨型计算机的研制水平反映了一个国家科学技术的发展水平。

③ 网络化：计算机网络是计算机技术发展的又一重要分支，是现代通信技术与计算机技术相结合的产物。网络化就是利用现代通信技术和计算机技术，将分布在不同地点的计算机连接起来，按照网络协议互相通信，共享软件、硬件和数据资源。

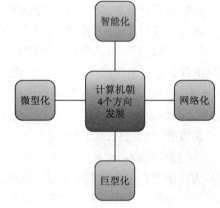

图 1-37　计算机朝 4 个方向发展

④ 智能化：第五代计算机要实现的目标是"智能"计算机，让计算机来模拟人的感觉、行为、思维过程，使计算机具有视觉、听觉、语言、推理、思维、学习等能力，成为智能型计算机。

任务 3　理解计算机与社会

科技进步和计算机的应用在对个人有很大影响力的同时，也对社会整体的发展产生重大影响。想象一下，如果没有计算机的发明和普及社会将会是什么样的？如果没有计算机，银行的金融交易及数据信息的处理将变得极其低效；如果没有计算机，月球探测和航天飞机只能算是天方夜谭；如没有计算机来运算和分析数据，科学家进

行人类基因组的科学研究几乎为零。

此外，在日常生活中已经习惯于高度自动化，包括网上理财、网上购物、网上缴费，人们已习惯于用电子邮件、微博、即时通信和社交网站来进行交流，也习惯于从互联网上看菜谱、做研究、找答案。例如，现在很多消费者都会在购买电器商品之前，在网上对他们想买的电器产品做细致的性价比调查，等等。

任务描述

本任务要求读者理解计算机对社会的益处和风险；了解计算机安全问题、隐私问题以及在线交流与传统通信方式的区别。

解决路径

本任务主要通过简单的文字及部分图片的介绍，帮助读者了解计算机与社会发展的密切关系、益处及风险。总体来说，此项任务可以按照以下五部分来学习，计算机与社会的主要内容如图 1-38 所示。

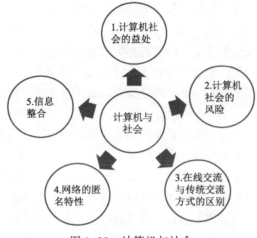

图 1-38　计算机与社会

相关知识

科技发展对社会的影响

2000 年以后，科学技术的迅猛发展对人们的日常生活和工作的影响十分深远。计算机已经成为人们生活和办公中不可或缺的工具。无论是在日常生活中用到的汽车、微波炉、咖啡壶、加湿器、孩子的玩具、电话，还是在工作当中常用的计算机、传真机、复印机、内部通信系统，都受到了科技发展的影响。在科学家和工程师对计算机数据分析、软件编程和其他技术不断改进的同时，这些人类每天使用的"工具"变得越来越聪明，新一代的电子产品往往比上一代的更加快捷高效。

任务实施

总体来讲，计算机和互联网已经成为社会的一个重要组成部分。但是，计算机和互联网的发展和普及也是双刃剑，也给人们的生活和工作带来了一定的风险。本任务主要分析计算机对社会发展的益处、影响、风险和安全意识。

1. 理解计算机社会的益处

计算机面向社会的好处多不胜数。一年 365 天，一天 24 小时，用户可以随时在线缴费、购物，调研需要的产品，参加在线课程，这是现代社会快捷便利的一个重要体现。有了计算机，人们的工作、学习、生活效率得到极大提高。

（1）工作

计算机已用在各个行业、领域和部门，用来执行各种各样的复杂任务，通过软件和其他程序来提高生产力。例如，在土木工程和设计学里，计算机和软件可以帮助工程师和设计师来设计并测试新的建筑物；在汽车和航天工业中，在没有投入大量资金来建造飞机和汽车的时候，工程师可以利用计算机和相关软件来测试汽车和飞机的安全性和舒适度。

设计中用到的资料和照片可以用电子邮件或传真的形式在很短时间内发给客户，这比传统的通过平信邮寄的方式要高效很多。常用的传真机如图 1-39 所示。

计算机的广泛使用，也为社会创建了新的科技领域和数以万计的工作机会，比如软件工程师、计算机软件设计师、编程人员、计算机工程师等。

（2）交流

互联网的出现和普及加大了计算机普及的力度。世界各地的人都能够通过即时通信、电子邮件、博客、网上论坛、社交媒体来进行沟通和交流。

图 1-39　传真机

另外，计算机的发展也为通信交流带来了新的机遇和突破。例如，语音识别软件和盲文键盘的发明，使身体或视觉残障人士可以方便地与同事和朋友进行交流和沟通。语音识别软件，如"语音大师"是一款非常好用的软件。

（3）日常生活和娱乐

在计算机和互联网普及之前，信贷检查通常要花费很长时间经过很多不同的相关金融机构和政府部门，现在不同了，可以通过网上批贷和信用卡服务来立即获取结果。

对于全球数以万计的计算机用户来说，高档次的台式计算机和全功能的笔记本计算机已经成为多功能的娱乐系统，用户可以在线观看电影、下载视频、观看体育赛事和新闻节目、网上购物、社交以及跟朋友玩游戏。

计算机用户可以随时随地根据自己的需要和喜好通过互联网下载信息、程序、音乐文件或在线观看电影和电视剧，从而缩短了从客户购买到使用产品的时间，提高了效率。

（4）教育

计算机成为辅助教学精确化和高效化的重要工具，无论是在小学、中学、大学还是研究生院，计算机的益处无处不在。计算机和远程教育的发展为边远地区的学生提高科学知识和教育水平提供了不可或缺的平台。详见任务 1 中的"了解计算机在教育方面的应用"。

2．了解计算机社会的风险

虽然计算机主导的社会和网络经济好处多多，但绝不能忽视可能存在的风险。近年来，计算机和网络的普及也出现了各种问题，如对人们压力和健康的影响、个人隐私的安全，以及网络涉及的一定的道德观念。

许多个人信息安全和隐私的问题，源于存储在网络及网络数据库的个人信息。在网上购物、办公、缴费、进行金融交易的信息都存储在各个组织的大型数据库中，一些数据库的信息一旦被黑客盗用，后果是不堪设想的。

一些计算机和网络界的专家又指出了另一个令人担忧的问题：网络竞技的核心是通过互联网与用户的交流，来收集越来越庞大的关于个人的收入、购物喜好、社交圈子、娱乐活动以及其他多方面的信息，有可能会被某些图谋不轨的机构或组织滥用这些十分隐私的信息。

（1）安全问题

在网络安全风险无处不在的现代社会，最主要的安全问题是计算机感染恶意软件程序，如计算机病毒。恶意软件程序指的是在无形当中改变计算机运作方式的程序。恶意软件经常对感染的计算机进行损坏，例如，将计算机数据清空、使得计算机瘫痪，或者盗取用户计算机内存储的隐私信息（如网站的密码或信用卡号码），并将这些机密数据发送到恶意软件的终端。更可怕的是，这些恶意软件程序在不经意之间可以安装在用户的计算机上，可能被付加在从网页上下载的软件、图文信息中，还有些黑客把这些程序附加到发给用户的电子邮件上。病毒感染计算机的示意图如图 1-40 所示。

保护计算机不被恶意软件侵害，建议用户做到以下几点：

① 不要打开未知用户发来的电子邮件，更不要打开附件。尤其是那些带有可执行文件扩展名的附件，如.exe、.com、.vbs 文件等。

② 要留意在互联网上下载的文档。

③ 要在计算机上安装防毒软件和防火墙。经常注意查杀病毒，杀毒软件定期升级。

另一个计算机安全隐患是"身份盗窃。"身份盗窃指的是在网上偷盗到他人的信息，装扮成他人，利用他人的身份和信用卡信息来购买货物和服务。

身份盗窃的方式很多，一些是与网络和计算机无关的。例如，用户把信用卡和其他银行信息丢弃到垃圾箱，不法分子可能会利用这个漏洞来收集关于用户的银行账户、身份证和其他证件信息。更多的身份盗窃是通过网上形式完成的，例如，网络钓鱼已成为身份盗窃的一大形式。网络钓鱼指的是通过发送声称来自银行、保险公司或其他机构的诈骗性邮件。这些邮件试图从用户手中收集敏感信息（如用户名、密码、银行账号、自动取款机密码等）。网络钓鱼示意图如图 1-41 所示。

图 1-40 病毒感染计算机的示意图

图 1-41 网络钓鱼示意图

网络钓鱼中最有欺诈性的手段之一是通过钓鱼邮件，将用户引诱到专门设计的虚假网页上，然后通过用户注册信息来获取他们的敏感信息，这种攻击方式过程不容易被受害者察觉。这是"社会工程攻击（Social Engineering Attack）"的一种形式。

（2）隐私问题

很多人认为随着人们日常活动中越来越多的数据被收集和存储在计算机和互联网上，网络社会对人们的最大威胁是对个人隐私的侵犯。因为潜在个人信息被偷盗的可能性的增加，人们的隐私时时处于危险当中。

今天，无论是在网上购物，还是用信用卡和会员卡购物，个人信息随时随地都在被收集到计算机和互联网上。问题的关键不在于很多个人信息被计算机和网络所收集，在现代社会，这种现象是不可避免的。问题主要出现在一些企业、组织和商家没有保护好用户的个人信息，使得这些信息被不法分子盗用。

一些企业的信息隐私政策较好，他们收集的数据只供一家企业使用。但有些商家把客户的信息与别的企业和组织分享，这样的行为往往造成垃圾邮件，也就是哪些不请自来的电子邮件。垃圾邮件是网络社会的一个巨大问题，它被认为是侵犯个人隐私的主要表现之一。垃圾邮件示意图如图 1-42 所示。

图 1-42 垃圾邮件示意图

3. 理解在线交流与传统通信方式的区别

电子邮件、即时消息和其他在线通信方式对于加快个人和商业通信的效率起到了不可低估的作用。当人们花越来越多的时间在网上沟通的同时，会注意到一些在线交流（如电子邮件和即时消息）和传统通信方式（如书信和电话）的区别，在线通信方式（如电子邮件和即时消息）和传统通信方式（如电话和书面信件）的区别，应注意以下两点：

① 在一般情况下，网络通信往往显得不太正式。这可能是因为人们通常撰写电子邮件信息快速，没有抽出大量时间来重读邮件的内容或检查词汇和语法。然而，在写办公邮件时一定要小心，如果邮件写得不太规范会给客户和同事带来不好的印象。

② 为了帮助用户克服这方面的问题，可以参考表 1-4 来引导得体的网上行为。总的来讲，在线交流和生活中交流的准则是相同的，对别人要尊敬，不要用有冒犯性的言论。在写商务邮件时，要注意具体的语法和句式，不要写得太不正式。在运用社交网站和网上博客时，不要发表一些会使得自己尴尬的言论。切记，在网络上发表的文章、照片、信息和言论，一旦发出就收不回来了。所以，很多用户在网络信息发达的今天，越来越注重"数字脚印"对自己职业和个人交往的影响。

表1-4　网 络 礼 仪

规　定	说　明
使用描述性的主题	使用简短的但有概括性的主题。例如，"关于下载 MP4 的问题"就要比"问题"更有效率
注意标点符号	避免使用太多的感叹号。适当地使用感叹号有助于增加邮件的感染性，但过多地使用感叹号会使整个电子邮件看起来像你在向对方叫喊
注意语言和语气的使用	在网络上的言论可能会被不同的人理解成不同的意思，一些人可能会故意添加有歧视性的网络语言。写完邮件后一定要校对检查，确保邮件用词和语法的正确性
不要给朋友发垃圾邮件	给同一个朋友或同事发太多的邮件，这是很多用户经常遇到的一个问题。适当转发笑话、广告或者其他兴趣邮件是有益的，但转发和发送大量的无价值的邮件是对他人的不尊重
在网上要小心谨慎	对网上结交的"网友"要格外小心。不要把个人信息透露给在网上结交的朋友，包括真实姓名、电话、信用卡号码或者其他个人信息
发邮件或网帖时要三思而后行	在网络上发表的内容是不可能被收回的。一旦点击了"发送"无论是邮件、网帖、博客还是即时信息都会被很多人看到。所以，在网上发表任何信息之前，一定要审视具体的内容

在网上通信的另一个趋势是使用的缩写和表情符号。缩写是在现代社会交流中高效快捷而不可避免的通信方式，越来越多的手机短信和电子邮件使用简写符号，使得交换信息和内容更加快捷便利。为了读者使用方便，下面列出一些常用的网上表情符号，如表 1-5 所示。

表1-5　常用的网上表情符号

表情符号	说　明
:-)	这是最普通的基本笑脸，表示开玩笑的意思，或表示微笑
:-D	非常高兴地张嘴大笑
(-_-)	神秘笑容
(:-*	暗示这个人在生病、反胃
(:-&	暗示这个人正在生气
^_^	快乐的人儿
=^_^=	脸红什么
?_?	瞪着充满疑惑的眼睛，茫然
:-$	我生病了

表情插图是由键盘符号所建立的表达面部表情的符号，如流行的脸上流露出微笑用的是"：)"微笑表情。这些表情插图让人们在网上交流中增添了一种情感色调。由于在线交流一般都是书面的，不像面对面交流或电话交流时能体会到对方的感情状态，所以表情插图就是为这方面服务的。

尽管表情插图具有各种优点，但在商务通信中，表情插图是不经常使用的。

4．了解网络匿名的特性

就其本质而言，网络通信本身匿名。由于接收信息的人通常不会听到发件人的声音或看到他们的笔迹，这种特性令人们难以辨别对方是谁。无论是在留言板上（网上讨论，用户发布消息来回复某个话题，或某网友的留言），还是在虚拟世界（网络用户可以随意探索的网络空间），很多在线活动都不要求用户使用真实姓名，所以网上活动总是给用户一种匿名的感觉；又如，匿名邮件服务，也提供给一些网民方便且安全的通道，以便给警方破案提供线索。中国消费者协会主页如图 1-43 所示。

图 1-43　消费者协会主页

网络的匿名特性给许多网友自由，这使得他们感到在网上能够不受局限地任意发表言论。从某种意义上说，这种自由度是有益的。例如，一位很腼腆的顾客在购买某产品以后不满意，但又不愿意投诉这个产品，他可以通过网上论坛等其他形式来与其他用户分享他的经验和建议，或直接写 E-mail 给商家反馈。

但一切事情都有两面性，网络的匿名特性也可能会被滥用。一些不道德的网民，利用网络匿名的特性作为他们的盾牌，对那些他们个人不喜欢或不赞同的事情使用粗鲁的语言进行评论、诽谤和攻击。另一些网民利用匿名特点注册多个在线身份（如在留言板上的多个用户名），然后利用多重身份支持自己的观点，虚假地提高其观点的支持率。一些不法分子使用多个身份试图操纵股票价格（如通过发布关于某公司的虚假信息，使其股票价格下降）。

虽然通过隐私软件作为第三方来隐藏用户在网络上的真实身份是可能的，然而事实上，在特殊情况下（如有犯罪嫌疑），政府和网络运营商同样能够根据网络用户在网上的活动情况确定这些活动是在哪台计算机上发生的。所以，绝对 100% 的匿名在线是不可能的。

5．理解信息整合

网络上包含了大量的关于各类话题的信息，大部分信息是真实的，但很多信息是有误导性、带有偏见，甚至是完全荒谬错误的。越来越多的人利用网络来获取他们所需要的信息，网民更需要根据自己的判断能力来决定某些在网上获取的信息是否可信。

有效地评估在线内容是否可靠的方式之一，是通过其来源。如果消息来自用户信任并且口碑好的新闻网站，这些信息的可信度就会很大。对于某个产品的信息，应该去相关产品的网站了解。对于政府信息，政府网站是最好的事实核查地点。

任务 4　了解人机工程学

人机工程学（Human Engineering 或 Ergonomics）是从人类生理和心理特性出发，研究人、计算机或其他设备，以及工作环境相互关系和相互作用的规律，在保证人们身体健康和安全的同时，优化人们的工作效率。正确的符合人体工程学的设计、计算机键盘的摆放、坐姿、灯光等条件是必要的，遵守这些标准可以帮助用户防止由于长时间使用计算机而造成的重复性劳损和其他肌肉骨骼疾病。

任务描述

本任务要求读者了解人机工程学的基本概念，了解显示器的摆放位置、座椅的位置、计算机的摆放位置、键盘和鼠标的位置以及采光的角度，建议读者在使用计算机时如何保健自己的身体。

解决路径

人机工程学主要通过科学手段来保持计算机用户与计算机和周围工作环境的良好协调关系。总体来说，此项任务分五部分来学习，如图 1-44 所示。

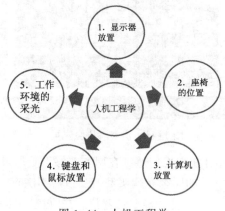

图 1-44　人机工程学

相关知识

人机工程学研究方向

人机工程学研究在设计人机系统时如何考虑人的特性和能力，以及人受机器、作业和环境条件的限制。人机工程学还研究人的训练、人机系统设计和开发，以及同人机系统有关的生物学或医学问题。对于这些研究，在北美称为人因工程学或人机工程学，在欧洲、日本和其他国家称为工效学。

下面主要研究用户、计算机与工作环境和谐共处的条件和方法。

任务实施

在本任务中，主要介绍显示器的高度与角度、鼠标和键盘的使用、座椅摆放、灯光照明，以及身体姿势等因素对健康使用计算机的影响。

1. 显示器放置

显示器的摆放位置和维护直接影响用户眼睛和骨骼肌肉系统的状态和疲劳程度。显示器的位置如图 1-45 所示。下面介绍显示器摆放位置及注意事项，掌握了这些知识可以帮助用户防止在长时间使用计算机时容易产生的视觉和颈部的疲劳以及颈部疼痛：

① 确保计算机屏幕干净无尘。

② 调整亮度和对比度，使人感到最舒适。

③ 将显示器摆放在用户的正前方，以避免颈部过度扭曲。

④ 调整显示器的位置离用户约 50～70 cm（手臂的长度）。

⑤ 显示器向后倾斜 10°～20°。

⑥ 显示器位置与窗户成直角，以减少眩光。

⑦ 监控的摆放位置应远离直射灯光，以避免过度眩光；也可以考虑使用眩光过滤器。

⑧ 当用户坐直时，屏幕的顶部应该与眼睛保持水平（注：双光配戴者可能需要把显示屏稍微降低些）。

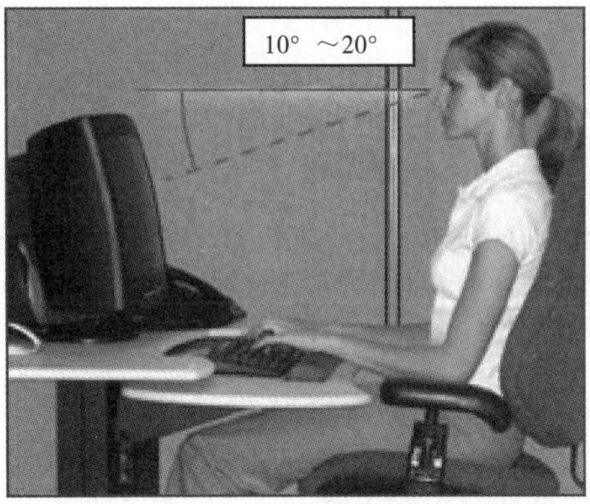

图 1-45 显示器的摆放位置

2．座椅的位置

通常人们认为坐下来是一种放松的方式，但事实并不是这样。久坐对背部的压力很大。长时间坐在计算机前不活动，不仅会导致对椎间盘的压力增加而造成损害，进一步对脊柱、大脑和神经都起到负面影响，而且久坐对脚和腿的压力也很大。重力往往将血液循环到脚部和腿部，从而减少了循环到心脏的血液。下面的建议可以帮助计算机用户增加舒适度：

① 保持"动态坐姿"，不要长时间保持同一个坐姿。

② 当执行日常任务时，注重坐姿和站姿之间交替。

③ 调整座椅靠背的高度，以支撑下背部自然向内弯曲。

● 可以考虑使用一个卷起的毛巾或腰垫放在椅子上来支持腰背。

● 设置靠背角度时，要使臀部和躯干角度大于 90°。

④ 调整椅子高度，使脚平放在地板，需要时可以使用脚蹬。

● 后背靠在椅子的椅背上坐直，肩膀需触碰座椅靠背的顶端。

● 大腿要与地板平行，膝盖应该与臀部保持在一个水平线上。

● 膝盖的后部不应该与座椅的边缘直接接触，需要留有一定的余地。

● 切勿使用扶手懒散地坐在座椅里。

● 调整扶手的高度和宽度，最佳的位置应该是在用户使用键盘时，手臂和肩膀是放松的。

● 在使用扶手时，肘部和下臂应该是放松的，这样才不会引起循环系统或神经功能的问题。

正确的坐姿如图 1-46 所示。

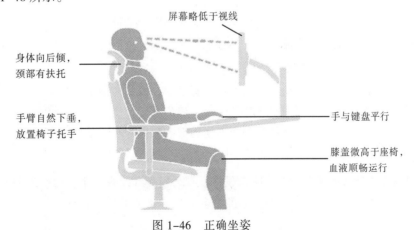

图 1-46 正确坐姿

3．计算机放置

计算机用户的台式计算机放置一般都遵循这样的规律：显示器、键盘和鼠标都放在办公桌或一台便携式计算机工作站。虽然桌面高度不统一，但是办公桌的理想高度大约为手臂伏案工作时的肘部高度。

为了保证手臂的正常放松，键盘应该离大腿 3～5 cm。大多数情况下未达到这个高度，桌面高度需要在 64～74 cm 之间（这有时也取决于工作者的身高），建议用户使用键盘托盘。在桌子下方的区域，应有足够的空间允许用户不时地伸展腿部肌肉。

频繁使用的资料和办公用品应该摆放在用户触手可及的地方，以避免用户过多地伸展。如果计算机用户经常使用文件架，它应该被放置在大约与显示器相同的高度，放置的位置与眼睛的距离应与眼睛到显示器的距离相等。这样可以防止眼睛在屏幕和参考材料之间频繁移动。

另外，还要注意笔记本计算机的最佳装备，笔记本计算机虽然便携，但在设计上却存在一些先天缺陷：屏幕高度太低，导致用户不自觉地含胸低头，引起颈椎和腰椎的疲劳；屏幕与键盘之间距离太近，使得人们必须僵着脖子近距离盯着屏幕。因此，想在任何地方合理地使用它们，需要准备便携式计算机桌；可调节高度的散热支架，如图 1-47 所示；落地式计算机支架必不可少。借助支架，按需调节健康角度，很有必要。

图 1-47　可调节高度的散热支架

4. 键盘和鼠标放置

由于使用计算机而造成的身体损伤大多数集中在前臂、手腕和手关节上。在计算机上连续工作容易使手和前臂的软组织被重复和过度使用而造成对人体的损伤。

为防治这些上肢的与人机工程学有关的健康问题，建议用户对桌子和计算机做出以下调整：

① 调整键盘的高度，使肩膀和手臂都自然放松（为达到这个目的，往往需要安装键盘托盘），建议使用符合人机工程学的键盘和鼠标，如图 1-48 所示。

（a）符合人机工程学的键盘　　　　　　　　　　　（b）符合人机工程学的鼠标

图 1-48　符合人机工程学的键盘和鼠标

② 键盘应接近用户，以避免过度伸展手臂。

③ 前臂平行于地板（与肘关节成约 90°）。

④ 鼠标应放在与键盘相邻处，处于相同高度。如果有必要，需要使用键盘托盘。

⑤ 手腕应始终处于放松位置。在使用键盘和鼠标时，避免过度伸展、提升和弯曲。

⑥ 在不使用鼠标时，不要将手放在鼠标上。在不使用键盘和鼠标时，最好将手放在腿上放松。

5. 工作环境的采光

工作环境的照明不适合是造成视觉疲劳、眼部发痒、视力模糊和复视的主要原因之一。典型的办公室环境中有 23～30 m 的烛光照明水平，但根据美国国家标准学会（ANSI）的数据，在计算机上工作的最佳灯光照明度是 5.5～16 m 烛光照明水平。

为减少眼睛疲劳，须遵循以下建议：

① 关上窗帘以减少眩光。调整屋内照明以避免眩光，光源应与显示器成 90°，应选择低瓦数灯。

② 计算机的显示器摆放位置与窗户尽量成 90°。

③ 减少房间顶灯的使用，使用有台灯罩的台灯。

④ 墙画应该是中等或暗颜色，选择没有反光的涂料。

⑤ 使用防眩光保护屏，以减少眩光。

长期使用计算机的用户，除了认真了解前面讲到的眼保健操和骨骼肌肉练习外，还要多做运动，如放风筝和游泳：放风筝时，挺胸抬头，左顾右盼，可以保持颈椎、脊柱的肌张力，保持韧带的弹性和脊椎关节的灵活性，有利于增强骨质代谢，增强颈椎、脊柱的代偿功能。既不损伤椎体，又可预防椎骨和韧带的退化，是防治颈椎病的一个好方法。游泳时，头总是向上抬，颈部肌肉和腰肌都得到锻炼，而且人在水中没有任何负担，也不会对椎间盘造成任何损伤，算得上是比较惬意的锻炼颈椎的方式。

小　　结

本单元主要讲述了计算机的基础知识，包括生活中的计算机，计算机的历史、现状与未来，计算机与社会，以及人机工程学四部分内容。每部分内容的介绍以图文并茂的形式展现，使学习者直观形象地理解、领会所学知识。在进入 21 世纪以来，计算机和网络的迅猛发展已对人类的日常生活、学习和工作方式产生了翻天覆地的变化。这不仅体现在全球即时通信、电子邮件和云端应用技术的普及，同时也体现在多媒体、远程和网络教学的发展。计算机监控的全自动生产线、快捷便利的电子政务网站、科技前沿的电子医疗设备、即时便利的计算机控制的交通情况无不对人类日常生活、工作方式产生深远影响。然而，计算机和网络的迅猛发展也是一把双刃剑：在认识到计算机与网络给人类带来极大便利和高效的同时，也要意识到网络匿名特性和安全隐患可能给个人信息隐私和财产安全带来的负面影响。由于长时间地在计算机上工作学习，缺乏关于人机工程学的相关知识，很多用户产生了骨骼和肌肉的疾病，因此仔细学习和执行本小单元的最后一部分内容对于防止计算机给人体健康带来的负面影响是十分重要的。

习　　题

1. 计算机未来的发展方向是什么？

2. 计算机在日常工作、学习和生活中有什么作用？

3. 计算机的主要应用领域有哪些？

4. 计算机对社会的风险有哪些？

5. 为保证工作人员良好的视力、骨骼和其他身体健康状况，在经常使用计算机时，应该注意哪些方面的问题？

计算机硬件与软件

计算机的应用范围日益广泛。为了适应应用中的各种需求，产生了各种各样的计算机硬件设备。如此众多的计算机设备如何组成计算机系统，在计算机系统中起什么作用，怎样衡量设备的性能？本单元向读者介绍计算机系统中的各种硬件设备，以及这些设备的常用性能新指标，并且介绍不同设备对整体计算机系统性能的影响。

计算机自动、高速地处理数据信息的能力必须应用到社会生活的各个领域才能发挥作用。计算机正是通过种类、数量众多的应用软件、运用其强大功能在各领域发挥作用。

学习目标

- 了解常见的计算机硬件。
- 了解计算机的类型及性能。
- 了解常用软件的功能。
- 掌握常用工具软件的使用。

任务 1　了解中央处理器和存储设备

中央处理器是计算机系统的核心部件，负责执行程序和控制其他设备。当前正在执行的程序存储在内存中。辅助存储器用于长久保存程序和数据。

任务描述

本任务要求读者了解中央处理器，掌握中央处理器的各项指标，包括字长、处理速度、高速缓存（Cache）；了解各项存储技术，包括随机存储、只读存储、硬盘、固态硬盘；了解网络存储与在线云存储；掌握闪存和光驱的使用，理解度量单位。掌握中央处理器和各种存储设备的关系，及其对计算机系统整体性能的影响。

解决路径

本任务以讲解为主，使读者理解计算机中央处理器和各种存储设备在计算机系统中的作用，以及对计算机系统整体性能的影响。总体来说，此任务可以按照如图 2-1 所示步骤逐步学习。

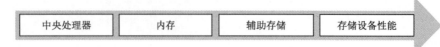

中央处理器　　内存　　辅助存储　　存储设备性能

图 2-1　任务 1 的学习步骤

相关知识

1．中央处理器

中央处理器（Central Processing Unit，CPU）是计算机系统的运算核心和控制核心，如图2-2所示。中央处理器的功能主要是解释、执行计算机指令及处理数据。中央处理器是一块超大规模的集成电路，主要包括运算部件（Arithmetic Logic Unit，ALU）和控制部件（Control Unit，CU）两大部件。

图2-2 中央处理器

（1）运算部件

主要用于执行算术运算操作和逻辑操作。

（2）控制部件

主要根据指令向其他各部件发出所要执行操作的控制信号。

中央处理器的性能通过各种指标表示，主要包括CPU字长、CPU频率、Cache容量等。

（3）CPU字长

计算机中采用二进制数表示信息，一位二进制数称为1比特（bit）。CPU能够一次同时处理的二进制数的位数称为字长。例如，32位CPU能同时处理32位二进制数据、64位CPU能同时处理64位二进制数据。字长越长，CPU处理能力越强。目前个人计算机的主流CPU大部分是64位CPU。

（4）CPU时钟频率

CPU工作时，通常是一个时钟脉冲，CPU进行一次基本操作。单位时间内的时钟脉冲越多，CPU进行的基本操作也就越多，CPU工作得也就越快。CPU运算时，单位时间内的时钟脉冲数（通常是1 s内发生的脉冲数）称为CPU时钟频率。CPU时钟频率的基本单位是Hz（赫兹），表示CPU的运行速度。其他单位还有kHz（千赫兹）、MHz（兆赫兹）、GHz（吉赫兹）。$1\,kHz=10^3\,Hz$、$1\,MHz=10^6\,Hz$、$1\,GHz=10^9\,Hz$。

随着计算机技术的发展，CPU时钟频率由过去兆赫兹发展到了当前的吉赫兹。目前个人计算机的主流CPU的时钟频率大部分达到2~3GHz。

（5）高速缓冲存储器（Cache）

在计算机系统中，由于中央处理器工作速度比主存储器存取速度快很多，当中央处理器从主存储器读取指令和数据时，常常处于等待状态，中央处理器的高速处理能力不能充分发挥，从而使整个计算机系统的工作性能降低。采用高速缓冲存储器是有效解决中央处理器和主存储器之间速度不匹配矛盾的常用方法之一。

高速缓冲存储器的存取速度能与中央处理器匹配，其容量一般较小。通常将中央处理器即将要读取的指令和数据预先调入高速缓冲存储器，这样，中央处理器可直接从高速缓冲存储器中读取，而不必访问主存储器，从而大大提高了中央处理器的性能。

目前的主流中央处理器往往具备多级缓存，如Intel公司的CPU酷睿i7 920配备了一级缓存：$4\times64\,KB$；二级缓存：$4\times256\,KB$；三级缓存：8 MB。

上述指标反映了中央处理器性能的几个方面，中央处理器的性能评价必须从各方面综合考虑，包括其他各项CPU技术，特别是近年来多核处理器的发展和普及，大大提高了CPU的整体性能。

对于单核处理器而言，提高性能的主要方法之一是提高其工作频率，但是提高单核芯片的工作频率会产生过多热量，而性能改善却极为有限，而且速度稍快的处理器价格更为昂贵。

多核处理器是指在一个处理器中集成两个或多个完整的计算内核。它可更好地满足用户同时进行多任务处理的要求，为用户带来更强大的计算性能。当前，主流中央处理器往往是多核处理器，其中以双核、四核的处理器最为常见。

目前，市场上生产处理器的厂商主要有Intel公司和AMD公司，如图2-3所示。Intel公司和AMD公司不仅生产个人计算机上的CPU，还生产笔记本计算机、服务器使用的CPU。Intel公司生产的个人计算机上的CPU主要有酷睿i7、酷睿i5、酷睿i3等系列。AMD公司生产的个人计算机上的CPU主要有锐龙、皓龙、羿龙等系列。

2. 各类存储设备

（1）随机存储器

随机存储器（Random Access Memory，RAM）是指当读取存储器中的数据或将数据写入存储器时，所需时间与数据所在位置或写入位置无关。随机存储器分为动态随机存储器（Dynamic RAM，DRAM）和静态随机存储器（Static RAM，SRAM）

DRAM 是易失性存储设备，由于其存在电荷泄漏现象，一定时间后，其中存储的信息就会丢失。为此，动态随机存储器必须周期性地刷新。所谓刷新是指定期读取存储电路中电容器的状态，按照原来的状态为电容器充电，弥补流失的电荷，以达到保持信息的目的。

动态随机存储器数据存储密度高、容量大，常被用作计算机主存，即内存，如图 2-4 所示。

图 2-3　Intel 和 AMD 生产的 CPU

图 2-4　内存

SRAM 不需要刷新电路也能保存其内部存储的数据。SRAM 数据存储密度较低，但速度非常快。高速和静态特性使得 SRAM 被用作 Cache 存储器。

（2）只读存储器

只读存储器（Read-Only Memory，ROM）所存储的数据只能读取，不能改写或随意写入数据。ROM 中所存数据由厂商事先写好，在计算机工作过程中只能读取，并且 ROM 中数据稳定，断电后数据也不会改变，常用于存储各种固定程序和数据。

目前，在个人计算机的主板上安装有 ROM，ROM 中固化了一个基本输入/输出系统，称为 BIOS，其主要作用是完成对系统的加电自检、系统中各功能模块的初始化、系统的基本输入/输出驱动程序及引导操作系统。

在 ROM 基础上，进一步开发出了可编程只读存储器（Programmable ROM，PROM）、可擦可编程序只读存储器（Erasable Programmable ROM，EPROM）和电可擦可编程只读存储器（Electrically Erasable Programmable ROM，EEPROM）。

（3）闪存卡与读卡器

① 闪存卡（Flash Card）：利用闪存技术存储数据信息的存储器。闪存卡体积小巧，常用作数码照相机、手机、MP3 播放器等小型数码产品的存储介质。闪存是一种非易失性存储器，即断电数据也不会丢失。

闪存技术分为 NOR 型闪存与 NAND 型闪存。NOR 型闪存价格比较贵，容量较小，适合频繁随机读/写的场合。通常 NOR 型闪存用于存储运行的程序，智能手机的内存广泛使用 NOR 型闪存；NAND 型闪存成本低，且容量大，主要用来存储数据。市场上的闪存卡产品都使用 NAND 型闪存。

目前，市场上常见的闪存卡有 Smart Media（SM 卡）、Compact Flash（CF 卡）、Multi Media Card（MMC 卡）、Secure Digital（SD 卡）、Memory Stick（记忆棒）、XD-Picture Card（XD 卡）和微硬盘（MICRODRIVE）等，如图 2-5 所示。虽然闪存卡外观、规格不同，但技术原理都是相同的。闪存存取较快，无噪声，发热少。

图 2-5　各种闪存卡

② 读卡器：各种类型闪存卡的接口规格不一致，而计算机上的接口有限。为了方便闪存卡与计算机交换数据，读卡器应运而生。读卡器实际上是一个接口转换器，其上有插槽可插入闪存卡，有端口可以连接计算机。目前，由于计算机上普遍使用 USB 接口，故读卡器多采用 USB 接口连接计算机。

为了便于使用，读卡器往往采用多合一的方式，如图 2-6 所示。即一端提供多个不同规格的插槽，可以插入不同类型闪存卡的设备，另一端提供 USB 接口。对计算机而言，USB 接口的读卡器类似于一个可移动存储器，只是读取的是各种闪存卡。

③ USB 接口：目前，USB 接口应用非常广泛，不仅 U 盘使用，鼠标、键盘、移动硬盘、外置光盘驱动器、打印机、扫描仪、读卡器等许多设备也都使用 USB 接口。现在的个人计算机上往往配备多个 USB 接口，以方便用户使用。

USB 的全称为通用串行总线，是一个外部总线标准，用于规范计算机与外围设备的连接和通信。USB 接口可连接 127 种外围设备，成为当今计算机、智能设备上的必配接口。USB 接口经历了多年的发展，到如今已经发展为 USB 3.0。

图 2-6　多合一读卡器

USB 接口具有标准统一、连接设备多等优点，重要的是 USB 接口支持热插拔和即插即用，即用户在使用 USB 接口连接设备时，不需要关机，连接完成后再开机等动作。在计算机工作时，直接插上即可使用。另外，USB 设备大多小巧，携带方便。

（4）固态硬盘

固态硬盘（Solid State Disk）是用固态电子存储芯片阵列制成的存储设备，由控制单元和存储单元组成。由于其接口规范和定义、功能及使用方法上与普通硬盘相同，在外形和尺寸上也完全与普通硬盘一致，故得名固态硬盘，如图 2-7 所示。

固态硬盘的存储介质分为两种：一种是采用闪存芯片作为存储介质；另外一种是采用 DRAM 作为存储介质。

基于闪存的固态硬盘采用闪存芯片作为存储介质，其外观可以被制作成多种样式，如笔记本硬盘、微硬盘、存储卡、U 盘等。其优点是数据保护不受电源限制，可移植性强，适应于各种环境。因其应用广泛，故通常所说的固态硬盘指基于闪存的固态硬盘。

基于 DRAM 的固态硬盘采用 DRAM 作为存储介质，是一种高性能的存储器，且使用寿命长，但需要独立电源来保证数据安全，应用范围较小。

固态硬盘读/写速度快、防震抗摔性强、功耗低、无噪声、工作温度范围大、重量轻，广泛应用于军事、车载、工控、视频监控、网络监控、网络终端、电力、医疗、航空、导航设备等领域。

（5）硬盘

硬盘（Hard Disk Drive，HDD）全称为温彻斯特式硬盘，是计算机的主要存储设备之一。硬盘的存储介质由一个或多个覆盖有磁性材料的盘片组成。在读/写数据过程中，主轴电动机驱动磁盘高速旋转，音圈电动机驱动磁臂将磁头在磁盘上定位，以此读取磁盘上指定位置的数据，或将数据写入磁盘上指定位置，如图 2-8 所示。

图 2-7　固态硬盘

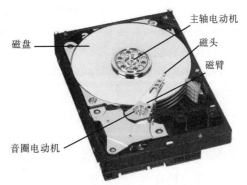

图 2-8　硬盘结构示意图

衡量硬盘性能的基本指标：

① 容量：作为计算机系统的最主要存储设备，容量是硬盘最主要的指标。

在计算机中，一个二进制位称为 1 比特（bit），八个二进制位称为 1 字节（B）。字节是衡量存储器容量大小或数据量大小的基本单位。衍生的单位有：

千字节（KB）：1 KB=2^{10} B=1 024 B

兆字节（MB）：1 MB=2^{10} KB=1 024 KB

千兆字节（GB）：1 GB=2^{10} MB=1 024 MB

百万兆字节（TB）：1 TB=2^{10} GB=1 024 GB

硬盘厂商通常使用的 GB 是 1 GB=1 000 MB，Windows 系统中的 1 GB=1 024 MB，因此在系统中看到的容量会比厂家的标称值要小。目前，台式计算机所用硬盘的容量多在 500 GB～3 TB 之间。

② 转速：指盘片在一分钟内旋转的圈数，单位为 r/min。转速高低是衡量硬盘档次的重要参数之一，是决定硬盘数据传输速率的关键因素。转速越高，硬盘数据传输速率越高。

个人用台式计算机所用硬盘的转速一般为 5 400 r/min、7 200 r/min。笔记本计算机所用硬盘转速通常为 4 200 r/min、5 400 r/min。服务器对硬盘性能要求较高，其使用的转速为 10 000 r/min，甚至 15 000 r/min。

③ 缓存：通常，硬盘数据访问伴随着机械动作，因此其数据传输速率低于内存传输速率。为改善这种状况，往往将硬盘读取的数据先存储在缓存中，待到一定时机，由缓存与内存交换数据，以此提高数据传输速率。缓存往往集成在硬盘控制器上，能够大幅度地提高硬盘的整体性能，其大小与速度直接关系到硬盘数据传输速率。目前，台式计算机所用硬盘的缓存多为 16 MB、32 MB 和 64 MB 等。

（6）光盘驱动器

光盘驱动器简称光驱，是读取光盘上存储信息的设备。与硬盘的存储介质和驱动器制作成一个整体不同，作为存储介质的光盘可以从光盘驱动器中取出，如图 2-9 所示。

激光头是光盘驱动器的核心部件，通过它来读取光盘上的数据。在读取信息时，激光头向光盘发出激光束，光盘上的凹面或非凹面使得反射光束的强弱发生变化。根据反射光束的强弱，将光盘上的信息还原成为数字信息，以此读取光盘上的数据。

光盘是一种光学存储介质。光盘存储容量大，价格便宜，保存时间长，适宜保存大量的数据。按技术和容量划分，光盘可分为 CD、DVD 和 Blu-ray Disc。CD 的容量只有 700 MB，DVD 则可以达到 4.7 GB，而 Blu-ray Disc 蓝光光盘可达到 25 GB。它们之间的容量差别，与其光盘驱动器激光光束的波长密切相关。

图 2-9　光盘驱动器

光盘又可分为不可擦写光盘和可擦写光盘：

① 不可擦写光盘，如 CD-ROM、DVD-ROM 等，其中的数据由生产厂商烧录，用户只可读取该光盘上的数据。

② 可擦写光盘，如 CD-R、CD-RW、DVD+RW 等，其中 CD-R 只能一次性将数据写入光盘，以后只能读取。而 CD-RW、DVD+RW 通过激光可在光盘上反复多次写入数据。

（7）网络存储与在线云存储

与前述的网络打印机类似，将专用的存储设备作为一个独立的节点接入网络，为网络中的其他计算机提供存储服务，这就是网络存储。

网络存储实现了高速计算机与高速大容量存储设备的互联，使得大容量存储设备数据可以共享，并且能够灵活配置存储设备，实现数据快速备份，提高数据的可靠性和安全性。

网络存储适用于对数据安全性要求高，对数据存储性能要求高，具有超大型海量数据存储需求的行业，如电信、金融、证券、图书馆、博物馆、税务和石油等行业。

云存储指将大量存储设备通过软件整合起来协同工作，通过网络，共同提供数据存储和业务访问功能的系统。云存储指以数据存储和管理为核心的系统。

云存储可分为公共云存储、内部云存储、混合云存储三类。公共云存储即通过 Internet 对外部的公司机构、个人提供云存储服务。内部云存储即向本企业内部的部门、工作人员提供云存储服务。混合云存储把公共云和私有云/内部云结合在一起。

常见的公共云存储产品有 Google Drive、Windows SkyDrive、百度云盘等。

使用云存储服务企业机构能节省存储设备投资费用，节省运营维护费用，简化管理工作任务，能更好地完成数据备份、数据归档和灾难恢复等工作。

任务实施

1．理解处理器与内存、辅助存储器的关系

在计算机内，只有主存储器或内存能直接与 CPU 交换数据信息，或者说，CPU 能直接访问的只能是主存储器或内存。内存中存储当前正在执行的程序以及程序处理的数据，CPU 从内存中读取程序指令并执行，如图 2-10 所示。

图 2-10　处理器与内存、辅助存储器的关系

在执行程序的过程中，如果 CPU 需要访问硬盘等辅助存储器中的数据，则必须先将硬盘中的数据装入内存，然后从内存中访问这些数据。在从硬盘读取数据或将数据写入硬盘时，由于相比于内存而言，硬盘等辅助存储设备数据传输速率较慢，故 CPU、内存往往处于等待状态，其性能得不到发挥。

如果计算机系统的内存较大，则在程序执行过程中，CPU 不必频繁地将数据从硬盘调入内存，也不必频繁地将内存装不下的数据写入硬盘，CPU、内存减少了等待时间，计算机系统的整体性能大大提高。所以，内存越大，计算机系统的性能越高。

2．了解内存与其他存储设备的区别

内存一般由 DRAM 构成，只能在计算机系统加电运行的状态下，存储当前正在执行的程序以及程序处理的数据。一旦断电或关机，内存所存储的信息将会全部消失，所以只能用来临时存储信息。

硬盘等其他外部存储设备即使在断电的情况下，存储的信息也不会丢失，而且容量更大。所以，其他外部存储设备往往用来长期保存大量数据。

相比硬盘等其他外部存储设备，内存容量小，价格高，速度快，只能临时存储数据。而硬盘等其他外部存储设备数据存取速度慢，但价格低，容量大，且能永久保存数据。

3．了解存储设备对计算机性能的影响

尽管计算机系统可配置较大的内存，但从硬盘读取数据进入内存的操作不可避免。例如，系统启动时从硬盘引导操作系统、启动程序时将程序装载进内存等。

因此，提高硬盘等存储设备的数据存取速度对提高计算机整体性能具有重要意义。为此，采取措施提高硬盘等存储设备的数据存取速度。例如，提高硬盘的转速，增加缓冲存储器的容量等。

任务 2　了解输入/输出设备

计算机应用范围广泛，为了适应不同领域的需求，产生了各种输入/输出设备。种类繁多的输入/输出设备不仅使用户操作计算机更方便，也能适应不同的使用目的。

任务描述

本任务要求学习者了解显示器、投影仪和触摸屏，掌握鼠标、键盘和打印机；了解 3D 打印；了解其他输入/输出设备，包括传声器、扬声器、扫描仪、条形码读取器等。

解决路径

本任务以讲解为主，着重介绍计算机的各类输入/输出设备及其性能指标。总体来说，此任务可以按照如图 2-11 所示步骤来逐步学习。

图 2-11　任务 2 的学习步骤

相关知识

1. 显示器和投影仪

（1）显示器

显示器（Display）是计算机常用的输出设备，可以分为 CRT、LCD 等多种，目前常用如 LCD 显示器如图 2-12（a）所示。

CRT 显示器是一种使用阴极射线管（Cathode Ray Tube）的显示器，是早期应用最广泛的显示器之一，如图 2-12（b）所示。CRT 显示器具有可视角度大、无坏点、色彩还原度高、色度均匀、响应时间极短等优点。但其有一定的辐射、闪烁，能耗高、体积大、占用较大的办公桌面。目前，除少量专业领域外，很少采用。

液晶显示器（Liquid Crystal Display，LCD）是平面超薄的显示设备。与传统 CRT 显示器相比，LCD 显示器体积小、重量轻、耗能低、工作电压低，目前被广泛采用，如笔记本计算机、台式机等均采用液晶显示器。

对显示器性能的衡量指标主要包括：

① 屏幕尺寸：用显示器屏幕对角线的长度标示，单位为英寸（in）。目前，台式机所用显示器主流产品的屏幕尺寸主要以 20 in 及以上为主。

② 屏幕比例：指显示器屏幕横向（宽度）和纵向（高度）的尺寸比例。普通计算机标准显示器的屏幕比例是 4:3。由于电影、DVD 和高清晰电视的宽高比是 16:9，为了满足家庭娱乐或其他方面的需求，也出现了宽屏显示器，其屏幕比例通常为 16:9 或 16:10。

③ 分辨率：指显示器所能显示的像素的数目，用以标示屏幕显示图像的精细程度。通常，分辨率用显示器屏幕横向的像素数目乘以纵向的像素数目来表示，如 1 024×768 像素。同样屏幕尺寸的显示器，分辨率越高，画面显示越精细。显示器的分辨率必须与屏幕比例相匹配，不然会出现画面变形。例如，屏幕比例为 16:9 的宽屏显示器，其分辨率为 1 600×900 像素、1 920×1 080 像素等；屏幕比例为 4:3 的宽屏显示器，其分辨率为 1 280×1 024 像素、1 600×1 200 像素。

④ 色彩度：计算机早期使用的 CRT 显示器是单色显示器。单色显示器通常只能显示两种颜色：黑和白、黑和绿，称为黑白显示器或绿色显示器。单色显示器支持灰度后，显示的图像具有一定的层次感。在彩色显示器出现后，单色显示器逐渐被淘汰。目前，仅在工程领域有所应用。

对于彩色显示器而言，色彩度表示显示器屏幕像素所能够显示颜色的数目。如果屏幕上的每一个像素能显示 256 种颜色，则要用 8 位二进制数表示，即 2^8 次方，因此 256 色的图形也叫作 8 位图；如果每个像素能显示的颜色很多，需要用 16 位二进制数表示，则称之为 16 位图，可以表达 2^{16} 次方即 65 536 种颜色；最高还有 24 位彩色图，可以表达 16 777 216 种颜色。目前，液晶显示器一般都支持 24 位真彩色。

另外，显示器性能的衡量指标还有亮度、对比度、响应时间、可视角度等。

（2）投影仪

投影仪又称投影机，是一种可以将图像或视频投射到幕布上显示的设备，如图 2-13 所示。投影仪可以通过不同的接口同计算机、DVD 播放机、游戏机等连接，播放视频信号。

（a）LCD 显示器 　　（b）CRT 显示器

图 2-12　显示器　　　　　　　　　　　图 2-13　投影仪

目前，投影机技术主要分为四大类：

① 液晶投影机（Liquid Crystal Display，LCD）。

② 数字光处理器投影机（Digital Lighting Process，DLP）。

③ 硅基液晶投影机（Liquid Crystal on Silicon，LCOS）。

④ 阴极射线管投影机（Cathode Ray Tube，CRT）。

LCD 投影机技术目前最为成熟，投影画面色彩还原真实鲜艳，色彩饱和度高，光利用效率高。目前市场高流明的投影机主要以 LCD 投影机为主。

DLP 投影机技术是现在高速发展的投影技术。其投影图像灰度等级、图像信号噪声比大幅度提高，画面质量细腻稳定，尤其在播放动态视频时图像流畅，形象自然。

LCOS 投影机技术具有利用光效率高、体积小、开口率高、制造技术较成熟等特点，可以很容易地实现高分辨率和充分的色彩表现。LCOS 是目前较热门的技术。

CRT 投影机技术与 CRT 显示器类似，是最早的投影技术，目前已经被淘汰。

通常，用户关心的投影仪主要技术指标有亮度、分辨率、灯泡寿命等。

① 亮度：投影仪亮度越高，投影图像越清晰。投影仪亮度的单位为流明（lm）。常用 LCD 和 DLP 投影仪的亮度一般在 800～120 lm，高档大型投影机的亮度可达 6 000 lm。亮度是投影机最重要的指标之一。

② 分辨率：投影机分辨率是指一幅图像包含的像素数目。分辨率越高，像素数目越多，图像细节越丰富，画面更完美。投影仪常用的分辨率表示：VGA=640×480 像素；SVGA=800×600 像素；XGA=1 024×768 像素；SXGA=1 280×1 024 像素。分辨率是投影机的重要指标之一。

③ 灯泡寿命：投影机都需要有外光源，其寿命关系到投影机的使用成本。LCD 投影机的灯泡成本平均为 1.5～2 元/小时。

（3）3D 显示

3D 显示即为立体显示，3D 显示器一直是显示技术发展的重要目标。2011 年，已有 3D 显示器产品面世。目前，3D 显示技术主要分为佩戴立体眼镜（见图 2-14）和不需要佩戴立体眼镜两大技术体系。

3D 显示必须提供两组相位不同的图像，让观众的一只眼只接受其中一组图像，形成视差，从而产生立体感。现在，需佩戴立体眼镜的 3D 显示器常使用的技术包括不闪式 3D 技术和快门式 3D 技术。

① 不闪式 3D 技术：偏光式 3D 技术的一种，而偏光式 3D 技术也称为偏振式 3D 技术。该技术利用分光法成像原理，将图像分为垂直向偏振光和水平向偏振光两组画面，然后使用被动式偏光眼镜左右不同偏振方向的偏光镜片，使观众的左右眼接收不同画面，形成视差，产生立体影像。

不闪式 3D 技术会使画面分辨率减半，难以实现真正的全高清 3D 影像，降低了画面的亮度，对显示设备的亮度要求较高。此外，该对显示器的刷新频率要求也较高。

采用不闪式 3D 技术的显示器没有闪烁，能让用户体验使眼睛非常舒适的 3D 影像。而且可视角度广，在推荐距离内，从任何角度观看，都能保持其画面效果和色彩表现力。

② 快门式 3D 技术：3D 显示器中最常使用的一种技术，属于主动式 3D 技术。当左右两组图像信号输入到显示设备后，左右两组图像帧交替显示，并使用红外发射器将帧同步信号发送出去。接收到信号的 3D 眼镜同步实现左右眼观看各自对应的图像，形成视差，便观看到立体影像。

快门式 3D 技术的 3D 眼镜需要配备电池。由于观众眼睛可以感觉到 3D 眼镜左右两侧镜片的开闭，产生闪烁感，长时间观看，会增加眼睛负担，容易产生疲劳。并且，每只眼睛只能得到一半的光，使得亮度大打折扣。

③ 裸眼式 3D 技术：目前，裸眼式 3D 技术大多处于研发阶段。裸眼式 3D 技术可分为光屏障式（Barrier）、柱状透镜（Lenticular Lens）技术、指向光源（Directional Backlight）和直接成像式等。裸眼式 3D 技术最大的优势是摆脱了眼镜，但在分辨率、可视角度和可视距离等方面还存在不足。

当前，裸眼式 3D 技术仅应用于移动设备、广告机、灯箱等设备。

（4）触摸屏和手势

触摸屏（Touch Screen）又称触控屏或触控面板，如图 2-15 所示。触摸屏是一种可接收触点等输入信号的感应式液晶显示装置。与鼠标相似，触摸屏是一种定位输入设备，用户可以直接向计算机输入坐标信息。

利用触摸屏技术，用户只要用手指或触点轻轻地指碰显示屏上的图符或文字就能实现对计算机操作，使人机交互更为简单，极大方便了不懂计算机操作的用户。

触摸屏由触摸检测部件和触摸屏控制器组成。触摸检测部件安装在显示器屏幕前，检测用户触摸位置，将触摸信息传送到触摸屏控制器；触摸屏控制器将接收到的触摸信息转换成触点坐标，传送给计算机。

从工作原理上，触摸屏分为电阻式、电容感应式、压电式、红外线式以及表面声波式。目前触摸屏主要分为单点触摸和多点触摸。

① 单点触摸屏：只支持最简单的操控，就是一个手指触摸屏幕上的一点来实现操控。不过，比以前只能通过屏幕周边的机械按钮进行操控，单点触摸屏实现了用户界面方面的一大进步。单点触摸屏使用电阻式触摸屏技术，而电阻式技术依赖于触摸屏的物理运动，会磨损老化，性能下降。

② 多点触摸屏：采用了感应电容式触摸屏，支持两个手指的手势动作的情况下，完成诸如照片缩放、网页视图的方位改变等相关操作，如图 2-16 所示。

图 2-14　3D 立体眼镜　　　　图 2-15　触摸屏　　图 2-16　多点手势触摸屏上的图片缩放

目前，触摸屏已广泛应用到移动计算设备、如手机、平板计算机等设备上，成为这些设备输入信息的主要工具。

2．鼠标、键盘和打印机

（1）鼠标

鼠标是一种常用的计算机输入设备，因形似老鼠而得名。用于移动、定位屏幕上的光标，并通过按键和滚轮装置对光标所在位置的屏幕元素进行操作。鼠标可用来代替键盘指令，使用户操作计算机更加简便。

鼠标按工作原理可分为机械鼠标和光学鼠标两类。

鼠标通过其接口接入计算机。有线鼠标的接口类型分为串行接口、总线接口、PS/2 接口、USB 接口。目前常用的是 PS/2 接口、USB 接口，如图 2-17 所示。

PS/2 接口鼠标通过一个六针微型 DIN 接口与计算机相连，它与键盘的接口非常相似，使用时要注意区分。

USB 鼠标通过一个 USB 接口，直接插在计算机的 USB 口上。

无线鼠标是指不使用线缆，而是通过无线电信号连接到计算机的鼠标。通常采用的无线通信技术是 27 Mbit/s、2.4 Gbit/s、蓝牙技术等，实现与主机的无线通信。

具体的产品中，无线鼠标往往带有一个 USB 口的接收器，将该接收器插入计算机的 USB 接口，无线鼠标即可开始工作，如图 2-18 所示。

（a）PS/2 接口　　（b）USB 接口

图 2-17　鼠标　　　　　　　　　　　　　　　　图 2-18　无线鼠标

（2）键盘

键盘是计算机最常用、最主要的输入设备。通过键盘可以将字母、数字、标点等符号输入计算机，从而输入数据或命令等。

与鼠标一样，目前，常用的键盘接口有 PS/2 接口、USB 接口以及无线键盘。

（3）打印机

打印机（Printer）是计算机的输出设备，用于将信息打印在相关介质上。打印机的分类方法较多，通常按是否有击打动作，分为击打式打印机与非击打式打印机。

衡量打印机好坏的指标有三项：打印分辨率、打印速度和噪声。

打印机通常是以分辨率来表示打印质量，其计算单位是 dpi（Dot Per Inch），其含义是每英寸内打印的点数。例如，一台打印机的分辨率是 600 dpi，是指每英寸打 600 个点。dpi 值越高，打印效果越精细，当然需要的打印时间也就越长，价格越贵。

打印机的打印速度通常使用每分钟打印的纸张数量（ppm）来度量。另外，还可根据每秒打印的字符数量（cps）来度量打印速度。

目前，市场上常见的打印机有针式打印机、喷墨打印机、激光打印机。

① 针式打印机：包含一个由打印针组成的打印头，该打印头在墨带上敲击打印出文本和图形。打印头是针式打印机的主要部件，通常所讲的 9 针、16 针和 24 针打印机是指打印头中打印针的数目。目前，以 24 针打印头的打印机较为常见，如图 2-19 所示。

② 喷墨打印机：采用非击打的工作方式，其打印头中有微小的喷嘴，通过它将墨水喷射至打印纸上完成打印。喷墨打印机突出的优点是体积小、操作简单方便、打印噪声低。在使用专用纸张时，可以打出与照片相媲美的图片，如图 2-20 所示。

③ 激光打印机：也采用非击打的工作方式，它是将激光扫描技术和电子照相技术相结合的打印输出设备，如图 2-21 所示。激光打印机通过激光将图像"写"到感光鼓上。感光鼓上被激活的区域会吸收墨粉，以此完成文档打印。

图 2-19　针式打印机　　　　　图 2-20　喷墨打印机　　　　　图 2-21　激光打印机

与针式打印机和喷墨打印机相比，激光打印机具有分辨率高、速度快、噪声低、处理能力强等优点。

3．3D 打印

3D 打印技术是以计算机上三维数字模型文件为基础，运用粉末状金属或塑料等可黏合材料，通过逐层打印的方式来构造物体的技术。

3D 打印的过程：先通过计算机建模软件构建三维数字模型，再将建成的三维模型"分区"成逐层的截面，即切片，然后打印机根据切片逐层打印。

普通打印机的打印材料是墨水和纸张，而 3D 打印机的打印材料则是金属、陶瓷、塑料、砂等实实在在的原材料。

普通打印机根据打印文件打印平面作品，即作品只有一层。而 3D 打印机根据切片文件逐层打印，将金属、陶瓷、塑料、砂等不同的实物原材料逐层叠加，最终把计算机上的模型图变成实物。

3D 打印技术中的数控成型系统，利用激光、热熔等方式将金属粉末、陶瓷粉末、塑料等特殊材料逐层堆积黏结，最终叠加成型，制造出实体产品。

3D 打印技术能够实现 600 dpi 分辨率，每层厚度只有 0.01 mm，即使模型表面有文字或图片也能够清晰打印。受到喷打印原理的限制及材料堆积黏结固化的反应速度的影响，3D 打印技术打印速度不快。目前的 3D 打印技术产品可以实现每小时 25 mm 高度的垂直速率。如果利用有色胶水，可实现彩色打印，色彩深度高达 24 位。图 2-22 所示为一种 3D 打印的打印成品。

3D 打印技术突出的优点是无须机械加工或任何模具，就能直接从计算机图形数据中生成任何形状的零件，从而缩短产品的研制周期，提高生产率和降低生产成本。与传统制造业通过模具、机械加工方式对原材料进行定型、切削，最终生产成品不同，3D 打印将三维实体变为若干个二维平面，通过对材料处理并逐层叠加进行生产，降低了制造的复杂度。这种数字化制造模式不需要复杂的工艺和庞大的机床，也不需要众多的人力，直接从计算机图形数据中便可生成任何形状的零件，使生产制造得以向更广的生产人群范围延伸。图 2-23 所示为一款 3D 打印机。

图 2-22　一种 3D 打印的打印成品　　　　　图 2-23　一款 3D 打印机

由于三维打印技术排除了使用工具加工、机械加工和手工加工，而且改动技术细节的效率极高，因而在设计行业应用较多，诸如鞋类设计、鼠标、手柄的设计等。一个鼠标或一个手柄往往需要有几十个模具，根据模具做出零件之后组装成样品。这种方式成本非常高，而用 3D 打印技术可以很快完成该过程。

人们已经使用 3D 打印技术打印出了灯罩、身体器官、珠宝、根据球员脚形定制的足球靴、赛车零件、固态电池，以及为个人订制的手机、小提琴等，甚至使用该技术制造出了机械设备。3D 打印机的应用领域将随着技术进步而不断扩展。

4．其他输入/输出设备

（1）麦克风

麦克风（Microphone）是将声音信号转换为电信号的装置。麦克风由最初的电阻转换发展为目前的电感、电容式转换等，当前广泛使用的是电容麦克风和驻极体麦克风。

电容式麦克风能响应极为宽广的频率、具有超高灵敏度、能快速瞬时响应，能够输出最清晰、细腻及精准的原音，且体积小、重量轻，应用广泛。

驻极体麦克风体积小巧，成本低廉，在电话、手机等设备中广泛使用。

麦克风的技术指标有：灵敏度、频率响应、阻抗、信号噪声比。

（2）音箱

计算机音箱用于输出计算机中的音频信号，也可以连接手机等其他播放设备使用。计算机音箱分为连体式便携计算机音箱，为单箱体；分体式计算机音箱，由多个箱体组成，根据箱体个数的不同，可以分为 2.0 音箱、2.1 音箱、5.1 音箱，甚至是 7.1 音箱。

音箱是把电信号转变为声信号的器件。音箱按换能机理和结构分为多种，其主要性能指标有灵敏度、频率响应、额定功率、额定阻抗、指向性以及失真度等。

目前，计算机的音频输出也往往使用耳机，而耳麦是将耳机与麦克风制作为一个整体，如图 2-24 所示。

图 2-24　耳麦

（3）扫描仪

扫描仪（Scanner）利用光电技术和数字处理技术，以扫描方式将平面内的信息转换为数字信息，供计算机处理，如图 2-25 所示。平面内的信息可以是文本、照片、图纸、图画、照相底片等。

扫描仪可分为：滚筒式扫描仪和平面扫描仪，近几年又出现笔式扫描仪、便携式扫描仪、馈纸式扫描仪、胶片扫描仪、底片扫描仪和名片扫描仪。密度范围是扫描仪的重要性能参数，又称像素深度，它标示扫描仪所能分辨的亮光和暗调的范围。通常，滚筒扫描仪的密度范围大于 3.5，而平面扫描仪的密度范围在 2.4～3.5 之间。

当扫描仪扫描页面文字时，常和光学字符识别（Optic Character Recognize，OCR）技术结合使用。OCR 技术是在扫描技术的基础上实现文字字符的自动识别。OCR 技术在识别数字、英文字符及印刷体汉字方面已获得成功。

（4）摄像头

摄像头是一种视频输入设备，具有视频摄影、传播和静态图像捕捉等功能。在镜头采集图像后，由感光组件电路及控制组件电路进行处理并转换成数字信号，然后输入计算机，由计算机中的软件对图像进行还原，如图 2-26 所示。

图 2-25　扫描仪

图 2-26　摄像头

（5）条形码读取器

条形码（Barcode）是将宽窄不一、数量不等的多个黑条和空白，按照一定规则排列，以表达一组信息的图形标识符。二维条形码是用特定的黑白相间几何图形按一定规律在平面分布以记录数据符号信息，如图 2-27 所示。

通常，条形码用于标示物品的生产国、制造厂家、名称、生产日期、分类等许多信息。条形码技术是集编码、印刷、识别、数据采集和处理于一身的新型技术，在商品流通、图书管理、邮政管理等许多领域得到广泛的应用。

条码扫描器，又称条码阅读器、条码扫描枪，是用于读取条形码所包含信息的阅读设备，如图 2-28 所示。它利用光学原理，把条形码的内容解码后通过数据线或者无线的方式传输到计算机系统。广泛应用于超市、物流快递、图书馆等扫描商品、单据的条码。

图 2-27　条形码

图 2-28　条码扫描器

条码扫描器可分为一维、二维条码扫描器。依据工作原理，条码扫描器可分为 CCD、全角度激光和激光手持式条码扫描器。

任务实施

随着计算机应用日益广泛，各种硬件设备层出不穷。这些硬件设备使用户操作计算机更方便。了解各类硬件的操作方法更加有助于灵活使用计算机。

1．了解显示器和投影仪接口

显示器和投影仪须通过其接口连接到计算机的显示控制器上才能将计算机的输出信息显示在屏幕上或投影到幕布上。显示控制器即显卡，显卡的接口通常有 D–Sub 接口、DVI 接口和 HDMI 接口，如图 2–29 所示。

（1）D–Sub 接口

D–Sub 接口也称为 VGA 接口，传递标准 RGB 信号。由于最初用于 CRT 显示器，因而只接收模拟信号输入。模拟信号接口降低了显示的分辨率，使其接口数据传输速率较低，无法达到高清的要求。大多数个人计算机显卡最普遍的接口为 D–15，即 D 形三排 15 针接口，如图 2–30 所示。

（2）DVI 接口

DVI（Digital Visual Interface，数字视频接口）是数字接口（见图 2–31），传送数字信号，无须在显卡、显示器两端进行数/模或模/数转换。DVI 接口传输速率高达 8 Gbit/s，适用于传输无压缩、高清晰度的视频信号，近年推出的投影仪、等离子及 LCD 显示器均设有 DVI 接口。随着液晶显示器的普及，DVI 接口应用也逐渐广泛。

HDMI 接口
D–Sub 接口
DVI 接口

图 2–29　显卡上的各种接口　　　图 2–30　D–15 接口　　　图 2–31　DVI 接口

（3）HDMI 接口

HDMI（High Definition Multimedia Interface，高清晰度多媒体接口）是不压缩、全数字的音频/视频接口，如图 2–32 所示。HDMI 接口与 USB 相似，像连接 USB 设备一样，使用方便。HDMI 能够在同一线缆上同时传输数字视频信号和音频信号；另外，由于无须进行数/模或模/数转换，音频和视频传输质量更高，最高支持分辨率为 1 920×1 200 像素的高清视频和 8 声道音频。同时，还支持最新的 HDCP 加密的高清内容。

（4）无线显示器

通过无线方式在显示端显示图像，从技术层面来说，目前有两种途径予以解决。

传送压缩后视频数据。在发送端，先将视频信号压缩，然后将压缩所得的数据包无线发送；当接收端收到数据包后，对数据包重新分组并解压缩以还原视频图像，最后显示在显示器上。目前，这种方式主要通过 Wi–Fi 技术或 UWB 技术实现。

由于该方式先压缩视频信号再传送，最后还需要解压缩还原，这个过程会耗费一定时间，会导致视频延迟。

直接传送视频信号。发送端直接传送视频信号，接收端收到视频信号后，直接在显示器上显示。目前比较有代表性的是 WHDI 技术。该方式通路直观，不对视频信号进行压缩和解压缩，节省了时间，能够解决视频延迟问题。但传输数据量大，所需数据带宽非常大，技术难度高。

2．了解计算机打印机接口

目前，常见的打印机连接计算机的接口主要有并行接口、USB 接口、网络和无线网接口。

（1）并行接口

并行接口采用的是并行传输方式来传输数据的接口标准，它是应用时间最长的打印机接口。通常，并行数据传输技术可以提高数据传输速率，但是，由于数据的发送方和接收方必须采用同一时序传播信号，用同一时序接收信号，而时钟频率的提高使得数据传送的时序难以与时钟合拍，并且容易引起信号线间相互干扰，导致传输错误。因此，并行数据传输方式难以实现数据高速传输。

并行接口常见于针式打印机上。作为打印机端口的并行接口主要采用的是 25 针 D 形接头，就是通常所说的LPT 接口，如图 2-33 所示。

图 2-32　HDMI 接口

图 2-33　LPT 接口

（2）USB 接口

与粗大并行接口相比，目前打印机上普遍使用的是方形 USB 接口。USB 接口支持热插拔，具有即插即用的优点。USB 接口的数据传输速率可达 12 Mbit/s，相比并行接口，速度提高达 10 倍以上，因此，大幅度降低了打印文件的传输时间，使用 USB 接口的打印机速度大幅度提升。

（3）网络打印机

对于一个工作组或部门而言，每一台计算机皆可能有打印需求。将打印机接入局域网，使网络内的用户方便快捷地完成打印，这样的工作方式不仅降低了办公设备的购置和维护成本，而且提高了工作效率。

在前面的介绍中，打印机一直是作为计算机的外围设备，而网络打印机是将打印机作为独立设备接入局域网或 Internet，成为网络中的一个节点。网络中的其他计算机可以直接访问使用该打印机。

网络打印机有两种接入网络的方式：

一种是打印机通过并行接口或 USB 接口与外置打印服务器连接，打印服务器再通过网络接口接入网络。多数外置式网络打印机由于是通过并行接口与网络通信，受并行接口数据传输速率的限制，打印速率较慢。但多数外置式网络打印容易实现，价格较便宜。

另一种是通过内置于打印机中打印服务器上的网络接口接入网络。由于内置式网络打印机直接与网络通信，数据传输速率较快，具有较高的打印速度。随着网络速度的提高，其数据传输速率也随着提高，所以内置式网络打印机档次较多，选择余地大。

网络打印机一般配备管理和监视软件，通过管理软件可从远程监控打印机工作状态、查看和管理打印任务，配置打印机参数。大多数网络打印管理软件基于 Web 方式，简单快捷。

任务 3　了解各类型计算机

计算机自产生以来，经过几十年的发展，已经应用到社会的各个领域，产生了运用于不同领域，适合不同目的的各种类型的计算机。

任务描述

本任务要求学习者了解不同的计算机类型，如嵌入式计算机、智能手机、平板计算机、笔记本计算机、台式计算机、大型计算机和超级计算机及其特点。

![解决路径]

本任务以讲解为主，通过图文并茂的形式讲述，使读者逐步了解不同的计算机类型及其特点。总体来说，本任务可以按照如图 2-34 所示步骤来逐步学习。

| 移动设备 | 台式计算机 | 大型计算机 | 超级计算机 |

图 2-34　任务 3 的学习步骤

![相关知识]

1. 嵌入式计算机

通常，嵌入式计算机是指专用计算机，如图 2-35 所示。所谓专用，是指只应用于某一领域，如工业控制、网络通信等领域。嵌入式计算机以其工作领域的应用为中心，其硬件、软件根据应用的需要进行增添或删减，以适应应用系统对功能、可靠性、体积、功耗、成本、环境的严格要求。嵌入式计算机系统一般由嵌入式微处理器、外围支撑硬件设备、嵌入式操作系统以及应用程序等四部分组成。

嵌入式计算机系统集硬件、系统软件与应用软件于一体，具有软件代码少、高度自动化、响应速度快等特点，特别适合于要求实时和多任务的体系。

图 2-35　一种嵌入式计算机

嵌入式系统的应用领域非常广泛，如掌上 PDA、移动计算设备、电视机顶盒、数字电视、汽车行车计算机、微波炉、数码照相机、自动售货机、工业自动化与医疗仪器等。

2. 智能手机

智能手机（Smart Phone)是指具有独立操作系统，可由通过用户自行安装软件来不断扩充功能，并可通过移动通信网络实现无线网络接入手机的总称，如图 2-36 所示。

智能手机除了具备手机通话功能外，还具备个人信息管理、手机定位以及基于无线数据通信的浏览器电子邮件功能。

因为智能手机具有独立操作系统、可自由安装各类软件扩充功能、全触摸屏式操作体验三大特性，使得智能手机迅速普及。

3. 平板计算机

平板计算机也称平板个人计算机（Tablet Personal Computer），是一种小型、方便携带的个人计算机，如图 2-37 所示。平板计算机无须翻盖、没有键盘，却功能完整，以触摸屏作为基本的输入设备，允许用户通过触控笔或手指输入。用户还可以通过内置的手写识别、屏幕软键盘、语音识别等软件输入信息。

图 2-36　智能手机

图 2-37　平板计算机

平板计算机的操作系统主要有 iOS、Android OS、Windows OS 以及华为的 HarmonyOS（鸿蒙系统）。当前平板计算机市场主流的操作系统是谷歌 Android OS 和苹果 iOS，其他系统也占有一定的份额，呈现多个系统并存的局面。

平板计算机因为轻巧便携的体积、强大的配置和功能，已经广泛应用到医疗卫生、教育、娱乐等领域。

4. 笔记本计算机

笔记本计算机（NoteBook Computer）与台式机有着类似的结构组成：显示器、键盘、鼠标、CPU、内存和硬盘），但其优点在于体积小、重量轻、方便随身携带，是一种小型、方便携带的个人计算机，如图 2-38 所示。

5. 台式计算机

与前述结构紧凑的智能手机、平板计算机、笔记本计算机不同，台式计算机的各设备部件，如主机、显示器、键盘、鼠标等相对独立。各设备部件采用模块化设计，使用标准接口，很方便组装成为一台计算机，同时方便更换设备部件。因其通常放置在计算机桌或者专门的工作台上，得名为台式计算机，简称台式机，如图 2-39 所示。

台式计算机有一个体积较大的机箱，其电源、硬盘、主板、中央处理器、内存、光盘驱动器、声卡、网卡、显卡等都安装在机箱内，称为主机。其显示器、键盘、鼠标、音箱、打印机等通过接口接上主机。因机箱体积较大，不仅通风散热良好，而且便于更换、增添设备部件，以扩充计算机功能。

图 2-38　笔记本计算机　　　　　　　图 2-39　台式计算机

6. 大型计算机

大型计算机也称为主机（Mainframe Computer）参见图 1-5（c），主要用于大量数据和关键项目的计算，如银行、金融交易及数据处理、人口普查、企业资源规划等。

现代大型计算机强调大规模的数据输入/输出，着重强调数据的吞吐量，因此，衡量性能的每秒运算次数 MIPS 不是现代大型计算机的主要指标，而是注重可靠性、稳定性、安全性、向后兼容性和高效的 I/O 性能。

现代大型计算机使用特有的处理器指令集、专用的操作系统和应用软件，其平台和操作系统并不开放，因而很难被攻破，安全性非常高。另外，一些大型计算机可同时运行多操作系统，实际的一台计算机可虚拟出多台计算机，因此，一台大型计算机可以替代多台服务器。

现代大型计算机更倾向于整数运算，数据传输速率高，适合处理交易数据、订单数据、银行数据等信息，往往作为大型商业服务器，运行大型事务处理系统，服务于银行、证券公司、航空公司等金融、商业机构，处理海量的交易信息、航班信息等。处理数据的同时需要读/写或传输大量信息。

目前，大型计算机企业有 IBM 公司和 UNISYS 公司。IBM 公司生产的大型计算机在其产品线中被列为 Z 系列。Z 系列主机的中央处理器使用基于 Z/Architecture 架构的 CISC 指令集，通过原生和虚拟方式可运行多种操作系统，其中最典型的操作系统是 IBM 大型计算机的专用文字界面操作系统 Z/OS。

7. 超级计算机

超级计算机［见图 1-5（d）］是计算机中功能最强、运算速度最快、存储容量最大的一类计算机，多用于科学研究的计算和工程技术的计算。超级计算机对国家安全、经济社会发展具有重大意义，是一个国家科研实力的体现，是国家科技发展水平和综合国力的重要标志。

超级计算机具有很强的计算和处理数据的能力，主要特点表现为高速度和大容量，配有多种外围设备及丰富的、高功能的软件系统。目前的超级计算机运算速度通常可达到每秒千万亿次。

超级计算机通常采用并行计算或分布式计算技术，往往拥有成千上万个处理器。许多处理器同时、协同运算，以提高计算速度。

超级计算机在诸如天体物理、天气预报、地球大气模拟、生物基因分析、核反应模拟、地质矿藏分析、军事武器研究、航空航天、人口普查等科技领域广泛应用。

任务实施

1. 了解移动设备与台式计算机的区别

台式计算机有一个体积庞大的机箱，通风散热良好，可扩展性强，硬件设备配置丰富。因此，台式计算机功能完善，性能强，广泛应用于人们生活、工作和学习的各个方面。特别是在图形图像处理、音频视频处理、计算机辅助设计、数据统计分析等对计算机性能要求较高的工作领域应用更加广泛。

但是，台式计算机不具备移动性，因此不能满足特定场合的使用需求。笔记本计算机可以看作是移动版的台式计算机，不仅具备较强的移动性，同时有着与台式计算机相似的性能。在台式计算机上运行的软件一般也可在笔记本计算机上运行。

智能手机、平板计算机等移动设备侧重于移动性，外观时尚，体积小巧，硬件设备配置受限，与台式计算机相比，性能稍逊。用户在移动状态下很少进行复杂事务，因而移动设备多用于娱乐、信息交流、获取资讯、电子阅读等。

2. 了解大型计算机和超级计算机的区别

大型计算机和超级计算机都具有超强的处理能力和海量的存储能力，但它们各有所长，主要区别在于：大型计算机的部分技术较为保守，使用专用指令系统和操作系统，安全性高，并且使用冗余技术确保安全性及稳定性。大型计算机适合数据处理的非数值计算，而且着重强调数据的吞吐量，因而主要用于金融、商业领域，如银行、证券、电信、电子商务等。

超级计算机往往采用最前沿的技术，使用大量的通用处理器及修改后的 UNIX 或类 UNIX 操作系统。超级计算机适合科学计算的数值计算，往往用于科学研究、工程计算等领域。

任务 4　了解软件类型

计算机应用广泛，由于其应用领域、应用目的各不相同，产生了不同类型的计算机。这些不同类型的计算机各有特点，各方面的性能不尽相同，与此相适应，运行于其上的软件也有不同类型，各有特点。另外，软件生产企业的发行模式不同，也产生了不同类型的软件。

任务描述

本任务要求读者了解不同的软件类型，如台式机软件与移动设备软件，本地软件与在线软件，商用软件、免费软件、付费软件、开源软件等。了解软件用户许可协议、软件使用许可证。

解决路径

本任务以图文并茂的形式讲述，使读者了解不同类型的软件。本任务可以按照如图 2-40 所示步骤逐步学习。

| 台式机软件和移动设备软件 | 本地软件与在线软件 | 商业软件与开源软件 |

图 2-40　任务 4 的学习步骤

相关知识

1. 了解台式机软件和移动设备软件

台式计算机硬件设备配置丰富，可扩展性强，功能完善，性能强，因此，台式计算机上的应用软件丰富，种类繁多，广泛应用于人们生活、工作和学习的各个方面，但可移动性差。笔记本计算机不仅具备较强的可移动性，同时有着与台式计算机相媲美的性能。一般来讲，在台式计算机上运行的软件也可在笔记本计算机上运行。

由于台式计算机和笔记本计算机具备性能强劲的特点，因而运行于其上的应用软件大多功能丰富，体积较大，运行占用资源多。

智能手机、平板计算机等移动设备由于重点突出移动性，硬件设备配置受到限制，因而性能稍逊。一般而言，运行于移动设备上的软件体积小巧，功能简单，运行不需要耗费太多资源。

对于运行于台式计算机上的软件而言，如果用户需要某软件，可从软件供应商的网站下载获取软件安装程序，或者通过商店获取光盘介质的软件安装程序，然后将该软件安装到计算机上。

与用户联系软件供应商获取软件的模式不同，移动设备软件则是接入网络访问应用商店，直接下载并安装应用程序。应用商店是一个软件平台，各移动设备软件开发商都可将自己开发的软件发布到应用商店里。用户则在应用商店里挑选、下载、安装想要的软件。

目前，依据使用的操作系统不同，移动设备使用各自不同的应用商店。苹果公司的移动设备使用 iOS 系统，使用该公司的苹果应用商店（Application Store），又称为 App Store。使用 Windows 系统的移动设备，使用 Windows 应用商店。Android 系统的移动设备使用 Android 应用商店。对于像 Android 这样开放式的操作系统而言，其应用商店有多个。

2. 了解本地软件与在线软件

本地软件是指软件下载、安装在用户本地计算机上，软件的全部或大部分功能在用户本地计算机系统上运行。目前的大多数软件都是这种类型。本地软件由软件开发商发布其软件安装程序，该软件的每个用户都必须获取软件的安装程序，才能将软件安装在自己的计算机系统上。

在线软件是指软件供应商将应用软件统一部署在自己的服务器上，用户通过互联网即可访问部署了应用软件的服务器，使用软件功能。用户通过互联网使用软件功能，而不必在自己的计算机系统上安装、运行该软件。

软件供应商通过 Internet 以在线软件的方式为用户提供软件功能服务，不仅可以避免使用盗版软件，而且简化了软件的维护工作。而用户不用再购买软件，无须对软件进行维护，软件供应商会管理和维护软件。

3. 了解商业软件、免费软件与开源软件

商业软件是指被作为商品进行交易的计算机软件。目前，大多数软件都是商业软件。用户必须向软件供应商支付费用以购买软件使用许可证，才能使用商业软件。

免费软件是可以自由、免费使用、传播的软件。但是，免费软件的源代码不一定会公开、不能用于商业用途，并且传播时须保持软件完整。常见的免费软件有 QQ、迅雷等。免费软件往往成为软件供应商推广其商业软件的手段。软件供应商发布其商业软件的免费版本，往往功能受限，或者其中植入了广告，只有当用户支付费用后，才能获得软件的完整功能或移除广告。

自由软件是一种可以不受限制地自由使用、复制、研究、修改和分发的软件。如果软件作为自由软件发表，通常是让软件以"自由软件授权协议"的方式发布，并公开软件的源代码。自由软件的主要许可证有 GPL 和 BSD 许可证两种。其中，GPL（GNU General Public License，GNU 通用公共许可证）是指使用者必须接受软件的授权，才能使用该软件。由于用户免费取得了自由软件的源代码，如果用户修改了源代码，基于公平互惠的原则，用户也必须公开其修改的成果。

著名的自由软件有 Linux 操作系统、MySQL 数据库管理系统、Firefox 浏览器、OpenOffice 办公软件等。图 2-41 所示为常用自由软件的图标。

图 2-41 常见自由软件的图标

任务实施

软件的价值通过知识产权体现；软件作者的权益通过知识产权法律保护。无论是商业软件，还是自由软件，软件作者都享有版权，所不同的是这些软件的使用许可证。一般而言，软件使用许可证是一种合同，用以规定和限制软件用户使用软件（或其源代码）的权利，以及软件作者应尽的义务。

根据使用时限，软件使用须有终身许可证、年度许可证。

终身许可证是指软件用户一旦获取软件使用许可证后，可终身无限制地使用该软件。此类软件许可证多见于个人用户。

年度许可证是指软件用户获取软件使用许可证后，按年付费来使用软件。此类软件许可证多见于商业软件领域。

相比终身许可证，年度许可证不像是购买软件，更像是租赁软件。年度许可证更为灵活，有利于软件用户节约成本。

另外，软件使用许可证大致还可分成商业软件、自由软件。

1. 了解商业软件使用许可证

商业软件使用许可证会明确许可方的版权归属、法定权利，比较完整地保证软件开发者的权益。针对不同的环境和被许可人（例如，个人用户、商业用户、团体用户）提供各种不同的文本。

商业软件使用许可证中包含了如软件安装、使用培训、运行支持、排错性维护和版本升级等技术服务内容，并明确约定如何收取费用。

2. 了解自由软件使用许可证

自由软件也称为开源软件，只不过开源软件是从技术角度定义，即软件的源代码公开。自由软件则是从知识产权许可角度定义，即被许可人获得很大程度的使用自由。

自由软件仍是有版权的，它与商业软件的基本区别在于两者许可证或许可方式的不同。

开源软件的软件许可证须经过 OSI（Open Source Initiative）认证，如图 2-42 所示。常见的开源协议如 BSD、GPL、LGPL、MIT 等都是由 OSI 批准的协议。软件作者如果要开源发布自己的软件及其源代码，最好选择这些被批准的开源协议。

图 2-42　OSI（Open Source Initiative）标志

任务 5　了解常用软件的功能

计算机领域广泛，涉及社会各个行业和各个层面，如家庭、公司、机构、政府及文档办公、项目管理、平面设计、音乐创作、视频发布等。与之相关的应用软件种类齐全，功能丰富。

任务描述

本任务要求学习者了解文字处理软件、电子表格软件、数据库软件和演示文稿软件的用途；了解其他类型的软件，如娱乐软件、笔记软件与网络笔记本、媒体编辑与处理软件、项目管理软件、系统优化软件的功能。

解决路径

本任务以图文并茂的形式讲述，可使读者掌握各种常用软件的功能。本任务可以按照如图 2-43 所示步骤逐步学习。

办公软件	媒体软件	其他类型软件

图 2-43　任务 5 的学习步骤

相关知识

1. 常用办公软件的用途

（1）文字处理软件

文字处理软件是用于对文章进行编辑、排版的软件。通常，文字处理软件不仅可以编辑文字、还具有编排图片、图形、表格的功能，方便对配有图片、图形、表格的文章进行编辑、排版。文字处理软件广泛用于办公、出版、印刷行业。

Windows 系统自带一些功能简单的文本编辑软件，如记事本、写字板等，能够进行一些简单的文字编辑工作。常见的功能完善的文字处理软件有 Microsoft Office Word、WPS Office 文字等。

（2）电子表格软件

电子表格软件不仅能够对表格数据进行编辑、排版，还能对表格数据进行复杂的运算、统计分析，而且能根据表格数据生成各种类型的图表，使数据更加直观。

常见的电子表格软件有 Microsoft Office Excel、WPS Office 表格等。

（3）演示文稿软件

演示文稿包括若干张幻灯片，广泛用于工作汇报、企业宣传、产品推介、教育培训等工作。演示文稿软件是用于编辑、制作演示文稿的软件，它能够在幻灯片上编辑、排版文字，将表格、图表、图片、音频、影片添加上幻灯片，并为幻灯片上的元素赋予动画效果，创建高品质的演示文稿。

常见的演示文稿软件有 Microsoft Office PowerPoint、WPS Office 演示等。

（4）数据库软件

数据库指的是依照某种数据结构组织、存储在一起与应用程序彼此独立的数据集合。数据库软件是按数据结构来存储和管理数据的计算机软件，统一管理和控制对数据库的增添、删除、修改和检索。

常用的数据库有 Microsoft Office Access、Microsoft SQL Server、MySQL、Oracle。

（5）Microsoft Office

Microsoft Office 是 Microsoft 公司发布的基于 Windows 操作系统的办公软件套装。Microsoft Office 中的常用组件包括 Word、Excel、Access、PowerPoint 等。目前，其最新版本为 Office 2019。Microsoft Office 2016 中部分组件界面如图 2-44 所示。

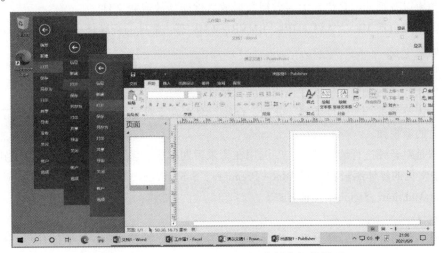

图 2-44　Microsoft Office 2016 中部分组件界面

（6）WPS Office

WPS Office 是金山软件公司发布的办公软件套装，可以实现办公软件的文字编辑排版、表格数据处理、演示文稿编辑等多种功能。WPS Office 体积小巧、内存占用低，运行速度快，具有强大的插件平台支持，并且全面兼容 Microsoft Office 套件格式。

目前，其最新版本为 WPS Office 2016，启动速度快，使用更方便，如图 2-45 所示。

WPS Office 包含 WPS 文字、WPS 表格、WPS 演示三大组件，分别与 Microsoft Office 套件中的 Word、Excel、PowerPoint 一一对应，并兼容其文件格式，可以直接保存和打开 Microsoft Word、Excel 和 PowerPoint 文件，也可以用 Microsoft Office 轻松编辑 WPS 系列文档。

图 2-45　WPS Office 2016 的界面

2. 各种媒体软件的功能

（1）音乐播放软件

音乐播放软件是用于播放音乐文件的软件。通常，大部分音乐播放软件包括了各种音频格式的解码器，并采用统一的播放界面，从而让用户能够方便地播放多种音乐格式的音乐文件。常见的音乐文件格式有 MP3、WMA、WAV、ASF、AAC、FLAC、APE、MID、OGG 等。常用的音乐播放软件有 Winamp、Foobar2000、千千静听、QQ 音乐等。

（2）视频播放软件

视频播放软件是指能播放视频文件的软件。大多数视频播放软件携带解码器以还原视频文件，同时，视频播放软件还内置转换频率以及缓冲的算法。大多数视频播放软件能播放音频文件。

常见的视频文件格式包括 MKV、AVI、MP4、RMVB、WMV 等。常见的视频播放软件有 Windows Media Player、暴风影音、射手播放器等。

（3）媒体编辑与处理软件

媒体编辑与处理软件包括视频编辑软件和音频编辑软件。

视频编辑软件对视频源进行非线性编辑、分割、合并，增加或改变背景音乐、特效、场景等，通过二次编码，生成具有不同表现力的新视频。

音频编辑软件则是对音频进行编辑处理，广泛用在音乐后期合成、多媒体音效制作、视频声音处理等方面。

Windows 系统中常见的媒体编辑软件有 Adobe Premiere、Sony Vegas、会声会影等。Windows 系统中常见的音频编辑软件有 Adobe Audition、Steinberg Cubase 等。

（4）图像处理软件

图像处理软件对各种格式的图像数据进行图像编辑、图像合成、校色调色、特效制作等处理工作。

常见的图像文件格式有 BMP（Bitmap）格式、TIFF（TagImage File Format）格式、GIF（Graphic Interchange Format）

格式、JPEG（Joint Photographic Experts Group）格式、PNG 格式等。

图像处理软件广泛应用于广告制作、平面设计、影视后期制作等领域。专业的图像处理软件有 Adobe Photoshop、CorelDRAW 等，用于图片管理的软件有 Picasa、ACDSee；处理动态图片的软件有 Ulead GIF Animator、Gif Movie Gear 等。另外，绘画软件 Corel Painter 是使用数码工具进行数码素描与绘画的优秀绘画软件。Corel Painter 广泛应用于动漫设计、建筑效果图、艺术插画等方面。使用 Corel Painter 最好配备数字绘图板进行绘画。

3. 其他类型软件的功能

（1）笔记软件与网络笔记本

笔记软件是使用户能够将文本、图片、数字、录音和录像等信息收集并组织到一起的软件，往往称为数字笔记本。用户可使用笔记软件记录自己的日记、笔记、任务信息、工作安排、日程表等。笔记软件提供强大的搜索功能使用户可以迅速找到所需内容，共享笔记本，用户可以有效地与他人协同工作。笔记软件让用户减少在电子邮件、书面笔记本、文件夹和打印输出中搜索信息的时间，从而提高工作效率。

常用的笔记软件有 Microsoft 公司的 OneNote，它是 Microsoft Office 办公套件之一，如图 2-46 所示。

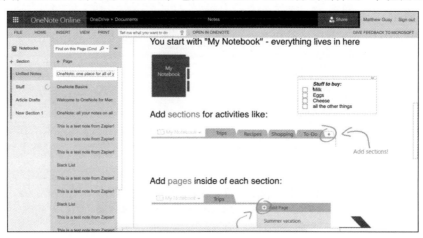

图 2-46　OneNote 界面

网络笔记本是在线记事工具软件，用户可以在线方便地记录自己的日记、笔记、日程表、工作安排等。通常网络笔记本结合邮箱使用，Google、QQ 等厂商都提供类似的服务。

（2）教育软件

教育软件是以教育、学习为目的，提供教育服务的软件系统。根据用户不同可以分为个人学习软件、校用教育软件和远程教育软件。

校用教育软件和远程教育软件主要包括：在线考试系统、电子教室、教学质量评估系统、教学资源管理系统、网络学习平台等。

个人学习软件主要包括：中英文词典、新华字典、诗词、成语等电子工具书以及如交规、单词记忆、音乐学习等软件。

（3）项目管理软件

项目管理软件是指在项目进行过程中，管理项目时间进度计划、项目成本控制、项目资源调度等内容的软件。从广义上看，项目管理软件包括与项目管理工作相关的各种应用软件，涉及进度、费用、资源、质量、风险、组织等各个方面，是项目管理相关软件的总称。使用项目管理软件是为了使工作项目按照预定的成本、进度、质量顺利完成。

适合大型、复杂项目管理工作的项目管理软件有 Primavera 公司的 P3、Artemis 公司 Artemis Viewer、NIKU 公司的 Open WorkBench、Welcom 公司的 OpenPlan 等。

适合中小型项目管理的软件有 Sciforma 公司的 ProjectScheduler（PS）、Primavera 公司的 SureTrak、IMSI 公

司的 TurboProject、Microsoft 公司的 Project 等。

（4）系统优化软件

系统优化软件用于提高计算机系统的系统性能。通常，系统优化软件不仅能够进行系统优化，还能清除系统垃圾、清理注册表、进行系统维护、安装系统补丁及软件升级、保护浏览器安全、监测危险程序、屏蔽弹窗广告、清理流氓软件，从而维护系统安全、提高计算机系统性能。

目前，常用的系统优化软件有 Windows 优化大师等，也有不少安全软件集成了系统优化功能，如火绒安全等。

任务实施

娱乐是个人及家庭用户使用计算机系统的主要目的之一。在计算机系统上使用合适的软件即可播放音乐、电影。近年来，移动计算设备，如平板计算机和智能型手机的普及，使得人们随时随地都可以使用计算机系统听音乐、看电影。

1. 使用 Groove 播放音乐

（1）启动 Groove 音乐

在"开始"菜单中选择 Groove 音乐，启动 Groove 音乐，如图 2-47 所示。

图 2-47　Groove 音乐界面

（2）添加媒体文件

Groove 音乐启动后，会自动扫描计算机中的媒体文件，并将其添加到媒体库中。手动添加媒体文件的方法如下：

① 在 Groove 音乐左侧边栏选择"设置"，单击"选择查找音乐的位置"，弹出添加文件夹窗口。

② 单击"＋"按钮，弹出"选择文件夹"对话框，如图 2-48 所示。

③ 在"选择文件夹"对话框中选中准备好的"音乐"文件夹，单击"将此文件夹添加到音乐"按钮。

（3）播放音乐

① 在 Groove 音乐的"媒体库中"找到要播放的音乐文件，如图 2-49 所示。

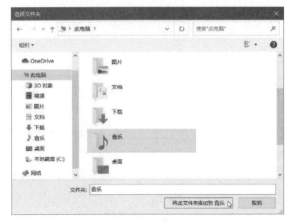

图 2-48　"选择文件夹"对话框

图 2-49　播放音乐

② 单击"播放"按钮，或双击要播放的音乐文件即可播放音乐。

2．清理系统垃圾

用户在使用计算机系统的过程中，由于访问网络的软件会下载大量临时文件，用户安装、卸载软件会产生残留的文件及注册表项。使用较长时间以后，计算机系统性能下降，影响用户正常使用。目前，很多安全软件都集成了计算机维护功能，如电脑管家、安全卫士等。清理系统垃圾是计算机维护工作中很重要的一项工作，它可以删除临时文件、残留的文件及注册表项，改善系统性能。

（1）打开火绒安全软件

在"开始"菜单中选择"火绒安全"命令，启动火绒安全程序，如图 2-50 所示。

火绒安全程序开机自启动，用户也可单击任务栏"通知区域"的火绒安全图标，启动火绒安全软件，如图 2-51 所示。

图 2-50 火绒安全主界面

图 2-51 通知区域的图标

（2）清理系统垃圾

① 单击火绒安全下方的"安全工具"按钮，切换到"安全工具"界面，选择"系统工具"栏中的"垃圾清理"。然后，单击"垃圾清理"界面中的"开始扫描"按钮，开始扫描系统垃圾，如图 2-52 所示。

图 2-52 火绒安全"垃圾清理"界面

② 系统垃圾扫描完成后，反馈扫描结果，如图 2-53 所示。

图 2-53　火绒安全反馈扫描结果

③ 单击"一键清理"按钮，开始清理系统垃圾。清理完毕后，显示清理结果，如图 2-54 所示。

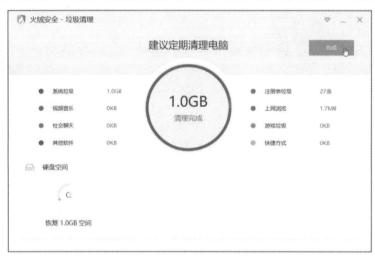

图 2-54　火绒安全显示清理结果

任务 6　了解软件工具

在计算机广泛应用于人们的工作、学习后，通过网络进行文件的传输、共享越来越频繁，传输、共享的文件越来越大，数量越来越多。将文件压缩后再传输，不仅可以节约宝贵的网络流量，还可以减少数据传输的时间，使文件传输更加快捷、方便。但病毒和恶意软件往往也通过网络传播，为此，使用安全软件保护自己的计算机，定期对计算机进行扫描已成为用户的常用基本操作。

任务描述

本任务要求读者了解文件压缩，熟练掌握解压缩及压缩包的更新方法；了解安全软件，熟练掌握使用安全软件扫描病毒和恶意软件；掌握磁盘管理的使用。

解决路径

本任务讲述与实训并重，以图文并茂的形式讲述，使读者理解文件压缩、磁盘管理和安全软件的作用。通过本任务，可使读者熟练掌握文件压缩与解压缩及压缩包的更新方法，掌握病毒和恶意软件、扫描软件的使用方法。

本任务可以按照如图 2-55 所示的步骤逐步学习。

图 2-55　任务 6 的学习步骤

相关知识

1．文件压缩

通俗地讲，软件使用一定算法对一个或多个体积较大的文件进行处理后，产生一个体积较小的文件称为文件压缩。其中，这一个或多个体积较大的文件称为原始文件；产生的体积较小的文件称为原始文件的压缩文件或压缩包；该软件称为压缩软件，所使用的算法称为压缩算法。可以使用相同的软件从压缩文件中还原出原始文件，该过程称为解压缩。

目前，压缩技术分为无损压缩和有损压缩。无损压缩是指从压缩文件中解压出的文件与原始文件完全相同的压缩技术。有损压缩则是压缩软件删除了它认为多余的信息，从压缩文件中解压出的文件与原始文件有所差异。无论何种压缩，其本质内容都是通过某种编码方式去掉数据文件中重复的、冗余的信息，从而达到压缩的目的。

衡量压缩软件优劣的主要指标有：压缩比率、压缩时间。

压缩比率是指压缩文件大小与原始文件大小之比。压缩比率不仅和压缩算法有关，也和文件类型、文件大小有关。一般来说，文本文件的压缩比率较高，图像、MP3 等文件的压缩比率较低。

常见的压缩软件有 WinRAR、WinZip、7-Zip 等，如图 2-56 所示。

图 2-56　常见压缩软件

2．安全软件

安全软件也称为反病毒软件，是可以清除已知对计算机有危害程序的软件。通常，安全软件采用预防为主、防治结合的保护策略，所以，安全软件随操作系统启动，实时监控计算机系统和扫描磁盘，大部分的杀毒软件还具有防火墙功能。

常见的安全软件包括火绒安全、瑞星杀毒、卡巴斯基、诺顿等反病毒软件，以及防火墙软件、辅助性安全软件、反流氓软件等，如图 2-57 所示。

另外，目前，市场上很多安全软件都集成了计算机维护功能，如电脑管家、安全卫士等。计算机维护工作主要包括清理流氓软件、防木马、修复漏洞、清理垃圾、改善系统性能。

3．磁盘管理软件

磁盘管理是使用计算机系统时的一项重要任务，主要涉及计算机系统内的磁盘进行分区设置与调整、盘符设置与更换、磁盘格式化等。磁盘管理软件由一组磁盘管理应用程序组成。Windows 操作系统自带了磁盘管理软件，可以通过"开始"菜单→"Windows 管理工具"→"计算机管理"→"磁盘管理"将其打开，如图 2-58 所示。

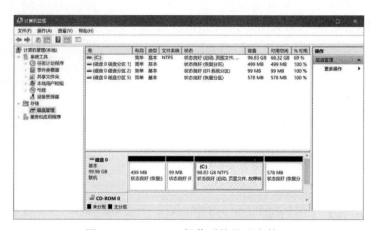

图 2-57　常见安全软件　　　　　　　　　　图 2-58　Windows 操作系统的磁盘管理工具

另外，还有很多其他第三方提供的磁盘管理软件，如 Norton Partition Magic 等。

任务实施

压缩文件和文件夹、对计算机系统进行扫描是用户最常进行的操作。

1. 使用 WinRAR 压缩文件夹

① 在"开始"菜单中选择 WinRAR 命令，启动 WinRAR 程序，在下方的浏览窗口中找到并选中需要压缩的文件夹，如图 2-59 所示。

② 单击"工具栏"中的"添加"按钮，打开压缩选项对话框，如图 2-60 所示。

图 2-59　在 WinRAR 窗口内选中文件夹　　　　图 2-60　设置压缩选项

③ 设置好压缩选项后，单击"确定"按钮，开始压缩，如图 2-61 所示。

④ 压缩完毕后，即可看到压缩包文件，如图 2-62 所示。

图 2-61　压缩进度　　　　　　　　　　图 2-62　压缩完毕

2．使用火绒安全扫描计算机

（1）启动火绒安全

在"开始"菜单中选择"火绒安全"命令，打开火绒安全主界面，如图 2-63 所示。

火绒安全程序开机自启动，用户也可单击任务栏"通知区域"中的火绒安全图标，启动火绒安全程序。

（2）扫描计算机磁盘

① 单击火绒安全主界面中的"病毒查杀"按钮，打开查杀病毒界面，如图 2-64 所示。

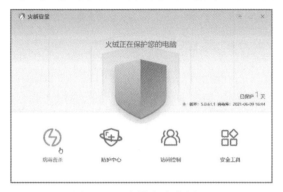

图 2-63　火绒安全主界面

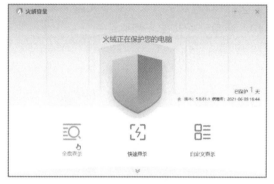

图 2-64　火绒安全计算机查杀界面

② 单击"全盘查杀"按钮，显示扫描文件界面，如图 2-65 所示。

③ 扫描完成的反馈信息如图 2-66 所示。

图 2-65　火绒安全扫描界面

图 2-66　火绒安全扫描反馈信息

小　结

本单元主要介绍了计算机系统中的各种硬件设备，以及这些设备的常用性能指标。讨论了不同设备对计算机系统性能的影响等知识，同时还介绍了各种类型的计算机。通过知识讲解和讨论实际问题使读者掌握计算机系统中硬件设备的组成，了解常用概念等。

对于计算机系统中各种类型的软件，以及这些软件的功能，本单元也做了介绍，并且讨论了不同类型计算机上软件的区别，同时介绍了软件使用许可证。通过知识讲解和问题讨论可使读者了解计算机中软件的常用概念及常用软件的功能。

习　题

1．中央处理器如何访问硬盘中的数据？

2．硬盘控制器上为何加上缓存？

3. 触摸屏采用手指输入，其他输入设备是否也有相同或相近的输入方法？

4. 计算机的输入设备可以输入客观世界中的哪些信息？

5. 大型计算机和超级计算机的主要区别有哪些？

6. 台式机软件和移动设备软件各有何特点？

7. 在线软件有何特点？

8. 自由软件的软件使用许可证有哪些特点？

9. 为什么清理系统垃圾能够提高系统性能？

10. 移动设备软件有何特点？

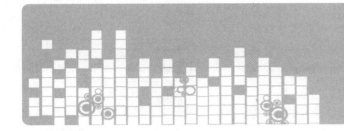

单元 **3**

操作系统基础

操作系统（Operating System，OS）是计算机系统的核心组成部分，用户通过操作系统使用计算机系统、控制计算机。用户使用计算机应用程序完成工作离不开操作系统的支持。

操作系统是庞大、复杂的系统。为保障系统安全、稳定地运行，需要对系统进行必要的维护，排除和修复系统运行过程中发现的故障和错误。系统维护就是修正软件系统在使用过程中发现的错误，满足用户提出的新的功能及性能要求，扩充软件系统功能。

本单元将介绍操作系统的作用、Windows 10 操作系统基本功能的配置和使用，以及操作系统的维护工作。

学习目标

- 了解操作系统的作用。
- 掌握管理文件和文件夹的方法。
- 掌握配置计算机和管理程序。
- 了解管理任务及进程、安全模式。
- 了解操作系统的更新、备份与还原。

任务 1　了解操作系统的作用

操作系统是系统软件的核心组成部分。为方便用户使用计算机系统，操作系统为用户提供美观、方便的操作界面，是用户与计算机系统之间的接口。操作系统管理和控制计算机系统的软硬件资源，使其协调、高效地工作，为应用程序运行提供支持。

任务描述

本任务要求读者理解操作系统在计算机系统运行过程中所起的作用、操作系统在用户使用计算机系统的过程中所起的作用；要求读者理解应用软件和操作系统的区别，理解软件与硬件的关系，了解常见操作系统的类别。

解决路径

本任务以讲述、理解为主，操作为辅，使读者了解计算机操作系统，熟练掌握 Windows 10 操作系统的开机、关机、登录、注销、切换用户、锁定及解锁等操作。总体来说，本任务可以按照如图 3-1 所示步骤来逐步学习。

软件与硬件的关系　→　操作系统的作用　→　启动、关闭计算机　→　登录、注销和切换

图 3-1　任务 1 的学习步骤

相关知识

1. 软件与硬件的关系

当计算机的硬件设备组装完毕后，计算机还不能够使用。必须给计算机安装操作系统，如 Windows 10。安装了操作系统的计算机系统可以管理计算机的硬件设备，管理系统中的文件，管理计算机的磁盘空间。尽管安装了操作系统的计算机可以使用，但是还不能完成用户所从事的工作。例如，用户要进行文档编辑，则必须安装办公软件，如 Microsoft Office；用户要进行图片处理，则必须安装图像处理软件，如 Photoshop；用户从事其他领域的工作，也必须安装相应的软件。用户工作所使用的计算机系统的架构层次如图 3-2 所示。

图 3-2　计算机系统的架构

由此可见，计算机硬件建立了计算机系统的物质基础。然而，没有配备软件的计算机硬件无法发挥其计算能力。软件提供了发挥硬件计算能力的方法并扩大了计算机的应用范围。软件控制硬件，通过硬件实现其功能。因此，计算机硬件是软件运行的基础，软件是硬件得以发挥功能的平台。硬件与软件可形象地比喻为：硬件是计算机的"躯体"，软件是计算机的"灵魂"。

软件与硬件在功能上具有等效性，因此软件与硬件的界限并不是绝对的。计算机系统的许多功能，既可以通过专门的硬件实现，也可以在一定的硬件基础之上用软件实现。一般来说，用硬件实现的造价高，运算速度快；用软件实现的成本低，运算速度较慢，但比较灵活，更改与升级、换代比较方便。

软件与硬件的发展是相互促进的。硬件性能的提高，可以为软件创造出更好的开发环境，在此基础上可以开发出功能更强的软件。反之，软件的发展也对硬件提出更高的要求，促使硬件性能提高，甚至产生新的硬件。

2. 计算机操作系统的作用

在计算机系统架构中，操作系统是系统软件的核心组成部分。对于计算机系统，用户不仅可通过操作系统操作、管理计算机硬件设备，还可使用操作系统安装、卸载和运行应用软件。因而对于用户而言，操作系统可方便用户使用计算机，为用户提供美观、方便的操作界面，是用户与计算机系统之间的接口。

当启动应用程序时，操作系统负责为应用程序分配内存空间。当退出应用程序时，操作系统回收其运行时所占用的内存空间。当多个应用程序同时运行时，操作系统还须使各应用程序只能访问自己的内存空间。不仅是内存空间，操作系统还管理和控制其他软硬件资源，使其协调、高效地工作，为应用程序运行提供支持。由此可见，操作系统是负责管理系统的各种资源，控制程序的执行、改善人机界面和为应用软件提供支持的一种系统软件。

系统软件位于计算机系统中最靠近硬件的一层，其他软件一般都通过系统软件发挥作用。系统软件与具体的应用领域无关。

应用软件是特定应用领域专用的软件，如办公软件 Microsoft Office、图像处理软件 Photoshop 等。

目前，个人计算机上常见的操作系统主要有 Windows 系列、Linux 系列和 Mac OS 系列。

（1）Windows 系列操作系统

Windows 系列操作系统是微软（Microsoft）公司推出的系列操作系统，是目前世界上个人计算机使用最广泛的操作系统。图 3-3 所示为 Windows 10 操作系统界面。

图 3-3　Windows 10 操作系统界面

随着计算机硬件和软件技术的进步，Windows 操作系统也不断推出新版本。从 16 位、32 位到 64 位，发布了从最初的 Windows 1.0 和 Windows3.2 到 Windows 7、Windows 8、Windows 10 各种版本的操作系统。

（2）Linux 系列操作系统

Linux 操作系统是免费使用和自由传播的、开放源代码的类 UNIX 操作系统。Linux 操作系统是由全世界各地程序员设计和实现的。许多公司都推出了自己的版本，但它们都使用了 Linux 内核。Linux 操作系统的目的是建立不受商品化软件版权制约的、全世界都能自由使用的 UNIX 兼容产品。图 3-4 所示为 Ubuntu Linux 操作系统界面。

图 3-4　Ubuntu Linux 操作系统界面

（3）Mac OS 操作系统

Mac OS 操作系统是美国苹果（Apple）公司为其 Mac 系列产品开发的操作系统。Mac OS 操作系统是基于 UNIX 内核的图形化操作系统，目前其版本已经到了 OS 11，代号为 macOS Big Sur。图 3-5 所示为 macOS Big Sur 操作系统界面。

图 3-5　macOS Big Sur 操作系统界面

目前，主流的服务器操作系统有 UNIX、Windows 和 Linux 等。

UNIX 操作系统经过多年的发展、演变，目前已产生了由不同公司推出的多种版本。现在使用较多的 UNIX 操作系统是 IBM 公司的 AIX 系统、Sun 公司（已于 2009 年被 Oracle 公司收购）的 Solaris 系统。

Microsoft 公司自 1993 年推出服务器版本的操作系统 Windows NT 以来，陆续推出了多个 Windows 服务器版的操作系统：Windows NT 4.0、Windows 2000 Server、Windows Server 2003、Windows Server 2008、Windows Server 2012、Windows Server 2016、Windows Server 2019 等。

Linux 服务器操作系统有很多发行版本，使用较多的有 RedFlag（红旗）的 Red Flag Advanced Server Linux 服务器操作系统、RedHat（红帽）的 RHEL（Red Hat Enterprise Linux）等。

当前，移动终端发展迅猛，使用较广的操作系统有：苹果公司的 iOS、谷歌的 Android、华为公司的鸿蒙 HarmonyOS 等。

任务实施

1. 启动和关闭计算机

（1）启动计算机

通常，计算机电源开关按钮位于机箱的前部面板上，如图 3-6 所示。不同计算机电源按钮的位置略有不同，一些计算机电源按钮附近还有重启按钮。计算机所连接的一些外围设备也有电源开关，如显示器、打印机等。显示器电源开关一般位于显示器右下角。

通电后，计算机首先执行 BIOS（Basic Input Output System，基本输入输出系统）程序。BIOS 对计算机的所有硬件设备进行检测，这个过程称为自检。若计算机所有硬件设备状态正常，自检顺利通过，则 BIOS 会启动操作系统的引导程序。

图 3-6　计算机电源开关

引导程序也称为启动程序（Boot Loader，启动加载器），它负责引导启动操作系统。引导程序在引导启动 Windows 10 操作系统时，会出现如图 3-7 所示的界面。引导程序装载并启动操作系统后，操作系统将接管计算机控制权，随后操作系统显示登录界面。Windows 10 操作系统登录界面如图 3-8 所示。

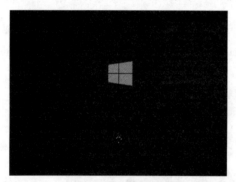

图 3-7　Windows 10 操作系统引导启动界面

图 3-8　Windows 10 操作系统登录界面

在用户输入密码登录后，操作系统根据用户的设置启动相应的程序，显示计算机桌面。Windows 10 操作系统桌面如图 3-9 所示。至此，计算机系统启动完毕，用户可以使用计算机。

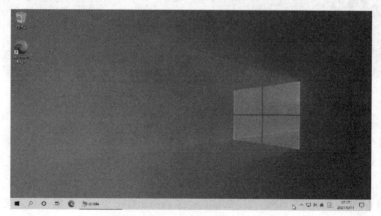

图 3-9　Windows 10 操作系统桌面

（2）关闭计算机

关闭计算机不是简单地切断计算机电源。如果直接切断计算机电源，不仅会破坏正在运行的应用程序，丢失用户数据，还可能损坏系统文件，严重时还会使操作系统崩溃。因此，应先关闭所有应用程序，然后再关闭计算机。Windows 10 操作系统关闭计算机的方法是选择"开始"→"电源"→"关机"命令，如图 3-10 所示。

"开始"菜单中的"关机"命令

图 3-10　Windows 10 操作系统"开始"菜单

待 Windows 10 完成关机后，用户再关闭显示器和其他外围设备，如打印机等。尽管目前很多计算机可在关机时自动关闭这些设备，但仍有一些计算机需要用户自己关闭外围设备。

2．用户的登录、注销和切换

（1）用户登录

如果多个用户使用同一台计算机，通常，管理员会在这台计算机上为每个用户建立一个用户账户，各用户使用自己的账户登录并使用计算机。这就会涉及用户的登录、注销和各账户间的切换等操作。

在前述计算机启动过程中，如果这台计算机上有多个用户账户，则在操作系统的登录界面中会显示多个用户账户的图标和账户名，用户选择自己的账户名后，输入该账户的密码，登录计算机。登录计算机的操作使计算机加载该用户账户信息和数据。

（2）用户注销

如果用户不再使用计算机，而其他用户还需要使用，该用户可使用"注销"命令关闭当前用户运行的程序，保存用户账户信息和数据，并结束当前用户的使用状态。注销后，其他用户可以登录而无须重新启动计算机。

注销的具体操作：单击"开始"菜单中的账户名称，然后选择菜单中的"注销"命令，如图 3-11 所示。

（3）用户切换

如果其他用户需要使用计算机，可先使用"注销"命令，注销当前登录的用户账户，然后再使用其他用户账户登录，切换到其他用户。

3．计算机的锁定和解锁

当正在使用计算机工作的用户需要暂时离开计算机，而又不期望其他人看到计算机显示的信息时，用户可以锁定计算机以保护自己的信息。

（1）锁定计算机

锁定计算机的具体操作：单击"开始"菜单中的账户名称，然后选择菜单中的"锁定"命令，命令如图 3-11 所示。

图 3-11　选择账户名称

（2）解锁计算机

锁定计算机后，只有用户本人或管理员才可以解除锁定。用户解除锁定并重新登录计算机后，锁定前打开的文件和正在运行的程序可以立即使用。

用户在锁定界面输入账户密码，即可解除锁定，登录计算机。

任务 2 管理文件和文件夹

文件和文件夹的管理是使用计算机最基本的操作。掌握了这些基本操作，用户才能管理好自己的文件，方便学习和工作。

任务描述

本任务要求读者熟练掌握文件及文件夹的操作，熟练掌握快捷方式的创建和使用，熟练掌握显示和识别文件的属性及类型，了解常用的扩展名及含义。

解决路径

本任务通过相关知识的介绍，使读者了解文件的结构，了解文件的属性及类型，了解文件的常用扩展名及含义；通过操作练习，使读者熟练掌握文件及文件夹的操作。总体来说，本任务可以按照如图 3-12 所示的步骤来逐步学习。

图 3-12　任务 2 的学习步骤

相关知识

1. 文件和文件夹

（1）文件

在日常使用计算机进行学习和工作的过程中，用户往往将许多信息、数据以文件的形式保存在辅助存储器中。通常认为文件是有组织的信息的集合。将数据组织成文件并加以管理的主要优点：使用方便、安全可靠和便于共享。

文件名是为文件指定的名称，目的是为了区分不同的文件。计算机对文件实行按名存取的操作方式。

文件名由文件主名和扩展名组成。通常，扩展名跟在主文件名后面，中间由“.”分隔。例如，文件名 readme.txt，readme 是文件主名，txt 是文件扩展名。文件扩展名用来标志文件格式或文件类型。常见的文件类型及其扩展名如表 3-1 所示。

表 3-1　常见的文件类型及其扩展名

扩 展 名	文 件 类 型	打 开 软 件
.docx	Word 文档	Office Word 2016
.xlsx	Excel 电子表格	Office Excel 2016
.exe	可执行程序	Windows 操作系统
.pdf	便携文档格式	Adobe Acrobat 等
.txt	文本文档	记事本
.zip	压缩文件	WinRAR、WinZip 等
.jpg	图片文件	画图、ACDSee、Photoshop 等
.tif	图片文件	ACDSee、Photoshop 等
.mp3	音频文件	影音播放软件
.m4a	音频文件	影音播放软件
.avi	视频文件	影音播放软件

（2）文件夹

在计算机系统中，文件夹也称为目录，其中保存一组文件和其他一些文件夹。若干个文件通过存储在一个文件夹中，可以有组织地存储、管理文件。

计算机系统中会包含大量文件，往往建立很多文件夹，一个文件夹所包含的另一个文件夹称为作子文件夹（子目录）。这样，这些文件夹就构成了层次树状结构。

操作系统文件夹层次结构如同一棵倒过来的树，如图 3-13 所示。所以，操作系统文件夹层次结构称为树状层次结构。

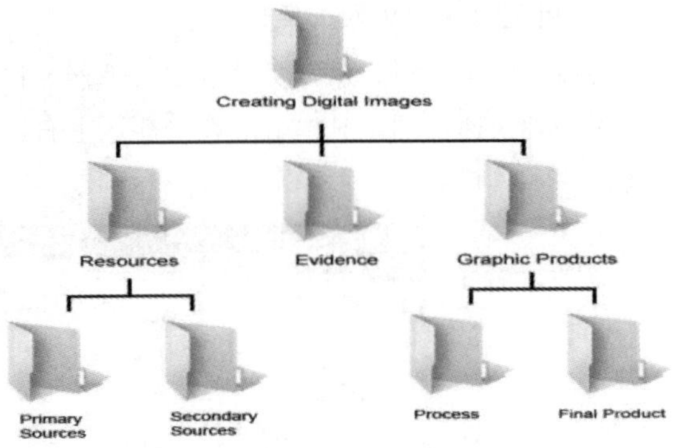

2．Windows 10 资源管理器

Windows 10 操作系统文件和文件夹的管理操作主要集中于 Windows 文件资源管理器中。Windows 10 文件资源管理器可以用来查看本台计算机的所有资源，特别是它提供的树状的文件系统结构，使用户能更清楚、更直观地认识计算机的文件和文件夹。打开 Windows 10 文件资源管理器，进入 C 盘 Windows 文件夹下，其窗口的主要部件如图 3-14 所示。Windows 10 操作系统文件夹树状层次结构显示在导航窗格中。

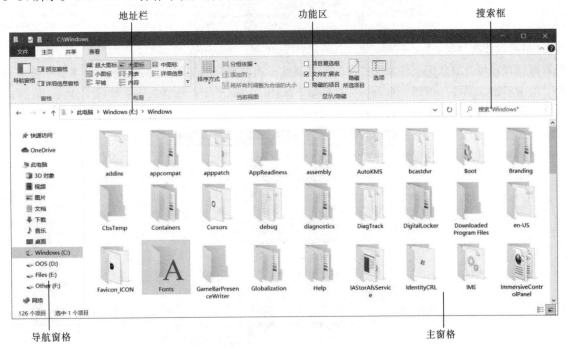

图 3-13　操作系统文件夹树状层次结构

图 3-14　Windows 10 文件资源管理器窗口

Windows 10 资源管理器窗口主要部件的功能如下：

① 导航窗格：显示收藏夹、库及驱动器和文件夹的可扩展列表。使用导航窗格可以查找文件和文件夹，还可在导航窗格中将项目直接移动或复制到目标位置。

② 地址栏：以箭头分隔的一系列链接显示用户当前的位置。可以单击某个链接或输入位置路径来导航到其他位置。

③ 功能区：包括若干选项卡，其中显示相关任务按钮，可以方便执行一些常见任务。

④ 搜索框：根据所输入的文本筛选当前文件夹或库中的项。搜索将查找文件名和内容中的文本，以及标记等文件属性中的文本。输入内容后，就开始了搜索。

⑤ 主窗格：显示当前位置文件夹或库内容。如果通过在搜索框中输入内容查找文件，则仅显示匹配的文件（包括子文件夹中的文件）。

3．自定义快速访问工具栏

快速访问工具栏显示在文件资源管理器窗口左上角的标题栏上，如图 3-15 所示。对于常用的操作命令，可将其添加到快速访问工具栏上。在功能区上右击，选择"添加到快速访问工具栏"命令，即可将操作命令添加到快速访问工具栏。

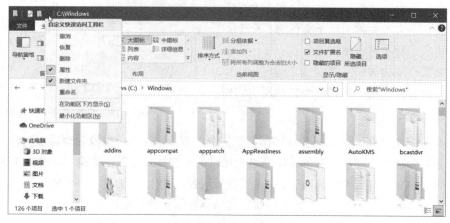

图 3-15　显示快速访问工具栏

4．文件或文件夹属性

文件资源管理器可查看选定文件或文件夹的常见属性：选中文件或文件夹后，切换至"主页"选项卡，然后在"打开"组中单击"属性"按钮，打开属性对话框，如图 3-16 所示。或者右击文件或文件夹，在弹出的快捷菜单中选择"属性"命令，也可打开属性对话框。

图 3-16　显示文件或文件夹的属性

5．快捷方式

快捷方式是指向计算机上某个项目（如文件、文件夹或程序）的链接，快捷方式的扩展名为 lnk。使用快捷方式可以快速启动程序、打开文件或文件夹。

快捷方式通常存放在桌面、"开始"菜单等位置。这些位置开机后可立刻看到，从而达到方便操作的目的。通过快捷方式图标上的箭头可区分快捷方式和原始文件或文件夹，如图 3-17 所示。

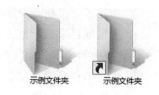

图 3-17　文件夹和快捷方式

用户可以为文件、文件夹或程序创建快捷方式，并将其放置在适当的位置，以便方便地访问快捷方式链接到的项目。

任务实施

1. 文件和文件夹的复制、移动、剪切、粘贴、重命名及删除

（1）创建文件夹

① 启动 Windows 10 文件资源管理器，在确定新建文件夹位置后，单击"主页"选项卡中的"新建文件夹"按钮，如图 3-18 所示。

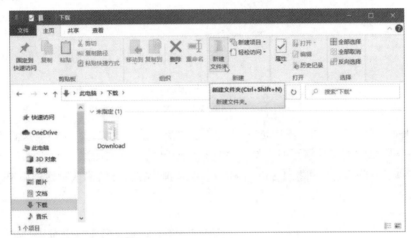

图 3-18　单击"新建文件夹"按钮

右击窗口的空白处，在弹出的快捷菜单中选择"新建"→"文件夹"命令（见图 3-19），也可创建文件夹。

图 3-19　选择"新建"→"文件夹"命令

② 给新建文件夹命名。输入文件夹名时，由于是反向显示，可以直接输入，不必删除，如图 3-20 所示。

图 3-20　输入文件夹名

（2）删除文件或文件夹

① 选中文件或文件夹后，单击"主页"选项卡中的"删除"按钮，如图 3-21 所示。

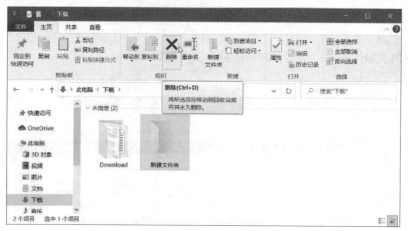

图 3-21　删除文件或文件夹

右击文件或文件夹，在弹出的快捷菜单中选择"删除"命令（见图 3-22），也可将文件或文件夹删除；或者按【Delete】键，先将需要删除的文件移至回收站，然后在回收站将其彻底删除。

② 如果需要直接彻底删除文件，可按【Shift+Delete】组合键，在打开的确认对话框中单击"是"按钮，如图 3-23 所示。

图 3-22　在浮动菜单上选择"删除"项

图 3-23　确认删除

（3）重命名文件或文件夹

① 选中文件或文件夹，单击"主页"选项卡中的"重命名"按钮；或者右击文件夹，在弹出的快捷菜单中选择"重命名"命令；或者按【F2】键。

② 输入新文件或文件夹名。

（4）文件或文件夹的复制、粘贴

① 选中文件或文件夹后，单击"主页"选项卡"剪贴板"组中的"复制"按钮；或者右击文件或文件夹，在弹出的快捷菜单中选择"复制"命令；或者按【Ctrl+C】组合键。

② 定位至目标文件夹。

③ 单击"主页"选项卡"剪贴板"组中的"粘贴"按钮；或者右击窗口空白处，在弹出的快捷菜单中选择"粘贴"命令；或者按【Ctrl+V】组合键。

（5）文件及文件夹移动

① 选中文件或文件夹后，单击"主页"→"移动到"下拉按钮，选择"选择位置"命令，如图 3-24 所示。

② 在弹出的"移动项目"对话框中选择目标文件夹，如图 3-25 所示。

③ 单击"移动"按钮。

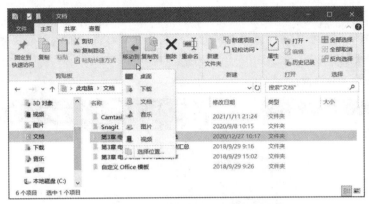

图 3-24　"移动到"下拉列表

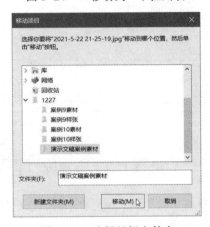

图 3-25　选择目标文件夹

2. 创建和使用快捷方式

① 定位至保存快捷方式的位置，单击"主页"→"新建项目"下拉按钮，选择"快捷方式"命令，打开"创建快捷方式"对话框，如图 3-26 所示。

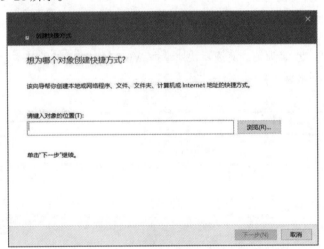

图 3-26　"创建快捷方式"对话框

或者右击空白处，在弹出的快捷菜单中选择"新建"→"快捷方式"命令，打开"创建快捷方式"对话框。

② 在"创建快捷方式"对话框的"请键入对象的位置"文本框中输入创建快捷方式项目的位置。

也可单击"浏览"按钮，在弹出的"浏览文件或文件夹"对话框中找到创建快捷方式项目的位置，然后单击"确定"按钮，如图 3-27 所示。

③ 在"创建快捷方式"对话框中单击"下一步"按钮。

④ 在"创建快捷方式"对话框的"键入该快捷方式的名称"文本框中输入创建快捷方式的名称，然后单击"完成"按钮，如图 3-28 所示。

使用该快捷方式，只需双击该快捷方式的图标即可。

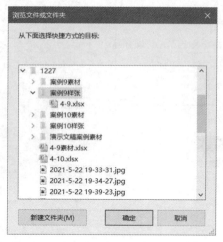
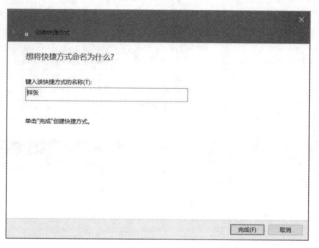

图 3-27 "浏览文件或文件夹"对话框　　　　　　图 3-28 输入快捷方式的名称

任务 3　配置计算机和管理程序

用户在使用计算机的过程中，对计算机进行设置，使之更适合自己的使用习惯，以提高工作、学习效率。本任务主要完成对计算机的基本设置，使读者快速掌握调整计算机的方法。

任务描述

本任务要求读者熟练掌握 Windows 10"开始"菜单和任务栏的使用，熟练使用帮助、控制面板，设置桌面、系统语言、日期和时间、输入法等操作。

解决路径

本任务以操作为主，讲述、理解为辅，使读者快速掌握 Windows 10 系统的基本设置操作。总体来说，本任务可以按照如图 3-29 所示的步骤来逐步学习。

图 3-29 任务 3 的学习步骤

相关知识

1．任务栏

任务栏是位于屏幕底部的水平长条（见图 3-30），主要包括三部分：

图 3-30 任务栏

① "开始"按钮：用于打开"开始"菜单。

② 中间部分：显示已打开的程序和文件，并可以在它们之间进行快速切换。用户每打开一个程序、文件夹或文件，Windows 就会在任务栏上创建对应的按钮。按钮上显示打开程序的图标及信息。将鼠标指针停留在任务栏的按钮上时，其上方显示该程序窗口的缩略图。单击任务栏中的程序按钮，可以在不同程序窗口之间进行切换。中间部分还显示固定在任务栏上的应用程序图标按钮，方便启动常用的应用程序。

③ 通知区域：包括时钟以及一些告知特定程序和计算机设置状态的图标。这些图标表示计算机上某程序的状态，或提供访问特定设置的途径。将指针移向特定图标时，会看到该图标的名称或某个设置的状态。例如，指向音量图标将显示计算机的当前音量级别。

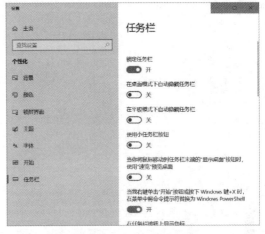

用户可以自定义任务栏来满足自己的使用偏好。例如，调整任务栏的位置、大小等，也可在不使用任务栏时自动将其隐藏，还可以添加工具栏。

设置任务栏的方法：在任务栏的空白处右击，在弹出的快捷菜单中选择"任务栏设置"命令，然后，在设置任务栏的窗口中进行自定义设置，如图 3-31 所示。

图 3-31 任务栏设置窗口框

2. "开始"菜单

"开始"菜单是用户启动计算机程序、访问文件夹和设置计算机的起始位置。使用"开始"菜单可以启动程序、打开常用的文件夹、搜索、调整计算机设置、获取帮助信息、关闭计算机、注销或切换用户账户。可单击"开始"按钮或按【Windows】徽标键，打开"开始"菜单，如图 3-32 所示。

"开始"菜单左侧边栏显示文档、图片、设置和电源等功能按钮，可用来访问常用文件夹，切换用户账号，注销或关闭计算机。

"开始"菜单的左侧窗格显示计算机中的所有程序列表。当用户安装新程序或卸载程序后，"所有程序"列表也会发生变化。

"开始"菜单右窗格显示固定于开始屏幕的常用程序磁贴。用户可通过该窗格快捷访问常用程序或文档。

用户可以自定义"开始"菜单来满足自己的使用偏好。例如，显示最常用的应用、使用全屏"开始"屏幕等。设置"开始"菜单的方法：在"开始"菜单中选择"设置"命令，在弹出的"设置"窗口中选择"个性化"选项，然后，在"设置"窗口左侧"个性化"边栏中选择"开始"选项，如图 3-33 所示。在"开始"菜单个性化设置窗口中即可进行自定义设置。例如，打开"显示最常用的应用"开关，用户可看到"开始"菜单左侧窗格顶端显示的常用程序列表。

图 3-32 "开始"菜单

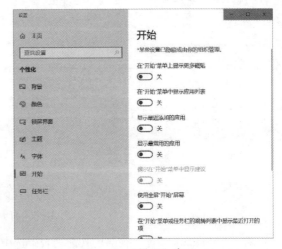

图 3-33 "设置"窗口

3. 使用 Windows 设置

Windows 设置中几乎包括了所有关于 Windows 10 外观和工作方式的设置，用户可以根据自己的使用偏好进行设置。如前所述的"任务栏"和"开始"菜单就可在 Windows 设置窗口中的"任务栏"和"开始"选项中进行设置。

访问 Windows 设置的方法：在"开始"菜单左侧边栏中单击"设置"按钮，打开"设置"窗口，如图 3-34 所示。

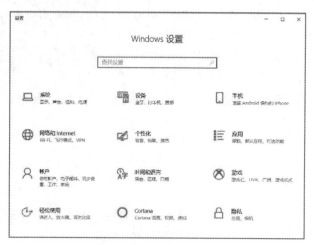

图 3-34　"Windows 设置"窗口

4. 使用和管理程序

（1）安装或卸载 Windows 功能组件

Windows 系统自带有一些称为 Windows 功能的程序。在安装操作系统时，Windows 功能程序并未完全安装。当用户需要使用未安装的 Windows 功能时，可以通过设置窗口安装相应的 Windows 功能程序。当然，用户也可通过设置窗口卸载不使用的 Windows 功能程序。安装、卸载 Windows 功能程序的方法如下：

① 在"设置"窗口中单击"应用"选项，在"应用和功能"设置窗口中单击"程序和功能"，打开"程序和功能"设置窗口，如图 3-35 所示。

② 单击其左侧窗格中的"启用或关闭 Windows 功能"选项，弹出的"Windows 功能"窗口，如图 3-35 所示。

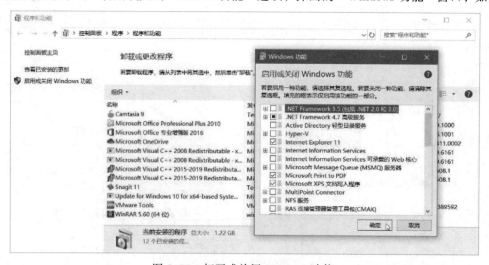

图 3-35　打开或关闭 Windows 功能

③ 在 "Windows 功能"窗口的功能列表中选中所需要安装的组件复选框，或者取消选中需要卸载的组件复选框，单击"确定"按钮即可完成安装或卸载。

（2）安装程序

Windows 系统自带的应用程序往往不能满足用户的需要，为此，用户需要另外安装应用程序。应用程序的安装包中通常包括名为 Setup.exe 或 Install.exe 的安装程序，运行其安装程序，即可安装该应用程序。在安装过程中，安装程序会在"开始"菜单中创建该应用程序的快捷方式以方便用户运行。

（3）卸载程序

程序安装过程中，安装程序不仅会在"开始"菜单中创建该应用程序的快捷方式，还会安装该应用程序的卸载程序，也称为反安装程序。当用户期望从计算机中删除某个应用程序时，只需运行相应的卸载程序即可。

如果安装的应用程序没有提供卸载程序，可以通过"应用和功能"设置窗口卸载。具体方法如下：在"应用和功能"设置窗口中，选中需要卸载的程序，单击"卸载"按钮即可，如图 3-36 所示。

图 3-36　通过"应用和功能"设置窗口卸载程序

（4）运行程序

通常，"开始"菜单中会有安装在计算机中所有应用程序的快捷方式。通过"开始"菜单可以找到计算机上所有程序的快捷方式。单击要运行的应用程序的快捷方式即可运行该程序。

另外，还可双击某个文件，则计算机会自动启动相应的程序，并使用该程序打开该文件。

（5）退出程序

退出程序可单击程序窗口右上角的"关闭"按钮，或选择的"文件"菜单中的"退出"命令，如图 3-37 所示。

另外，退出程序前需要保存数据。如果在未保存数据时退出程序，则会弹出对话框询问是否保存，如图 3-38 所示。

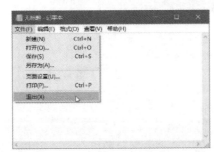

图 3-37　通过"文件"菜单退出程序

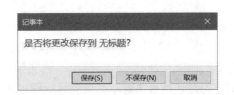

图 3-38　询问是否保存数据

5．获得帮助

有时，用户使用计算机会遇到问题而不知道如何处理。Windows 帮助和支持是 Microsoft 公司为用户提供的在线帮助系统。用户可通过它获取常见问题的答案、解答提示以及操作说明等。

可在"开始"菜单"所有程序"中选择"获取帮助"命令，打开 Windows 帮助和支持。

通常，可在搜索框中输入问题的关键字，然后按【Enter】键，如图 3-39 所示。帮助和支持将列出结果列表，最有用的结果显示在列表顶部。单击某一个结果即可以阅读相关的帮助信息。这是获取帮助最快的方法。

此外，用户还可在程序窗口的右上方单击"帮助"按钮，然后在打开的浏览器中输入问题的关键字，如图 3-40 所示。

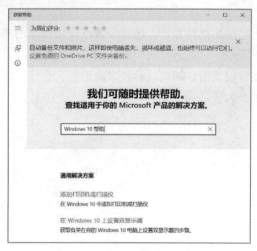

图 3-39　"获取帮助"窗口

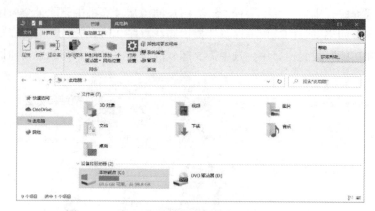

图 3-40　窗口右上"帮助"按钮

6. 设置桌面可视化选项

桌面是打开计算机并登录到 Windows 之后屏幕的主区域。运行程序或文件夹时，程序或文件夹的窗口就会显示在桌面上。桌面上还可以放置一些项目，如程序、文件和文件夹。

用户可按照自己的偏好更改计算机的主题、窗口颜色、声音、桌面背景、屏幕保护程序和用户账户图片，以此在计算机上添加个性化设置。

在计算机上进行个性化设置的方法：在桌面的空白处右击，在弹出的快捷菜单中选择"个性化"命令，打开的"个性化"窗口；或者在"设置"窗口中单击"个性化"，也可打开的"个性化"窗口，如图 3-41 所示。

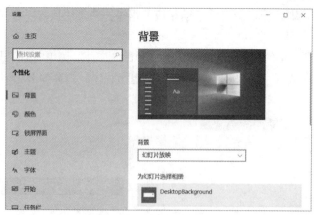

图 3-41　"个性化"窗口

计算机的主题是包括桌面背景、屏幕保护程序、窗口边框颜色和声音方案等的组合。一些主题也包括桌面图标和鼠标指针。

Windows 自身提供了多个主题。如果希望屏幕更易于查看，用户可在"个性化"窗口中选择要应用于桌面的主题。

7. 设置系统显示语言

用户可以更改 Windows 用户界面中显示文本的语言。Windows 操作系统中有些显示语言是默认安装的。如果要使用其他语言，则需要先安装其他语言文件。

在更改显示语言时，可单击"设置"窗口中的"时间和语言"，打开"时间和语言"设置窗口。在其"时间和语言"边栏中切换至"语言"选项。然后在"Windows 显示语言"中单击下拉按钮。在已安装语言下拉列表中选择显示语言，如图 3-42 所示。关闭设置窗口后，注销并重新登录用户账户，即可更换 Windows 显示语言。

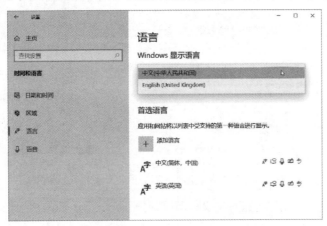

图 3-42　设置 Windows 显示语言

8．安装输入法

Windows 的语言栏使用户可以快速更改输入语言、输入法或键盘布局。语言栏上显示的按钮和选项会根据当前处于活动状态的软件程序调整。

用户可以更改输入语言、输入法使输入文本或编辑文档更加便利。Windows 自身包含多种输入语言及输入法，在使用之前，需要将其添加到列表中。

如果用户需要使用其他的输入法，如谷歌拼音输入法、百度拼音输入法等，则需要安装相应的软件包。安装方法同前述的安装软件，不再赘述。

9．管理电源

Windows 10 系统的电源管理功能不仅可根据实际需要灵活设置电源使用模式，以提升笔记本计算机的续航能力，使其在使用电池的情况下能发挥功效，同时也能方便用户更快、更方便地设置和调整电源计划。

Windows 10 系统的电源管理可以在"Windows 设置"窗口中单击"系统"，在"系统"边栏选择"电源和睡眠"，打开"电源和睡眠"窗口，如图 3-43 所示。在此，可对使用电池或接通电源等情况下，调整屏幕不使用时屏幕关闭前的等待时间，以及设备不使用时进入睡眠状态前的等待时间。

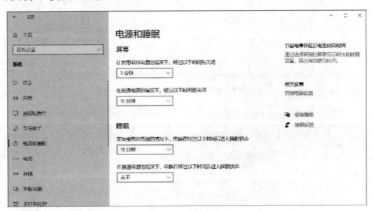

图 3-43　"电源和睡眠"窗口

另外，在该窗口中单击"其他电源设置"，可打开"电源选项"窗口。从中可以看到 Windows 10 系统中自带的电源管理计划。系统为使用电池的笔记本计算机提供了"平衡"和"高性能"等多个电源使用计划。用户可直接选择一种，也可以单击每一种计划后面的"更改计划的设置"查看和修改详细设置，如图 3-44 所示。如果在修改过程中出现失误，可通过"还原此计划的默认设置"选项进行恢复。

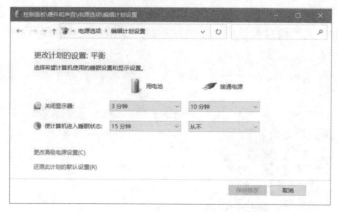

图 3-44 "更改计划的设置"窗口

在"电源选项"设置面板中，用户可以自定义电源管理计划，并对电源按钮进行订制，例如关机按钮、休眠按钮和关闭笔记本计算机盖子后的状态。

在"更改高级电源设置"中，用户可以全面地分别对计算机中多个独立的计算机硬件进行设置，如唤醒时需要密码，硬盘、桌面背景设置，无线适配器设置、USB 设置、电源按钮和盖子、处理器电源管理、显示、多媒体、Internet Explorer，以及显卡功能等按照个人工作生活习惯进行设置。

10．辅助功能

Windows 提供一些辅助功能使计算机更易用，用起来更舒适。轻松使用在辅助功能中占有重要位置。在轻松使用设置窗口中，可以找到 Windows 中包含的辅助功能设置和程序的快速访问方式。

Windows 10 系统包括 3 个可以使用户与计算机更容易交互的程序：

① 放大镜：可以放大计算机屏幕某一部分，使其更容易阅读。

② 讲述人：可以高声阅读屏幕上的文本。

③ 屏幕键盘：使用户可以使用鼠标或其他设备与屏幕上的键盘交互。

这些辅助功能与语音识别技术、鼠标大指针设置、高对比度主题设置相结合，可以使有特殊需求的用户方便使用计算机。

要访问轻松使用设置窗口，可单击"设置"窗口中的"轻松使用"，如图 3-45 所示。

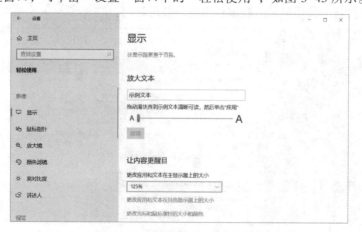

图 3-45 "轻松使用"设置窗口

针对不同的帮助需要，系统提供了综合运用上述辅助技术的各种场景，如使用没有显示器的计算机、使计算机更易于查看、使用没有鼠标或键盘的计算机、使鼠标更易于使用等。

① 使用没有显示器的计算机：使用"讲述人"朗读屏幕上显示的文本，可帮助有视力障碍的人。

② 使计算机更易于查看：设置使用放大镜，使部分屏幕以放大显示；设置高对比度的主题，调节颜色，使屏幕更易于查看和阅读，并且删除不必要的动画和背景图像。

③ 使用没有鼠标或键盘的计算机：Windows 10 系统中包含屏幕键盘，可以用于输入内容。还可以通过语音识别，使用语音命令控制计算机。

④ 使鼠标更易于使用：更改鼠标指针的大小和颜色，或使用键盘控制鼠标。

任务实施

更改窗口颜色、声音、桌面背景、屏幕保护程序和用户账户图片。

用户可以分别更改主题的桌面背景、屏幕保护程序、窗口边框颜色和声音方案来创建自定义主题。

1. 设置个性化桌面背景

在计算机上设置个性化桌面背景的方法如下：

① 在"个性化"边栏中选择"背景"，如图 3-46 所示。

② 在右侧"背景"窗口图片预览列表中选择自己喜欢的图片，或单击下方"浏览"按钮，在计算机其他位置另选图片。

③ 关闭"设置"窗口即可。

2. 设置个性化窗口颜色

在计算机上设置个性化窗口颜色的方法如下：

① 在"个性化"边栏中选择"颜色"，如图 3-47 所示。

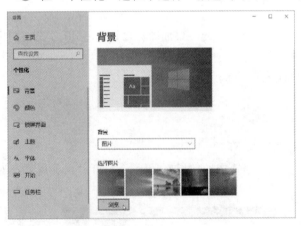
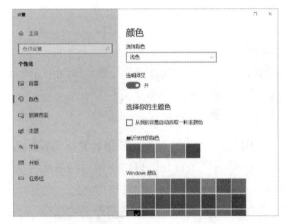

图 3-46 "背景"窗口   图 3-47 "颜色"窗口

② 在右侧"颜色"窗口"Windows 颜色"列表中选择自己喜欢的窗口颜色。

③ 关闭"设置"窗口。

3. 设置个性化声音

在计算机上设置个性化声音的方法：

① 在"个性化"窗口边栏选择"主题"，单击"主题"窗口中的"声音"，打开"声音"对话框。

② 在"声音"对话框的"声音"选项卡中，选定要设置或修改声音的"程序事件"，然后在"声音"列表中选择喜欢的声音，如图 3-48 所示。

③ 单击"确定"按钮。

4. 设置屏幕保护程序

在计算机上设置屏幕保护程序的方法：

① 在"个性化"窗口边栏选择"锁屏界面"，单击"锁屏界面"窗口中的"屏幕保护程序设置"，打开"屏幕保护程序设置"对话框，如图 3-49 所示。

图 3-48 "声音"对话框

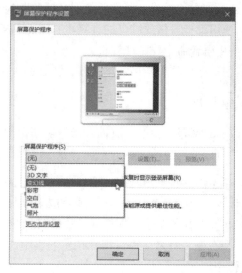

图 3-49 "屏幕保护程序设置"对话框

② 在"屏幕保护程序设置"窗口"屏幕保护程序"列表中选择喜欢的屏幕保护程序。

③ 单击"确定"按钮。

5. 设置桌面上的系统图标

用户可按照自己的偏好调整桌面上的系统图标，具体方法如下：

① 单击"个性化"窗口左侧边栏选择"主题"，单击"主题"窗口中的"桌面图标设置"，打开"桌面图标设置"对话框，如图 3-50 所示。

② 在"桌面图标设置"对话框中选中期望在桌面上显示的系统图标。

③ 单击"确定"按钮。

6. 调整计算机的鼠标指针

用户可按照自己的偏好调整计算机的鼠标指针样式，具体方法如下：

① 单击"个性化"窗口左侧边栏选择"主题"，单击"主题"窗口中的"鼠标光标"，打开"鼠标属性"对话框，如图 3-51 所示。

图 3-50 "桌面图标设置"对话框

图 3-51 "鼠标属性"对话框

② 在"鼠标属性"对话框的"指针"选项卡中选择鼠标指针方案。

③ 单击"确定"按钮。

7．更改账户图片

用户更改账户图片的方法如下：

① 单击"设置"窗口中的"账户"选项，在"账户"边栏选择"账户信息"，如图 3-52 所示。

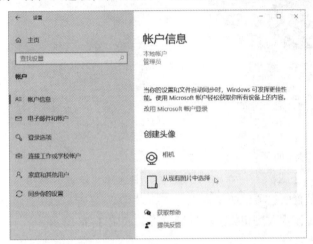

图 3-52 "账户信息"窗口

② 在"账户信息"窗口中单击"从现有图片中选择"选项，选择一张图片。

③ 关闭"设置"窗口。

8．设置系统日期和时间

计算机时间用于记录计算机中文件创建或修改的时间，用户可根据需要更改计算机时间。更改计算机时间的方法如下：

① 右击任务栏右侧的时间区域，在弹出的快捷菜单中选择"调整日期/时间"命令，打开"日期和时间"窗口，如图 3-53 所示。关闭"自动设置时间"，然后单击"手动设置日期和时间"下的"更改"按钮，打开"更改日期和时间"对话框，如图 3-54 所示。

图 3-53 "日期和时间"窗口

图 3-54 "更改日期和时间"对话框

② 在"更改日期和时间"对话框中设置新的日期和时间，如图 3-55 所示。

③ 单击"更改"按钮。

另外，若要更改时区，则先关闭"自动设置时区"，如图 3-56 所示。然后，在时区下拉列表中选择更改的时区，然后关闭"设置"窗口。

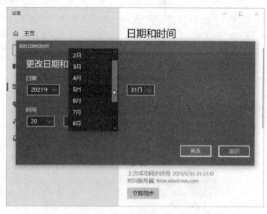

图 3-55 设置新的日期和时间

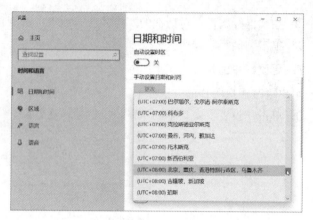

图 3-56 设置时区

9. 设置输入法

对输入法进行设置的具体方法如下：

① 右击任务栏右侧的输入法图标，在弹出的快捷菜单中选择"设置"命令，打开"微软拼音输入法"对话框，如图 3-57 所示。单击要设置的选项，如"常规"。

② 在"常规"对话框中对该输入法相关选项进行设置，如图 3-58 所示。

图 3-57 "微软拼音输入法"对话框

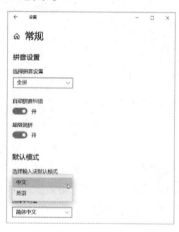

图 3-58 "常规"对话框

任务 4　了解使用权限

为了保障计算机系统的安全，Windows 10 操作系统采取了多种措施。权限及权限的分配和使用是众多保障计算机系统安全的措施之一。Windows 10 操作系统的组策略使得系统管理员能够为用户和计算机定义并控制程序、网络资源和操作系统的行为。

任务描述

本任务要求读者理解操作系统的对象、文件、文件夹的权限；了解组策略在计算机系统管理中的作用；了解用户账户控制在保障计算机安全方面的作用；掌握使用组策略设置控制移动存储设备的行为。

解决路径

本任务以操作、讲述、理解并重，使读者快速了解 Windows 10 系统组策略的作用及用户的权限，掌握控制移动存储设备行为的设置操作。总体来说，此任务可以按照如图 3-59 所示的步骤来逐步学习。

图 3-59 任务 4 的学习步骤

相关知识

1. Windows 操作系统的组策略

Windows 操作系统中的组策略（Group Policy）是管理员用来管理网络内的用户设置和计算机设置，为用户和计算机定义并控制程序、网络资源和操作系统行为的主要工具。通过使用组策略可以设置各种软件、计算机和用户策略。

打开组策略设置工具的方法：右击"开始"按钮，在弹出的快捷菜单中选择"运行"命令，输入 gpedit.msc 后按【Enter】键，即可打开组策略工具"本地组策略编辑器"窗口，如图 3-60 所示。

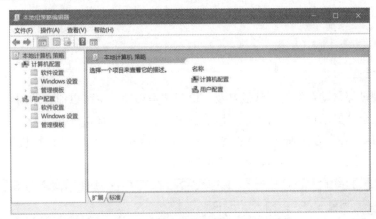

图 3-60 "本地组策略编辑器"窗口

组策略使得管理员能够针对整个计算机或特定用户设置多种配置，包括桌面配置和安全配置，可以为特定用户或用户组订制可用的程序、桌面上的内容，以及"开始"菜单选项等，也可以在整个计算机范围内创建特殊的桌面配置。

2. 权限

权限是确定用户是否可以访问某个对象以及可以对该对象执行哪些操作的规则。例如，用户可能对网络上某个共享文件夹中的文档具有访问权限，即可以读取该文档，但没有对其进行更改的权限，即不能修改文档。

计算机的系统管理员和具有管理员账户的人员可以为各个用户或组分配权限。

文件和文件夹的常用权限级别如表 3-2 所示。

表 3-2 文件和文件夹的常用权限级别

权 限 级 别	描　　述
完全控制	用户可以查看文件或文件夹的内容，更改现有文件和文件夹，创建新文件和文件夹以及在文件夹中运行程序
修改	用户可以更改现有文件和文件夹，但不能创建新文件和文件夹
读取和执行	用户可以查看现有文件和文件夹的内容，并可以在文件夹中运行程序
读取	用户可以查看文件夹的内容，并可打开文件和文件夹
写入	用户可以创建新文件和文件夹，并对现有文件和文件夹进行更改

检查文件或文件夹权限的方法：右击文件或文件夹，在弹出的快捷菜单中选择"属性"命令。切换至"安全"

选项卡，如图 3-61 所示。在"组或用户名"列表中选择一个用户名或组，则所选用户或组的权限会显示在属性对话框的下面。

3．用户账户控制

Windows 系统提供了用户账户控制（UAC）的功能，可以防止对计算机进行未经授权的更改。具体做法：在用户执行可能会影响计算机运行的操作或执行影响其他用户的设置更改之前，UAC 要求用户提供权限或管理员密码，以防止恶意软件在未经许可的情况下在计算机上自行安装或对计算机进行更改。

在大多数情况下，用户使用标准用户账户登录计算机。此时用户可以进行常规操作，不需要管理员账户的权限。但当需要执行管理任务时（如安装新程序），更改的设置会影响其他用户，需要管理员账户的权限。因此，在执行该任务前，Windows 系统的 UAC 会提示用户给予许可或提供管理员密码。

图 3-61　"安全"选项卡

1．禁止安装可移动设备

目前，U 盘、移动硬盘等移动存储设备已很普及，由于这类移动设备可以即查即用，很容易使计算机感染病毒，使数据泄密。对于安全性要求较高的用户，可以设置"禁止安装可移动设备"：

① 在"本地组策略编辑器"左边窗格中依次展开"本地计算机策略"→"计算机配置"→"管理模板"→"系统"→"设备安装"→"设备安装限制"，如图 3-62 所示。

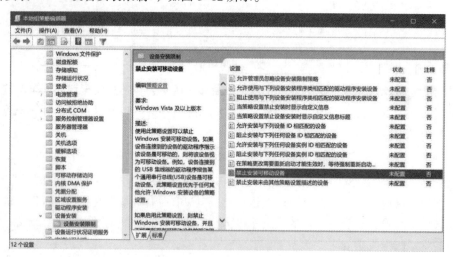

图 3-62　"本地组策略编辑器"窗口

② 在右边窗口中找到"禁止安装可移动设备"选项，如图 3-62 所示。

③ 双击该选项打开"禁止安装可移动设备"窗口，将其设置为"已启用"，如图 3-63 所示。

④ 单击"确定"按钮。

这样，当有 USB 设备插入计算机 USB 端口时，计算机会阻止该设备的安装并在任务栏上显示提示信息。

2．禁止移动存储设备自动播放

有时，用户期望能够使用移动存储设备，可以设置禁止其自动播放：

① 在"本地组策略编辑器"左边窗格中依次展开"本地计算机策略"→"用户配置"→"管理模板"→"Windows 组件"→"自动播放策略"，如图 3-64 所示。

图 3-63   "禁止安装可移动设备"窗口

② 在右边窗口中选择"关闭自动播放",如图 3-64 所示。

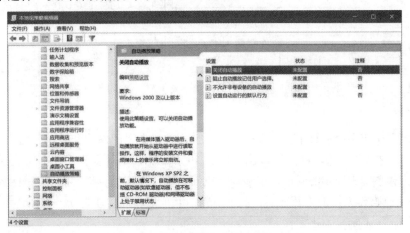

图 3-64   "本地组策略编辑器"窗口

③ 双击该选项打开其设置对话框,将其设置为"已启用"。

④ 单击"确定"按钮。

这样,当有 USB 设备插入计算机 USB 端口时,计算机会安装该设备,但会阻止其自动播放。

另外,禁止移动存储设备的自动播放还可以通过"设置"中"设备"的"自动播放"窗口进行设置,如图 3-65 所示。

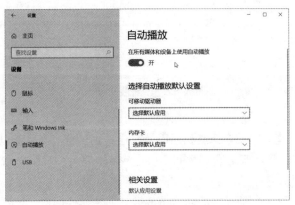

图 3-65   "自动播放"窗口

任务 5   维护操作系统

操作系统安全、高效、稳定地运行是整个计算机系统稳定运行的重要保障之一。操作系统的维护就是要修复系统中发现的错误，使操作系统能够稳定、安全运行。操作系统的维护是用户日常进行的工作之一，通常，用户的维护工作包括更新、升级操作系统、进入操作系统安全模式排除故障，以及管理操作系统运行的任务和进程。

任务描述

本任务要求学习者理解、掌握更新、升级操作系统、了解操作系统安全模式以及掌握如何进入安全模式；掌握管理操作系统运行的任务和进程。

解决路径

本任务以图文并茂的形式讲述，并要求学习者实际操作。此任务可以按照如图 3-66 所示的步骤逐步学习。

图 3-66   任务 5 的学习步骤

相关知识

1．操作系统的更新

软件供应商会对发布操作系统进行维护，根据在实际使用中暴露出的漏洞和错误，编写对其进行弥补或改正的程序模块并将其发布，这些程序模块称为更新包或补丁。用户在自己的计算机系统上安装这些更新包称为更新。更新可以防止或解决操作系统中隐藏的问题、增强计算机安全性或提高计算机性能。按照更新包的重要性，微软公司发布关于 Windows 10 操作系统的更新分为：质量更新、其他更新和功能更新，如图 3-67 所示。

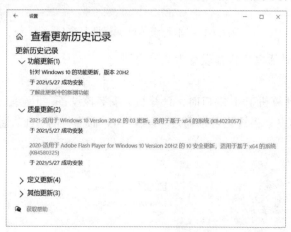

图 3-67   已安装更新

（1）质量更新

Windows 10 质量更新包括安全和非安全修复程序以及改进，主要解决当前或以前系统存在的 bug 或者安全问题，可使操作系统获得更高的安全性、隐私保障和可靠性。Win10 每月一次的例行累积更新都属于质量更新。

（2）功能更新

Windows10 功能更新就是增加了以前没有的功能，或处理非关键性问题，或帮助增强用户使用计算机。例如版本 20H2，其中包括新功能、更改和修复。通常，Windows 10 每年两次功能更新，更新过程中需要重新安装和多次重新启动。

（3）其他更新

Windows10 其他更新包括驱动程序、解决一些小错误，非安全性问题和稳定性问题的更新或 Microsoft 开发的新软件，如 Office 的更新。由于微软已经终止了从驱动程序更新驱动程序的传统方法，因此可选更新非常重要。用户可以根据需要轻松下载并安装驱动程序和其他每月预览更新。

为了在更新发布后及时安装，Windows 10 操作系统的自动更新可在有更新可用时及时为计算机安装更新。

设置 Windows 10 操作系统的自动更新方法如下：

在"设置"窗口单击"更新和安全"（见图 3-68），进入 Windows 更新窗口。

图 3-68　Windows 设置

2. 操作系统的安全模式

当计算机系统出现故障时，进入操作系统的安全模式是常用的排除故障、恢复系统的方法。操作系统安全模式以限制状态启动计算机系统，即仅启动 Windows 操作系统运行所必需的基本文件和驱动程序。进入安全模式后，显示器的各角显示"安全模式"字样，标识计算机系统正处于哪种 Windows 模式运行，如图 3-69 所示。

要进入安全模式，可在 Windows 10 系统中，按住【Shift】键的同时重启计算机系统，进入高级启动，然后依次选择"疑难解答"→"高级选项"→"启动设置"，单击"重启"按钮。重启之后进入"启动设置"界面如图 3-70 所示。按【F4】即可进入安全模式。

图 3-69　安全模式界面

图 3-70　"启动设置"界面

进入安全模式排除计算机系统故障时，常用到的工具有设置、设备管理器、事件查看器、系统信息和命令行工具等。

3．操作系统运行任务和进程的管理

Windows 操作系统自带了软件工具任务管理器。任务管理器可以显示计算机系统中正在运行的程序、进程和服务，以及它们所占用的资源情况。用户可使用任务管理器监视计算机系统的性能，关闭程序或终止相关进程，并且查看网络状态。

启动任务管理器可右击任务栏的空白区域，在弹出的快捷菜单中选择"任务管理器"命令，如图 3-71 所示。

也可按【Ctrl+Shift+Delete】组合键打开任务管理器。

图 3-71　选择"任务管理器"命令

任务实施

1．对操作系统进行更新

（1）设置计算机系统更新

① 在 Windows 更新窗口中，即可对 Windows 更新常用选项进行设置。单击"Windows 更新"窗口中的"高级选项"选项（见图 3-72），可进入 Windows 更新的"高级选项"设置窗口。

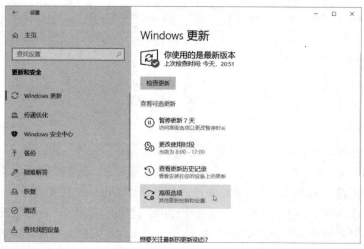

图 3-72　"Windows 更新"窗口

② 在"高级选项"设置窗口中，可根据需要打开或关闭各更新选项，如图 3-73 所示。

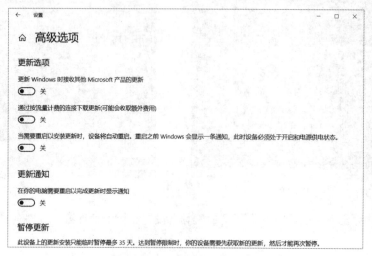

图 3-73　"高级选项"窗口

（2）检查、安装 Windows 操作系统更新

① 在"Windows 更新"窗口中，单击"检查更新"按钮后，系统即开始检查更新，如图 3-74 所示。

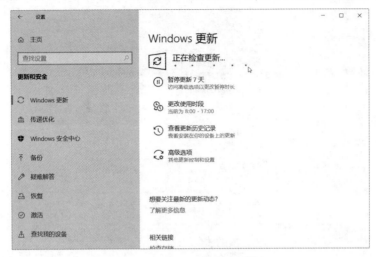

图 3-74 Windows 检查更新

② 在 Windows 更新窗口反馈信息中，对于重要更新自动下载安装，如图 3-75 所示。

图 3-75 自动下载、安装更新

③ 对于可选更新，单击"查看可选更新"，在各类更新列表中，选中要安装的更新，单击"下载并安装"按钮，如图 3-76 所示。

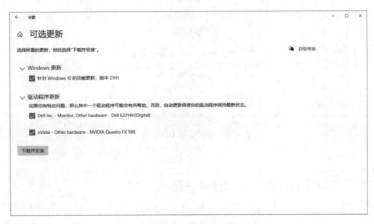

图 3-76 Windows 可选更新窗口

④ 在"Windows 更新"窗口中，开始下载选择的更新，如图 3-77 所示。

⑤ 下载完毕后，自动安装下载的更新，如图 3-78 所示。

图 3-77　下载选择的更新

图 3-78　安装更新

⑥ 安装更新成功后，提醒重新启动系统。单击"立即重新启动"按钮（见图 3-79），计算机系统重新启动后，更新成功。

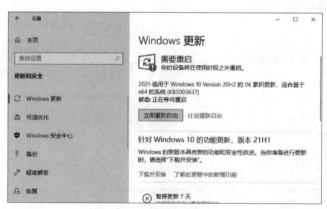

图 3-79　提醒重新启动系统

2. 管理任务和进程

（1）查看和管理正在执行的应用程序和正在运行的进程

在 Windows 任务管理器窗口的"进程"选项卡中，可查看当前正在执行的应用程序和正在运行的进程。在"应用"和"后台进程"列表中选中列表项，然后单击"结束任务"按钮，即可关闭该应用程序或终止该进程，释放其所占用的资源，如图 3-80 所示。

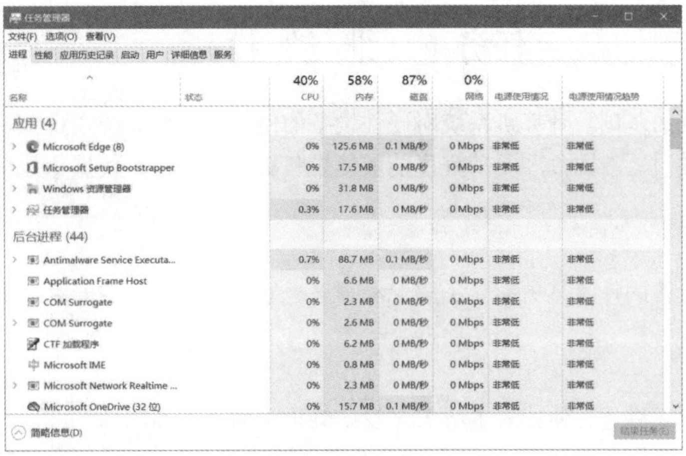

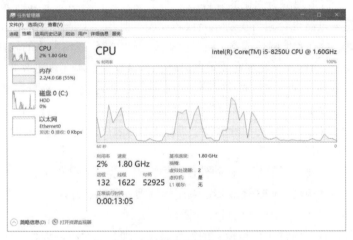

图 3-80 "进程"选项卡

（2）查看系统资源使用

① 在 Windows 任务管理器窗口的"性能"选项卡中，可查看当前计算机系统 CPU 和内存等系统资源的使用情况，如图 3-81 所示。

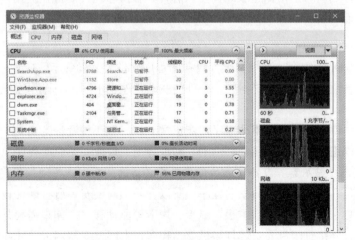

图 3-81 "性能"选项卡

② 单击"打开资源监视器"链接，可启动资源监视器，查看系统资源的详细使用情况，如图 3-82 所示。

图 3-82 "资源监视器"窗口

任务 6 维 护 设 备

硬件设备是计算机系统的基础。计算机系统对硬件设备的使用是操作系统通过其驱动程序来实现的。设备不仅由硬件构成，还含有固件。更新固件和驱动程序能够使设备更好地运转，使操作系统更好地控制设备。

 **任务描述**

本任务要求读者了解设备固件及其更新，了解驱动程序，掌握驱动程序的安装和更新。

解决路径

本任务以图文并茂的形式讲述，使读者了解关于设备维护中的固件和驱动程序及其更新方法。此任务可以按照如图 3-83 所示的步骤逐步学习。

图 3-83 任务 6 的学习步骤

相关知识

1. 固件

固件（Firmware）可以通俗地理解为固化的软件。一般来说，芯片的功能由其内部的逻辑电路实现。当芯片功能较复杂时，芯片内的逻辑电路也会相当复杂，导致芯片成本上升。于是使用实现这些功能的软件替代复杂的逻辑电路去完成相应的工作，会有效地降低成本，同时提高灵活性。替代逻辑电路的软件存储在 EROM 或 EPROM（可编程只读存储器）中，称为固件，只允许在需要的时候执行该软件，不允许更改它。

固件是软件，但与普通软件不同，它是固化在集成电路内部的程序代码，负责控制和协调集成电路的功能。

早期固件芯片一般采用 ROM 存储，其代码在生产过程中固化，用户无法直接读出或修改固件。若在固件内发现了问题，须由专业人员使用写好固件的芯片替换。随着技术的发展，可重复写入的 EPROM、EEPROM 和 Flash 芯片的出现使固件能够修改和更新。

固件工作于一个系统的最基础、最底层。在硬件设备中，固件决定着硬件设备的功能及性能。几乎所有数码设备都有固件，如手机、数码照相机、MP3 播放器、调制解调器、鼠标、键盘、显示器、光驱、硬盘、打印机等，计算机主板上的基本输入/输出系统（BIOS）也可称为固件。

对于可独立操作的设备而言，固件往往是指它的操作系统，如智能手机的操作系统。而对于非独立操作的设备，如硬盘、鼠标、光驱等，固件是指其最底层的，让设备得以正常工作的程序代码。

固件升级，也称为固件刷新，是指把新版固件写入芯片，替换原固件的过程。用户对固件的升级方法因生产厂家不同、设备类别不同而有所区别。

2. 驱动程序

驱动程序全称为"设备驱动程序"，是控制硬件设备的程序软件。操作系统只有通过驱动程序，才能控制硬件设备工作，使计算机和设备通信。操作系统不同，硬件的驱动程序也不同。当操作系统安装完毕后，紧接着便是安装硬件设备的驱动程序。

从理论上讲，所有的硬件设备都需要驱动程序才能正常工作。但一些设备，如 CPU、内存、键盘、显示器等不需要安装驱动程序也可以正常工作，而显卡、声卡、网卡等则一定要安装驱动程序，否则无法正常工作。这主要是由于 CPU、内存、键盘、显示器等设备是一台计算机所必备的，所以这些硬件设备是 BIOS 能直接支持的硬件。同时，由于操作系统包含了部分设备的驱动程序，所以，并不需要安装所有硬件设备的驱动程序。

在 Windows 操作系统中，往往需要安装主板、显卡、声卡等驱动程序。如果需要外接其他硬件设备，则要安装相应的驱动程序。例如，外接打印机要安装打印机驱动程序，上网要安装网卡、Modem 的驱动程序。

驱动程序可通过 3 种途径获得：

① 购买硬件附带该硬件的驱动程序。

② Windows 系统自带的大量驱动程序。

③ 从 Internet 下载最新的驱动程序。

为保证其硬件产品的兼容性，增强硬件的功能，各硬件厂商会不断地升级驱动程序。

INF（Device INFormation File）文件是 Microsoft 公司为规范硬件设备制造商发布其驱动程序而推出的一种文件格式。INF 文件是纯文本文件，可以用任意一款文本编辑软件编辑，如记事本等。INF 文件有一整套编写规则，每一个 INF 文件都严格按照这些规则来编写。

INF 文件中包含硬件设备的信息或脚本以控制硬件操作，指明了硬件驱动程序如何安装到系统中等相关信息。正是因为有了 INF 文件，Windows 操作系统才可以找到硬件设备的驱动程序并正确安装。

任务实施

1．查看计算机系统设备的状态

① 在"设置"→"系统"→"关于"窗口中，单击"设备管理器"选项（见图 3-84），打开"设备管理器"窗口。

② 在"设备管理器"窗口中会列出计算机系统中的所有设备，并标记出不能正常工作的设备，如图 3-85 所示。

2．驱动程序的安装和更新

① 双击不能正常工作的设备，或者右击不能正常工作的设备，在弹出的快捷菜单中选择"属性"命令，打开该设备的属性窗口，切换至"驱动程序"选项卡，如图 3-86 所示。

  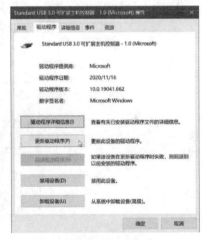

图 3-84　"关于"窗口　　　图 3-85　"设备管理器"窗口　　　图 3-86　设备的属性窗口

② 在该设备属性窗口的"驱动程序"选项卡中单击"更新驱动程序"按钮，进入驱动程序安装向导，安装驱动程序。

另外，如果用户有该设备的驱动程序安装包，可直接安装驱动程序，然后再检查该设备的状态。

任务 7　系统备份与还原

计算机系统在人们工作学习中的作用越来越大，系统中往往保存了用户的大量数据，万一出现故障，如果数据得不到恢复，对用户将造成不可挽回的损失。Windows 操作系统为用户提供了文件和系统备份工具，另外，许多第三方厂商也提供了很多文件和系统备份的工具软件。

任务描述

本任务要求读者了解系统备份与还原，掌握系统备份与还原的方法。

解决路径

本任务以图文并茂的形式讲述，使读者了解计算机系统和文件备份与还原。本任务可以按照如图 3-87 所示的步骤逐步学习。

| 系统备份 | 数据备份 | 还原 |

图 3-87　任务 7 的学习步骤

相关知识

如果计算机系统的硬件或存储设备发生故障，备份工具软件可以帮助用户恢复数据，保护数据免受意外的损失。使用备份工具软件创建数据副本，并将数据存储到其他存储设备中。备份包括系统备份和数据备份。

1．系统备份

系统备份是指为预防操作系统因某种原因造成系统文件丢失、不能正常引导而建立的操作系统的副本，用于出现故障后恢复系统。

2．数据备份

数据备份是指为用户数据（包括文件、数据库、应用程序）建立副本，用于恢复数据时使用。

Windows 操作系统备份工具可提供数据文件的备份、系统映像备份。

任务实施

1．计算机数据备份

① 单击"设置"窗口中的"更新和安全"，在"更新和安全"边栏中选择"备份"（见图 3-88），进入"备份"窗口。

图 3-88　"Windows 更新"窗口

② 在"备份"窗口中，首先设置备份文件保存的驱动器。单击"添加驱动器"按钮，系统即开始查找并显示可用驱动器，选中即可，如图 3-89 所示。

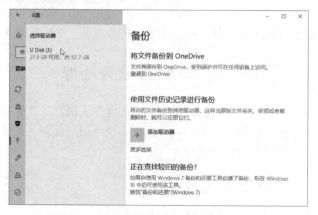

图 3-89　设置保存备份文件的驱动器

③　在设置保存备份文件驱动器后，系统即开始自动备份。在"备份"窗口中，关闭"自动备份我的文件"，单击"更多选项"，如图 3-90 所示。

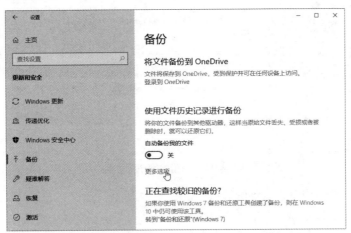

图 3-90　"备份"窗口中"更多选项"

④　在"备份选项"窗口中，选择需要备份的文件或文件夹，如图 3-91 所示。

图 3-91　选择期望备份的文件

⑤　在"备份选项"窗口中，选择"请参阅高级设置"，打开"文件历史记录"窗口，如图 3-92 所示。

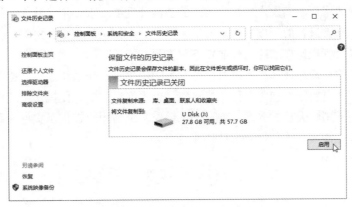

图 3-92　启用备份

⑥　在"文件历史记录"窗口中，单击"启用"按钮，开始备份文件，如图 3-93 所示。

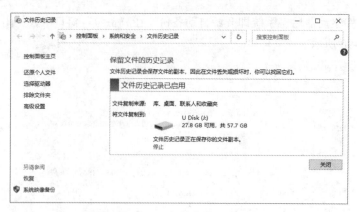

图 3-93　备份文件过程

⑦ 在"文件历史记录"窗口中，显示备份信息，如图 3-94 所示。

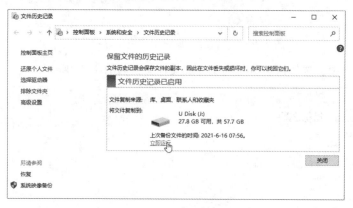

图 3-94　显示备份信息

备份完成后，如果需要，可在"备份选项"窗口中单击"从当前的备份还原文件"进行数据恢复。

小　结

本单元主要介绍操作系统在计算机系统中的作用、软件与硬件的关系、系统软件与应用软件的区别，以及常见的操作系统、文件和文件夹的管理等相关知识。通过相关知识讲解和实际任务操作使读者掌握操作系统的概念及常用操作。

在介绍操作系统后，本单元讲述了系统维护在保障计算机系统安全、稳定运行中的作用。系统维护就是修正软件系统在使用过程中发现的错误，满足用户提出的新的功能及性能要求，扩充软件系统功能。

操作系统的维护是用户日常进行的工作之一。通常，用户的维护工作包括：更新、升级操作系统、进入操作系统安全模式排除故障，以及管理操作系统运行的任务和进程。

硬件设备是计算机系统的基础。计算机系统对硬件设备的使用是操作系统通过其驱动程序来实现的。设备不仅由硬件构成，还含有固件。更新固件和驱动程序能够使设备更好地运转，使操作系统更好地控制设备。

计算机系统中往往保存了用户大量的数据，Windows 操作系统为用户提供了文件和系统备份工具。另外，许多第三方厂商也提供了很多文件和系统备份的工具软件。

习　题

1. 简述软件与硬件的关系。
2. 系统软件与应用软件有何区别？

3. 简述计算机操作系统的作用。

4. 计算机的锁定和注销有何区别？

5. Windows 资源管理器的作用有哪些？

6. 固件与驱动程序有何区别？

7. 智能手机的固件与打印机的固件有何区别？

8. 为何有些设备不用安装驱动程序也能正常使用？

9. 系统映像备份和数据文件备份有何区别？

10. 如何查看当前系统资源的使用情况？

单元 **4**

网络应用与信息检索

    因特网（Internet）是一个全球性的信息通信网络，是通过标准通信方式（TCP/IP 协议），把分布于世界各地不同结构的计算机网络，用各种传输介质互相连接起来的网络体系。组成 Internet 的计算机网络包括局域网、城域网、广域网。目前，Internet 已经成为全世界最大的计算机互联网络，用户遍布全球，数量巨大且增长迅速。

    Internet 是一个面向公众的社会性免费组织，信息资源的全球交流与共享通过网络变为现实。随着 Internet 的迅猛发展和广泛应用，网上信息资源的数量、种类以前所未有的速度不断增加，从新闻、商业信息、各种软件、数据库，到图书馆资源、国际组织和政府出版物等，信息存储和检索的地理界限已被打破，所有的用户都能通过计算机网络随意查询分布于世界各地的各种数据、图表、文献信息。Internet 已经成为世界范围内传播商业、科研、教育和社会信息的最主要的渠道。只要用户知道信息资源的服务器地址和访问资源的方式，并有访问资源的权限，就可以获得相关信息资源。

学习目标

- 了解网络的基本概念。
- 了解网络地址与域名系统的关系。
- 掌握在局域网中共享资源的方法。
- 掌握使用浏览器的方法与技巧。
- 了解搜索引擎的相关概念。
- 掌握百度搜索引擎的高级使用技巧。
- 掌握 Outlook 2016 账号配置、邮件和日程管理的方法。

任务 1　通过网络进行资源共享

    资源共享是网络的主要用途之一。将每台计算机中的资源共享出来以便提供给网络中的其他用户使用，可以实现资源利用率的最大化，同时也可以提高工作效率。

任务描述

    本任务要求读者掌握网络的基本概念与类型，了解网络地址和域名系统的关系，掌握在局域网中设置计算机资源共享的方法。

解决路径

    在本任务中，读者将依次学习如何在 Windows 操作系统中设置计算机的名称和位置以及共享网络资源的方法。具体学习流程如图 4-1 所示。

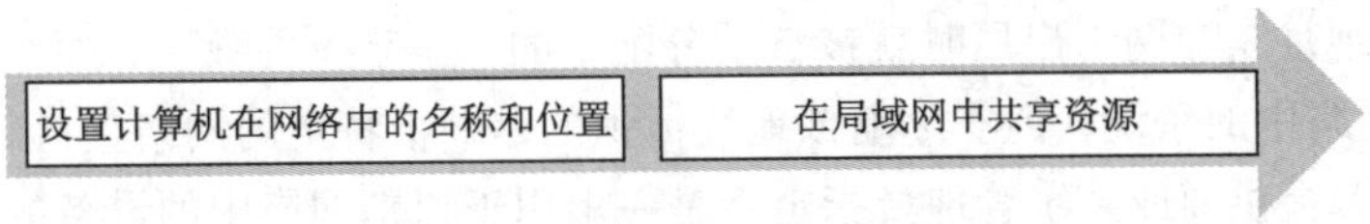

设置计算机在网络中的名称和位置	在局域网中共享资源

图 4-1　任务 1 学习步骤

相关知识

1.网络的概念与类型

网络是指通过电缆或某种其他介质连接在一起进行通信和资源共享的一组计算机及其相关设备。很多网络中的计算机都是通过物理介质连接在一起的，然而也有越来越多的计算机通过无线电波或红外信号来传输数据，将这种网络称为无线网络。

网络中的设备不只包括计算机，还可以包括用于处理网络信息传输的设备，如集线器、交换机和路由器等。在组建本地网络时通常需要使用集线器或交换机，在连接不同类型的网络时，则需要使用路由器。此外，还可以让网络中的计算机共享同一个设备以便降低购买设备的成本。例如，可以将打印机连接到网络中，以便让网络中的计算机都可以使用同一台打印机。通常可以使用术语"节点"或"主机"来描述网络中的计算机或其他设备。

网络中的数据可以通过传输介质从一个网络设备传输到另一个网络设备。数据在网络中并不是作为一个整体来传输的，而是采用了包交换技术。这种技术将数据分割为大小固定且带有编号的包，每个包在网络中会沿着不同的网络路径独立传输。到达目的地的所有包的顺序并不一定与数据传输之前的包的顺序相同，在到达目的地后这些包会按照正确的顺序重新组合为传输之前的原始内容。

以下是网络应用中一些经常用到的概念。

（1）网络带宽

网络带宽是指数据传输速率，是决定网络性能的关键因素之一。数据传输速率是指数据从网络中的一个位置传输到另一个位置的速率，其单位通常为 kbit/s 或 Mbit/s。带宽是基于位（bit）而不是基于字节（B）的。

（2）网络类型

网络可以按照不同的标准进行划分。最常使用的划分标准是按照网络覆盖的地理范围，将网络划分为个域网、局域网、城域网、广域网。

① 个域网（Personal Area Network，PAN）：个域网是覆盖范围最小的网络，通常是指用户在自己所拥有的无线设备之间通过蓝牙或红外线传输数据的无线网络。

② 局域网（Local Area Network，LAN）：局域网中的计算机位于较小的地理范围内，如同一间屋子、同一层楼或同一栋楼。用户家庭网络、公司内部网络等都属于局域网。

③ 城域网（Metropolitan Area Network，MAN）：城域网的覆盖范围介于局域网与广域网之间，通常是指网络范围覆盖校园或城市的大型网络。此外，诸如地区 ISP、有线电视公司等机构使用的网络也都是城域网。

④ 广域网（Wide Area Network，WAN）：广域网覆盖大面积的地理范围，通常由多个使用不同网络技术的小型网络组成。因特网是世界上最大的广域网，全国性的银行网络或连锁超市也属于广域网。

用户可能会经常看到"互联网"和"因特网"这两个术语，还会看到区分首字母大小写形式的 Internet 和 internet。互联网是指通过网络连接技术将多个小型网络连接在一起的大型网络，使用首字母为小写形式的 internet 表示。因特网是世界上最大的互联网，是互联网的一个实例，使用首字母为大写形式的 Internet 表示。

2.网络地址与域名系统

为了可以在网络中准确定位想要访问的计算机，网络中的每台计算机都需要有一个网络地址。计算机的网络地址可以是数字形式或有具体含义的多个英文单词。域名系统的出现使用户使用有意义的英文单词代替难以记忆的数字形式的网络地址成为可能。

（1）网络地址

网络设备根据不同的使用目的会有多个地址，最常用的两种地址是 MAC 地址和 IP 地址。MAC（Media Access

Control，介质访问控制）地址是在网卡出厂时就被自动分配了的一串唯一的数字，每个网卡都有一个 MAC 地址。MAC 地址用于标识本地网络中的系统，但实际上该地址标识的是一个特定的网络接口。

IP 地址由 Internet 服务提供商或系统管理员指定，是一串用于识别网络中的设备的数字。IP 地址由 4 个十进制数组成，各个数字之间由英文句点分隔，例如：192.168.0.1。

在计算机中 IP 地址实际上是以一个二进制格式的数字来表示和处理的。现在使用的大多数的 IP 地址是一个 32 位的二进制数字，每 8 位为一组，因此一个 IP 地址由 4 组 8 位二进制数组成。由于一个 8 位二进制数可以表示 0 ~ 255 中的任意一个十进制数，因此一个 8 位二进制数一共可以表示 256 个十进制数。将 IP 地址的每个 8 位转换为十进制数，得到的就是 IP 地址的十进制表示形式。

IP 地址最初用于 Internet，后来也被用于本地网络。人为指定的 IP 地址是相对固定的，除非后来手动修改 IP 地址。还有一种 IP 地址是由 DHCP（Dynamic Host Configuration Protocol，动态主机配置协议）服务器自动分配的，这样在任何设备连接到网络后不需要人为设置该设备的 IP 地址，而由 DHCP 服务器自动设置，这样可以使为大量计算机设置 IP 地址的过程变得简单高效。

在 Internet 中提供持续网络服务的所有设备都有一个固定的 IP 地址，这类 IP 地址称为静态 IP 地址。而个人用户每次连接到 Internet 时都会得到一个动态 IP 地址，下次连接到 Internet 时为该用户分配的 IP 地址可能与上次的不同。当用户断开 Internet 连接以后，Internet 服务提供商会自动收回为用户分配的动态 IP 地址。

（2）域名系统

Internet 中提供服务的计算机都有一个静态 IP 地址，由于二进制数字不便于人们理解和记忆，因此在访问 Internet 中的计算机以及其中的内容时是通过 URL（Uniform Resource Locator，统一资源定位符）实现的。在浏览器中输入的网址称为 URL，其中包含了多个固定以及可选部分，具体为协议名称、计算机名称、端口号以及网页所属的文档名称。例如，在浏览器的地址栏中输入下面的网址可以访问微软官方网站的中文主页：https://www.microsoft.com/zh-cn。

域名说明了提供服务的计算机所属的机构或机构中的部门的名称，它是 URL 中最关键的部分。在上面的 URL 中，microsoft.com 是域名，www 是 microsoft.com 这个域中的主机名。因为该主机是作为 microsoft.com 这个域中的 Web 服务器来运行的，因此将主机命名为 www 易于识别该主机所提供的服务类型。通过主机名+域名的方式就可以在 Internet 中明确定位要访问的特定的计算机。域名也存在于电子邮件地址中，例如，163.com 是 songxiangbook@163.com 这个电子邮件地址的域名。

域名可以由一个或多个部分组成，而且各个部分具有等级划分。如果一个域名中包含多个部分，那么域名中的各个部分的等级从右到左依次降低，域名最右侧的部分称为顶级域名（Top Level Domain，TLD），在整个域名中具有最高等级。在上面的 URL 中，.com 就是顶级域名，表示的是商业机构。类似的还有.edu 表示教育机构，.org 表示非商业机构等。除了用于表示机构类型的顶级域名外，还有表示国家或地区的顶级域名，这类域名使用两个英文字母。例如，.cn 表示中国，.uk 表示英国，.au 表示澳大利亚。

为了建立域名与 IP 地址之间的对应关系，需要使用域名系统（Domain Name System，DNS）将特定的域名转换为相应的 IP 地址。早期是靠人工手动维护一个称为主机表的文件，其中包含了已知的域名以及与其对应的 IP 地址。

网络的快速发展以及世界各地提供 Internet 服务的计算机数量的不断增加，使得人工维护主机变成很难实现的任务。域名系统的出现解决了这个问题，可以自动完成域名到 IP 地址之间的转换。将域名转换为 IP 地址的过程称为域名解析，而负责进行域名转换的计算机称为域名服务器（Domain Name Server）。

有了域名系统以后，当用户在网页浏览器的地址栏中输入网址时，用户的计算机会向域名服务器发送一个请求，域名服务器会将用户输入的网址转换为相应的 IP 地址，以便可以找到用户想要访问的 Internet 中的特定计算机。

任务实施

Windows 10 操作系统中的 Windows Defender 是一款完整的反病毒软件，日常应用中，完全可以使用 Windows Defender 和 Windows 防火墙来保护计算机而不必安装第三方的防护软件。

1. 设置计算机在网络中的名称和位置

（1）修改计算机在网上的名称

选择"开始"→"设置"命令，在"Windows 设置"窗口中，单击"系统"选项，在左侧选择"关于"，可以看到所使用计算机的各种信息，如图 4-2 所示。单击右侧"重命名这台电脑"按钮，在打开的对话框中，输入新的计算机名称，例如 Essen，单击"下一页"按钮确认，此时会提示重新启动计算机，可以立即重新启动或者在未来的某个时候重启，之后计算机就会以新的名称在网上显示。

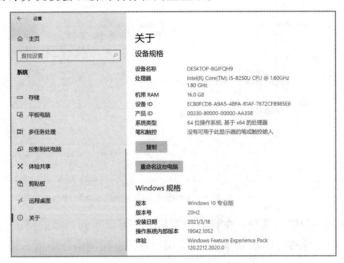

图 4-2　查看本机信息

（2）设置网络位置

选择"开始"→"设置"命令，在"Windows 设置"窗口中，单击"网络和 Internet"选项，此时可以看到本台计算机的网络连接状态，如图 4-3 所示。在这里需要注意的是，网络连接的类型可以是使用普通网线的以太网，也可以是无线网络，具体的类型和名称，取决于用户本人的具体情况，此处以无线网络为例进行讲解。

单击"属性"按钮，打开设置网络位置窗口，如图 4-4 所示。网络位置分为"公用"和"专用"，如果用户是在机场和咖啡厅等公共场合上网，建议选择网络位置为"公用"，此时不会被网络上的其他计算机发现；如果是在家或者办公室等更加可靠的环境中上网，可以选择网络位置为"专用"，此时可以共享数据和设备。在此选择网络位置为"专用"。

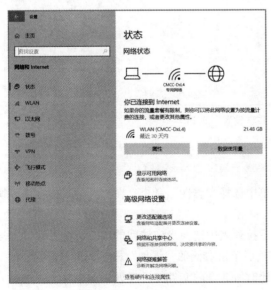

图 4-3　查看网络的连接状态

图 4-4　设置网络位置

（3）设置网络发现

单击"设置"窗口左上角的 ← 按钮，返回之前的网络状态窗口，单击"网络和共享中心"选项，打开"网络和共享中心"窗口，如图4-5所示。

图4-5　网络和共享中心

单击左侧的"更改高级共享设置"选项，在打开的窗口中，可以看到当前的网络为"专用网络"，默认选中的为"启用网络发现"和"启用文件和打印机共享"，如果用户在"专用网络"中也不希望被其他计算机现或者共享设备，则可以选择关闭，如图4-6所示。

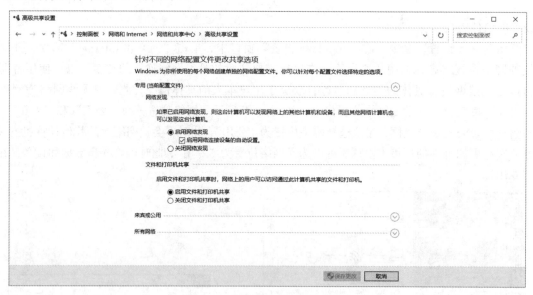

图4-6　"高级共享设置"窗口

2. 共享网络资源

（1）设置文件夹为共享

选中"公用数据"文件夹，右击，在弹出的快捷菜单中选择"属性"命令，在打开的对话框中，切换到"共享"选项卡，如图4-7所示。

单击"共享"按钮，打开"网络访问"对话框，在下拉列表中选择允许访问的用户，此处选择Everyone（见图4-8），意味着对同一个局域网中的所有用户都开放，然后单击右侧的"添加"按钮，再单击下方的"共享"按钮完成设置。设置完成后，可以关掉所打开的对话框，此时所共享的文件夹已经处于共享状态。

图 4-7　文件夹属性窗口

图 4-8　"网络访问"对话框

（2）访问网络共享资源

在已经将计算机设置为可以在局域网中发现，并设置了文件夹的共享之后，其他计算机就可以对该计算机进行访问了。选择"开始"→"Windows 系统"→"此电脑"，在左侧导航区域的"网络"部分，就可以看到目前局域网中的计算机。例如，在本节开始，已经修改名称为 Essen 的计算机，如图 4-9 所示。双击计算机名称，即可进一步看到其中设置为共享的文件夹，并读取其中的数据。

图 4-9　查看局域网中处于共享状态的电脑

任务 2　使用 Microsoft Edge 浏览器在网上冲浪

2015 年微软正式发布 Microsoft Edge 浏览器，用于替代使用了 20 多年的 IE 浏览器。Microsoft Edge 是一款全新、轻量级的浏览器，采用新引擎、新界面，且性能优秀。在 Windows 10 操作系统中 Microsoft Edge 为默认浏览器，同时保留 IE 11 浏览器以便兼容旧版网页使用。Microsoft Edge 浏览器几乎适配所有的国内网站，能为中国用户提供更好的网页浏览体验。

任务描述

本任务要求读者掌握 Microsoft Edge 浏览器的一般使用方法以及通过收藏夹进行网页管理与组织的知识与技能。

解决路径

在本任务中，首先需要将经常使用的网页信息添加到收藏夹，然后还可以从其他浏览器中导入收藏夹信息，当收藏夹中存在大量信息时，可以通过调整收藏条目顺序和创建子文件夹来有效管理信息。具体流程如图 4-10 所示。

| 将经常访问的网页添加到收藏夹 | 导入其他浏览器的收藏夹内容 | 整理收藏夹 |

图 4-10　任务 2 学习步骤

相关知识

1. 在新的标签页中打开超链接

有些时候，用户希望在一个新的标签中打开网页超链接，可以使用以下两种方法之一：

① 右击超链接，在弹出的菜单中选择"在新标签页中打开"命令。

② 先按住【Ctrl】键，然后单击要打开的超链接。

无论使用哪种方法，都会在当前浏览器窗口中新建一个标签页，并在该标签页中打开超链接指向的网页。但是，不会自动切换到该标签页中，而是仍然显示打开超链接之前的网页。每个标签页的顶部包含与该标签页对应的标签，其中显示了标签页中网页的标题。当在浏览器窗口中打开多个标签页后，所有标签页顶部的标签会依次排列在窗口的顶部，如图 4-11 所示。

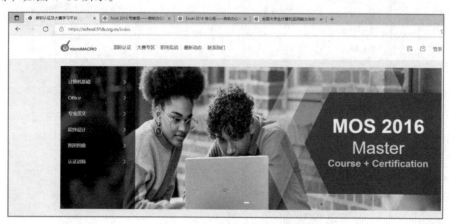

图 4-11　在同一个浏览器窗口中打开多个标签页

除了上面介绍的在新的标签页打开超链接以外，Microsoft Edge 还允许用户在一个新的标签页中重复打开指定的标签页，相当于自动获得一个标签页的副本。要重复打开一个指定的标签页，可以右击该标签页顶部的标签，然后在弹出的快捷菜单中选择"复制标签页"命令。

如果希望在另一个浏览器窗口而不是在当前浏览器窗口中打开超链接，可以右击超链接后在弹出的快捷菜单中选择"在新窗口中打开"命令。

2．刷新网页

由于在 Internet 上浏览的网页都存储在不同的服务器上，当用户在浏览器中打开一个网页时，其实是在向网页所在的服务器发出请求网页的信号，在得到服务器的许可以后，用户的浏览器会从服务器接收网页的内容，包括文本、图片、音频和视频等。有时由于网络故障、网速过慢或服务器状态不稳定等原因，导致从服务器上接收的网页内容显示得不完整，或者未接收任何内容而只显示了一个空白页。在遇到以上情况时可以尝试对网页执行刷新操作，以便重新从服务器上接收所请求的网页内容。用户可以使用以下两种方法刷新当前标签页中的网页。

① 按【F5】键。

② 单击工具栏中的"刷新"按钮 C 。

3．关闭和重新打开标签页

用户在浏览完浏览器窗口中的某个标签页中的网页内容后，应该及时将其关闭，既可以节省该标签页占用的系统资源，也可以让浏览器窗口尽量保持简洁。关闭标签页可分为以下几种情况：

（1）关闭当前标签页

当前标签页是指在浏览器窗口中正在显示网页的标签页。关闭当前标签页的方法很简单，只需单击当前标签页顶部标签右侧的"关闭标签页"按钮 × 即可将该标签页关闭。

（2）关闭非当前标签页

如果要关闭某个标签页右侧的所有标签，可以右击该标签页顶部的标签，在弹出的快捷菜单中选择"关闭右侧标签页"命令，如图 4-12 所示。如果标签页是浏览器窗口中的最后一个标签页，那么在右击标签页的标签所弹出的快捷菜单中，"关闭右侧的标签页"命令将处于禁用状态，因为它的右侧已经没有标签页了。

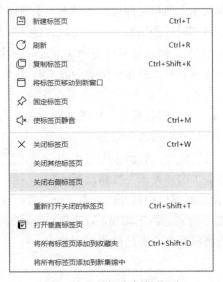

图 4-12　关闭右侧标签页

用户有时在浏览网页时，可能会同时打开与目标主题相关的多个网页，当最后确定了某个网页是想要的内容时，会关闭其他打开的网页。这时可以右击想要保留的网页顶部对应的标签，在弹出的快捷菜单中选择"关闭其他标签页"命令，在浏览器窗口中将只剩下想要保留的网页。

（3）重新打开标签页

用户可以重新打开最近一次关闭的标签页。在打开了最近一次关闭的标签页以后，可以继续使用该命令打开再上一次关闭的标签页。

例如，在 Microsoft Edge 浏览器中打开了 3 个标签页，它们在浏览器窗口中的排列顺序为 B、A、C。依次将标签页 C 和标签页 B 关闭，然后右击标签页 A 顶部的标签，在弹出的菜单中选择"重新打开关闭的标签页"命令，Microsoft Edge 会重新打开标签页 B，因为该标签页是最后一个关闭的。然后，右击任意一个标签后继续选择"重新打开关闭的标签页"命令，标签页 C 被重新打开，因为该标签页是在标签页 B 之前关闭的。这个命令会按照关闭标签的时间从最晚到最早的顺序依次执行打开操作，这有点类似于很多应用程序中的"撤销"命令。

4. 设置网页显示比例

Microsoft Edge 浏览器提供了调整网页显示比例的功能，这样就可以整体放大网页内容以便可以看得更清楚，这项功能非常实用。用户可以使用以下两种方法设置网页的显示比例：

① 按住【Ctrl】键后，滚动鼠标滚轮，每次会以 5% 的增量调整网页的显示比例。向上滚动鼠标滚轮将放大显示比例，向下滚动鼠标滚轮将缩小显示比例。

② 单击 Microsoft Edge 浏览器窗口工具栏中的"设置及其他"按钮 ···，弹出如图 4-13 所示的菜单，选择"–"或"+"命令，将以 10% 的增量缩小或放大网页的显示比例。

图 4-13　放大或缩小网页内容

任务实施

1. 将经常访问的网页添加到收藏夹中

为了避免每次访问相同的网页时重复输入网页的网址或通过搜索引擎查找指定的网页，可以在第一次打开这些网页时将它们添加到收藏夹中。以后再访问这些网页时，就可以直接从收藏夹中找到并打开。

收藏夹中保存的并不是网页的实际内容，而只是网页的网络地址。网络地址即指统一资源定位符（Uniform Resource Locator，URL），Internet 中的每一个网页都有一个唯一的 URL 地址，它标识了网页文件在 Internet 上的位置。

要将一个网页（如 school.51ds.org.cn）添加到收藏夹，首先要在 Microsoft Edge 浏览器中打开要添加到收藏夹的网页，然后单击地址栏右侧的"将当前标签页添加到收藏夹"按钮 ☆，在如图 4-14 所示的设置界面中，可以修改在收藏夹中显示的名称和具体位置，此处按照默认设置，直接单击"完成"按钮即可。如果一个网页已经被添加到收藏夹中，在浏览器窗口中打开这个网页时，"将当前标签页添加到收藏夹"按钮会显示为实心的五角星。对用户而言，通过查看五角星的外观可以判断出当前网页是否已被添加到收藏夹中。

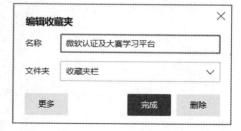

图 4-14　添加网页到收藏夹

2. 导入其他浏览器收藏夹的内容

除了将某个网页添加到收藏夹之外，如果用户同时使用其他浏览器，如谷歌的 chrome 浏览器，还可以将这些浏览器收藏夹中的网址导入到 Microsoft Edge 中。

单击 Microsoft Edge 浏览器窗口工具栏中的"设置及其他"按钮 ···，在弹出的菜单中选择"收藏夹"，在打开的"收藏夹"菜单中，单击右上角的"更多选项"按钮…，在弹出的菜单中，选择"导入收藏夹"命令，此时会打开"导入浏览器数据"对话框，选择要从哪个浏览器导入数据以及导入的项目，然后单击"导入"按钮，即可将其他浏览器中的收藏夹内容导入，如图 4-15 所示。

图 4-15　导入其他浏览器的收藏夹

3．整理收藏夹

如果在向收藏夹中添加网页时，没有通过创建新的文件夹对网页进行分类保存，那么可以在以后任何时候整理收藏夹中的网页。整理收藏夹的操作主要分为以下 4 种：对网页分类、调整网页的排列顺序、修改网页的名称、删除网页。

（1）对网页分类

用户可以在收藏夹中创建多个文件夹，然后按网页的用途或应用类别为这些文件夹命名，最后将收藏夹中的网页移动到所属的相应类别的文件夹中。首先按照前一小节的方法，打开收藏夹，单击顶部的"添加文件夹"按钮，即可在收藏夹中添加新的文件夹，并修改文件夹的名称。然后，就可以使用鼠标将收藏夹中的网页拖动到新建的文件夹中。

（2）调整网页的排列顺序

如果要调整收藏夹中的网页排列顺序，可以使用鼠标指针将要改变位置的网页拖动到目标位置。

（3）修改网页的名称

如果要修改收藏夹中的网页名称，可以右击该网页，在弹出的快捷菜单中选择"重命名"命令，输入新的名称后按【Enter】键确认即可。

（4）删除网页

及时删除收藏夹中不再有用的网页是非常有必要的，这样可以避免无用网页带来的混乱。在收藏夹中右击要删除的网页，在弹出的快捷菜单中选择"删除"命令，即可将网页从收藏夹中删除。如果右击收藏夹中的一个文件夹，在弹出的菜单中选择"删除"命令，会将文件夹及其中的所有网页一起删除。

任务 3　使用搜索引擎精准检索数据

随着现代社会和计算机技术的不断发展，网络已渗透到人们生活的各个领域，信息资源网络化也已经成为一大潮流。网络是当今获取信息的最主要途径，已经成为全球范围内传播科研、教育、商业及社会信息的最重要渠道。随着计算机技术和网络通信技术的发展，Internet 已经发展成为世界上规模最大、资源最丰富的网络互联系统，为全球范围内快速传递信息提供了有效手段，也为信息检索提供了广阔的发展平台。与传统的信息资源相比，网络信息资源作为一种新的资源类型，既继承了一些传统的信息组织方式，又在网络技术的支撑下呈现出许多与传统信息资源显著不同的独特之处。因此，了解信息资源的特点、类型、组织形式等方面的信息，对有效利用网络信息资源检索工具，实施网络信息资源检索具有重要的作用。

任务描述

本任务要求读者掌握使用百度搜索工具以及高级搜索功能进行精准信息检索的技能。

解决路径

在本任务中，面对一些比较简单的搜索需求时，可以直接用关键词或者搜索工具进行搜索，而在一些更为复杂的场景下，就需要使用高级搜索功能更有效地获得信息。具体流程如图 4-16 所示。

使用百度搜索工具进行搜索　　使用百度高级搜索功能进行搜索

图 4-16　任务 3 的学习步骤

相关知识

1. 搜索引擎概述

为了便于利用网上信息资源，需要对网上信息资源进行有效的组织与管理，这时就需要用搜索引擎标引和检索网上的各种信息资源。

（1）搜索引擎的概念

搜索引擎是标引和检索互联网各种信息资源的工具。搜索引擎使用自动索引软件来采集、发现、收集并标引网页、建立数据库，以 WWW 网页形式提供给用户一个检索界面，供用户通过关键词、词组或短语等检索项检索。搜索引擎本身也是一个 WWW 网站，与普通网站不同的是，搜索引擎的主要资源是描述互联网资源的索引数据库和分类目录，为人们提供搜索互联网信息资源的途径。它可以代替用户在数据库中查找，根据用户的查询要求在索引库中筛选满足条件的网页记录，并按照其相关度排序输出，或根据分类目录一层层浏览。搜索引擎包含了极其丰富的网上资源信息，对用户的检索响应速度极快，每次检索一般只要几秒钟。但由于搜索引擎人工干预较少，大多采用自然语言标引和检索，没有受控词，因此信息查询的命中率、准确率、查全率较低，往往输入一个检索式后，得到大量的网页地址，检索结果中可能掺杂很多冗余信息。

（2）搜索引擎的工作原理

搜索引擎的工作原理主要可以概括为以下 3 个过程：

① 信息采集与存储：信息采集包括人工采集和自动采集两种方式。人工采集由专门的信息人员跟踪和选择有用的 WWW 站点或页面，并按规范方式分类标引并组建成索引数据库。自动采集是通过自动索引软件（Spider、Robot 或 Worm）来完成的。Spider、Robot 或 Worm 在网络上不断搜索相关网页来建立、维护、更新索引数据库。自动采集能够自动搜索、采集和标引网络上众多站点和页面，并根据检索规则和数据类型对数据进行加工处理，因此它收录、加工信息的范围广、速度快，能及时地向用户提供 Internet 中的新增信息，告诉用户包含这个检索提问的所有网址，并提供通向该网址的链接点，检索比较方便。

② 建立索引数据库：信息采集与存储后，搜索引擎要整理已收集的信息，建立索引数据库，并定时更新数据库内容。索引数据库中每一条记录基本上对应一个网页，记录包括关键词、网页摘要、网页 URL 等信息。由于

各个搜索引擎的标引原则和方式不同，所以即使对同一个网页，它们的索引记录内容也可能不一样。

索引数据库是用户检索的基础，它的数据质量直接影响检索效果，数据库的内容必须经常更新、重建，以保证索引数据库能准确反映网络信息资源的最新状况。

③ 检索界面的建立：每个搜索引擎都必须向用户提供良好的信息查询界面，接收用户在检索界面中提交的搜索请求；搜索引擎根据用户输入的关键词，在索引数据库中查找，把查询命中的结果（均为超文本链接形式）通过检索界面返回给用户；用户只要通过搜索引擎提供的链接，就可以立刻访问到相关信息。

2. 搜索引擎的基本检索功能

大多数搜索引擎都具备基本的检索功能，如布尔逻辑检索、词组检索、截词检索、字段检索等。

（1）布尔逻辑检索

所谓布尔逻辑检索，就是通过标准的布尔逻辑关系运算符来表达检索词与检索词间逻辑关系的检索方法。主要的布尔逻辑关系运算符有：

① AND 关系：称为逻辑与，用关系词 AND 来表示，要求检索结果中必须同时包含所输入的两个关键词。

② OR 关系：称为逻辑或，用关系词 OR 来表示，要求检索结果中至少包含所输入的两个关键词中的一个。

③ NOT 关系：称为逻辑非，用关系词 NOT 来表示，要求检索结果中包含第一个关键词但不包含所输入的第二个关键词。

（2）词组检索

词组检索是将一个词组（通常用英文双引号括起）当作一个独立的运算单元进行严格的匹配，以提高检索的精度和准确度，这也是搜索引擎检索中常用的方法。

（3）截词检索

截词检索指在检索式中使用截词符代替相关字符，扩大检索范围。截词检索也是一般搜索引擎检索中的常用方法，在搜索引擎中常用的截词符是星号"*"，通常使用右截断。如输入"comput*"，将检索出 computer、computing、computerised、computerized、computerization 截词检索指在检索式中使用截词符代替相关字符，扩大检索范围。截词检索也是一般搜索引擎检索中的常用方法，在搜索引擎中常用的截词符是星号"*"，通常使用右截断。例如，输入"comput*"，将检索出 computer、computing、computerised、computerized、computerization 等词汇。

（4）字段检索

搜索引擎提供了许多带有网络检索特征的字段型检索功能，如主机名（Host）、域名（Domain）、统一资源定位符（URL）等，用于限定检索词在数据库中出现的区域，以控制检索结果的相关性，提高检索效果。

（5）自然语言检索

自然语言检索指用户在检索时，直接使用自然语言中的字、词或句子，组成检索式检索。自然语言检索使得检索式的组成不再依赖于专门的检索语言，使检索变得简单而直接，特别适合不熟悉检索语言的一般用户。

（6）多语种检索

提供不同的语种检索环境供用户选择，搜索引擎按照用户设置的语种检索并返回检索结果。

（7）区分大小写检索

主要针对检索词中有西文字符、人名、地名等专有名词时，区分其字母大小写的不同含义。区分大小写检索，有助于提高查准率。

3. 搜索引擎的类型

随着 Internet 技术的发展与应用水平的提高，各种各样的搜索引擎层出不穷。为了帮助用户准确、快捷、方便地在纷繁、浩瀚的信息海洋里查找到自己所需的信息资源，网络工作者为各类网络信息资源研制了相应的搜索引擎。搜索引擎按其工作方式主要可分为 3 种：

（1）全文索引型搜索引擎

全文索引型搜索引擎（Full Text Search Engine）处理的对象是所有网站中的每个网页。每个全文索引型搜索引擎都有自己独有的搜索系统和一个包容因特网资源站点的网页索引数据库。其数据库最主要的内容由网络自动索引软件建立，不需要人工干预。网络自动索引软件自动在网上漫游，不断收集各种新网址和网页，形成数千万甚至亿万条记录的数据库。用户在搜索框中输入检索词或检索表达式后，每个搜索引擎都以其特定的检索算法在其数据库中找出与用户查询条件匹配的相关记录，按相关性大小顺序排列并将结果返回给用户。用户获得的检索结果并不是最终的内容，而是一条检索线索（网址和相关文字），通过检索线索中指向的网页，用户可以找到和检索内容匹配的内容。可以说它是真正的搜索引擎。全文索引型搜索引擎具有检索面广、信息量大、信息更新速度快等优点，非常适用于特定主题词的检索。但在检索结果中会包括一些无用信息，需要用户手工过滤，这也降低了检索的效率和检索效果的准确性。

（2）分类目录型搜索引擎

分类目录型搜索引擎（Search Index/Directory Search Engine）按类别编排 Internet 站点的目录，由网站工作人员在广泛搜集网络资源并在人工加工整理的基础上，按照某种主题分类体系编制一种可供检索的等级结构式目录。在每个目录分类下提供相应的网络资源站点地址，使因特网用户能通过该目录体系的引导，查找到和主题相关的网上信息资源。

分类目录型搜索引擎收录网站时，并不像全文索引型搜索引擎那样把所有的内容都收录进去，而是首先把该网站进行类别划分，只收录摘要信息。

分类目录型搜索引擎的主要优点是所收录的网络资源经过专业人员的人工选择和组织，可以保证信息质量，减少了检索中的"噪声"，从而提高了检索的准确性；不足之处是人工收集整理信息，需花费大量的人力和时间，难以跟上网络信息的迅速发展。此外，信息的范围比较有限，其数据库的规模也相对较小，因此其搜索范围较小。这类搜索引擎没有统一的分类标准和体系，如果用户对分类的判断和理解与搜索引擎有偏差，将很难找到所需要的信息，而查询交叉类目时更容易遗漏。这成为制约分类目录型搜索引擎发展的主要因素。

（3）多元搜索引擎

多元搜索引擎（Meta Search Engine）又称集合式搜索引擎，它将多个搜索引擎集成在一起，向用户提供统一的检索界面，将用户的检索提问同时发送给多个搜索引擎以同时检索多个数据库，并将它们反馈的结果处理后提供给用户，或者让用户选择其中的某几个搜索引擎工作。使用多元搜索引擎，省时、省力，因而该类搜索引擎又称为并行统一检索索引，即用户输入检索词后，该引擎自动利用多种检索工具同时检索。

多元搜索引擎的最大优点就是省时，不必就同一提问一次次地访问所选定的搜索引擎，也不必每次均输入检索词等，而且检索的是多个数据库，扩大了检索范围，提高了检索的全面性。

不同类型的搜索引擎对网络信息资源的描述方法和检索功能不同，即使是对同一个主题进行搜索，不同的搜索引擎通常会得到不同的结果。因此，要了解各种搜索引擎的特点，选择合适的搜索引擎，并使用与之相匹配的检索策略和技巧，就可以花较少的时间获得较为满意的结果。

任务实施

1. 使用百度搜索工具搜索信息

在使用百度搜索引擎时，在进行了某个关键词，例如"人工智能"的搜索之后，如果希望更精准地获得信息，例如只希望看到某段时间，出现在某个网站上某种特定文件类型的结果，可以使用百度的"搜索工具"。如图 4-17 所示，单击"搜索工具"按钮，可以看到有 3 个选项，分别是"时间不限""所有网页和文件""站点内检索"。

第一个选项的作用是时间过滤，这对寻求时效性信息的用户帮助很大。因为高级搜索中的时间筛选是基于页面的抓取时间，准确率低，而这个选项是基于页面的更新时间。

图 4-17 使用百度搜索工具

第二个选项是关于所有网页和文件的，下拉菜单中分别有 PDF、Word、Excel、PPT 和 RTF 这几种文件格式的过滤选项，其实就是将原来高级语法中的"filetype:格式关键词"指令工具化了。例如，要搜索带身份证号码校对公式的 Excel 表格，直接选择 Excel 这个选项，搜索结果就会直接跳转为"filetype:xls 身份证号码校对"。

最后一个选项"站点内检索"对应的是之前介绍的"site:网址关键词"这个指令，如果想搜索对应网站的内容，单击这里输入网址即可。注意：是网址而不是网站的名字，比如知乎就是 zhihu.com，而不是"知乎"这两个字。

将 3 个选项分别设置为"一年内""PDF""www.moe.gov.cn"，可以看到搜索结果已经变为只包含在教育部官方网站上，一年以内的 PDF 格式文档，结果如图 4-18 所示。

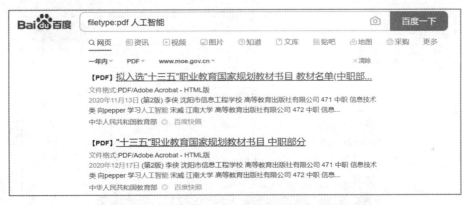

图 4-18 限定时间、文档类型和网站的搜索结果

2. 使用百度高级搜索功能

使用百度的高级搜索功能，可以更加精确地限定搜索范围，从而帮助用户获取所需要的信息。直接在百度搜索对话框中输入"高级搜索"，并单击第一个搜索结果，就能打开高级搜索界面，如图 4-19 所示。

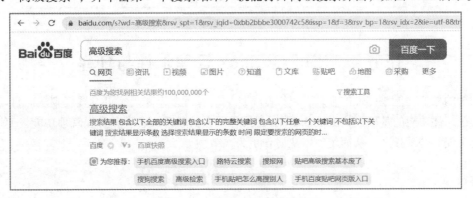

图 4-19 启动百度高级搜索

在百度的"高级搜索"页面中，除了可以从时间、文档格式、语言、关键词位置等维度限定搜索结果之外，还可以使用布尔逻辑进行搜索。例如，当用户想要搜索"人工智能"以及"大数据"的信息的时候，可以搜索包

含二者之一的页面，也可以搜索同时包含这两个关键词的页面，还可以搜索包含完整关键词"人工智能大数据"的页面。如果要搜索的是包含这两个关键词二者之一的网页，那么可以如图 4-20 所示，的"包含以下任意一个关键词"文本框中输入"人工智能 大数据"（注意：两个关键词之间有一个空格），然后单击"百度一下"按钮。

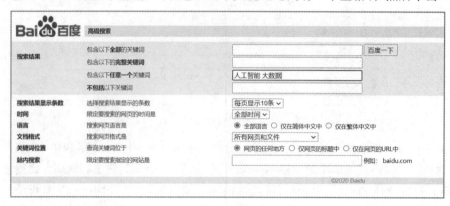

图 4-20 使用百度高级搜索功能

搜索得到的结果如图 4-21 所示，可以看到在搜索框中显示的内容为"(人工智能 | 大数据)"，因此用户也可以直接在百度的搜索框中输入这些关键字内容，并得到同样的结果，其中"|"的含义就是代表两个关键字之间"或"的关系。

图 4-21 高级搜索的结果

任务 4 使用 Outlook 管理邮件与日程

Outlook 2016 的核心功能是邮件的管理，可以在本地同时管理多个账户，可设置规则从而自动化地管理电子邮箱中的邮件。在邮件功能的基础上，Outlook 2016 还具有强大的联系人管理和日程管理功能。使用 Outlook 可以非常方便地召集会议和分配任务，从而使得团队协作更为高效。

 任务描述

本任务要求读者掌握使用 Outlook 创建和设置电子邮件以及在日历中创建和修改会议安排知识与技能。

解决路径

要完成本任务，首先要创建并发送电子邮件，然后要在日历中创建会议，并邀请与会者，在会议日程发生变化时，还需要再发送会议的更新。具体流程如图 4-22 所示。

创建和格式化电子邮件　　创建会议邀请　　修改并发送会议安排

图 4-22　任务 4 的学习步骤

相关知识

1. 配置 Outlook 电子邮件账户

① 在使用 Outlook 2016 之前，首先要配置 Outlook 的电子邮件账户。启动 Outlook 2016，在进入欢迎界面后，选择连接到电子邮件账户。注意：不同的 Office 版本，此处画面会有所不同。在"添加账户"对话框中，选中"手动设置或其他服务器类型"单选按钮，然后单击"下一步"按钮，如图 4-23 所示。

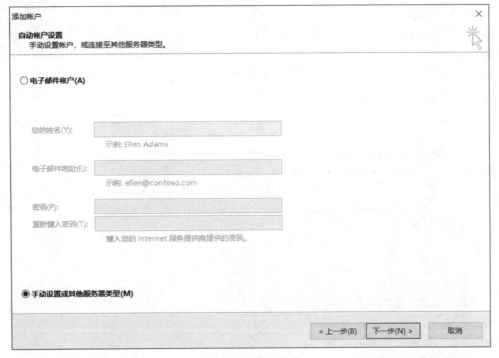

图 4-23　添加账户

② 在"添加账户"的"选择服务"对话框中，选中"POP 或 IMAP"单选按钮，单击"下一步"按钮。接下来会出现"POP 或 IMAP 账户设置"对话框，如图 4-24 所示，输入用户信息、服务器信息以及登录信息，这里以最常用的 QQ 邮箱为例，所输入的用户信息和登录信息为作者本人信息，读者请根据自己的邮箱名称输入对应信息。如果使用的是其他电子邮箱，上述信息需要查看邮箱内的配置帮助文件或者咨询网络管理员。

③ 输入登录信息中的密码，登录到 QQ 邮箱，进入到"设置"页面，如图 4-25 所示。首先开启"POP3/SMTP 服务"，然后单击"生成授权码"，用于登录第三方邮箱。在此过程中，腾讯会要求用户使用手机短信进行验证，按照提示操作即可。

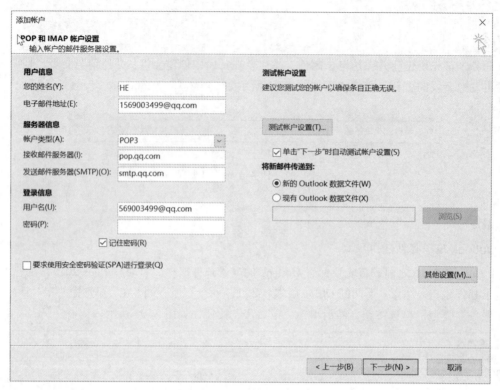

图 4-24　使用 QQ 邮箱配置 Outlook 账户

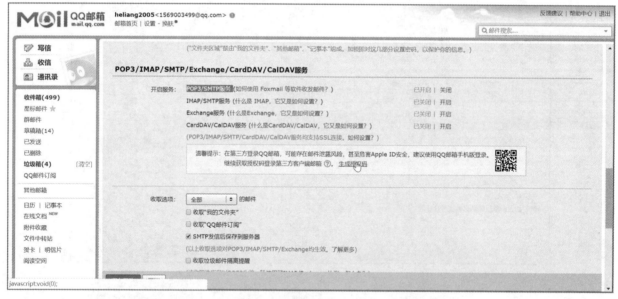

图 4-25　获取 QQ 邮箱登录第三方客户端的授权码

④ 输入登录信息所需要的密码后，单击"其他设置"按钮。在打开的"Internet 电子邮件设置"对话框中，首先切换到"发送服务器"选项卡，选中"我的发送服务器（SMTP）要求验证"复选框，其他选项采用默认设置，接着切换到"高级"选项卡，设置相关参数，如图 4-26 所示。其中，"接收服务器（POP3）"端口号输入 995，"发送服务器（SMTP）"端口号输入 465，选中"此服务器要求加密连接（SSL）"复选框，在"使用以下加密连接类型"下拉列表中选择 SSL，在"传递"区段中，选中"在服务器上保留邮件的副本"复选框，并取消选中"14 天后删除服务器上的邮件副本"复选框，最后单击"确定"按钮完成设置。

图 4-26　配置 QQ 邮箱高级选项

⑤ 继续单击"下一步"按钮，此时会对账户的配置进行测试，测试通过后，会显示设置完成的提示，单击"关闭"按钮，即可进入到 Outlook 2016 中。

2. 导入外部联系人信息

如果用户在其他的计算机或者在移动设备上已经保存了联系人的资料，则在无须再重新录入，而是可以将这些信息按照一定的格式保存，并直接导入到当前的 Outlook 2016 中。这里，以最为常见的 CSV 文件为例，介绍如何在 Outlook 2016 中导入外部的联系人信息。

① 选择"文件"→"打开和导出"→"导入和导出"命令，在打开的"导入和导出向导"对话框中，选择"从另一程序或文件"导入，然后单击"下一步"按钮。

② 选择"逗号分隔值"文件类型，继续单击"下一步"按钮。

③ 在"导入文件"对话框中单击"浏览"按钮，在素材文件夹中选中并打开"联系人.csv"文件，单击"下一步"按钮，如图 4-27 所示。

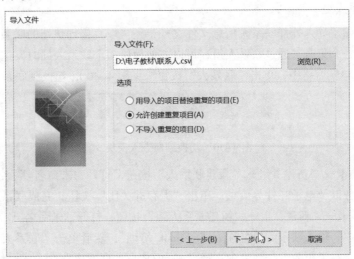

图 4-27　打开 CSV 格式联系人文件

④ 在选择目标文件夹对话框中选择"联系人",单击"下一步"按钮,如图 4-28 所示。

图 4-28 选择目标文件夹

⑤ 单击"完成"按钮,Outlook 将开始导入外部联系人,完成的效果如图 4-29 所示,一共导入了 5 位联系人。

图 4-29 联系人导入效果

3.建立联系人和联系人组

在 Outlook 2016 中,除了导入外部联系人信息文件之外,还可以直接创建新的联系人和联系人组,其中联系人组为包含多个联系人的一个集合,通过联系人组,可以方便地给多个联系人同时发送电子邮件。

① 在 Outlook 左侧的导航窗格中,单击"联系人"按钮(见图 4-30),切换到联系人模块。

图 4-30 切换到联系人模块

② 单击"开始"选项卡→"新建"组→"新建联系人"按钮,打开"未命名-联系人"窗口。如图 4-31 所示,填入姓名、公司、职务以及电子邮件等信息,单击"保存并关闭"按钮,完成联系人的创建。

③ 单击"开始"选项卡→"新建"组→"新建联系人组"按钮,打开"未命名-联系人组"窗口。如图 4-32 所示,在"名称"文本框中,输入联系人的名称为"Outlook 培训",然后单击"联系人组"选项卡→"成员"组→"添加成员"下拉按钮,在弹出的下拉列表中选择"来自 Outlook 联系人"命令。

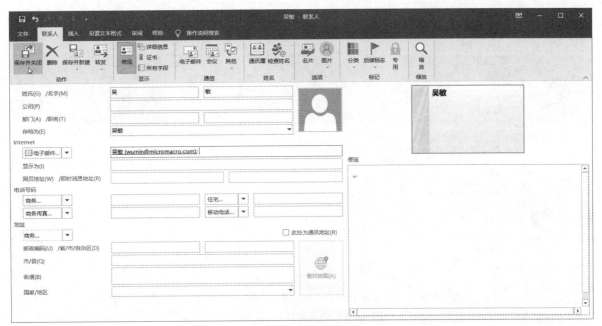

图 4-31　创建新联系人

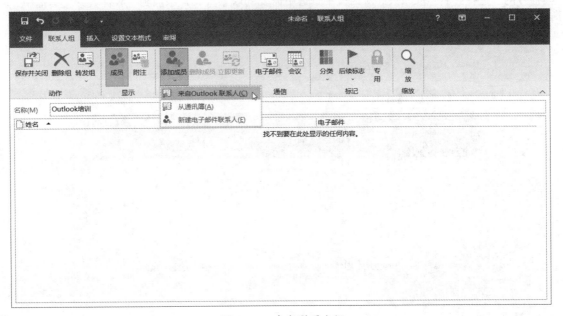

图 4-32　命名联系人组

④ 按照提示选择要加入的联系人，然后单击"联系人组"选项卡→"动作"组→"保存并关闭"按钮，完成联系人组的创建。未来发给这个联系人组的电子邮件，组内每位成员都可以收到。

任务实施

1. 创建和格式化电子邮件

邮件功能是 Outlook 最核心的功能。在本任务中，要创建一封关于课程通知的邮件，并要求收件人反馈是否参加活动，恰当设置邮件格式后，选择收件人发送邮件。

① 单击"开始"选显卡→"新建"组→"新建电子邮件"按钮，打开的"未命名-邮件(HTML)"窗口。如图 4-33 所示，在"主题"文本框输入"Excel 培训"，在下方内容文本框中输入"培训时间定于本周六上午九点，请确认是否参加，讲义可以从课程网站下载。"及签名，然后单击"收件人"按钮，选择收件人。

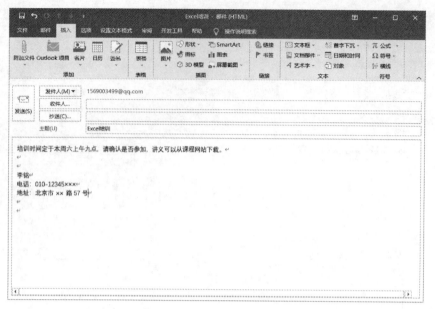

图 4-33　创建邮件内容与主题

② 在打开的"选择姓名：联系人"对话框中，选中需要的联系人，并添加到"收件人"文本框中，单击"确定"按钮，如图 4-34 所示。

图 4-34　选择收件人

③ 如图 4-35 所示，单击"选项"选项卡→"跟踪"组→"使用投票按钮"下拉按钮，在弹出的下拉列表中选择"是;否"命令，这样收件人在收到邮件后，可以直接进行投票，投票结果会以表单的形式，自动反馈到发件人的邮箱。都设置完成后，单击"发送"按钮完成邮件的发送。

2．创建和修改会议

在 Outlook 中，可以创建会议，并通过电子邮件通知与会者。在这个案例中，首先要创建一个在某个日期召开的会议，并邀请需要参加的与会者，但由于某些原因，会议的时间需要推迟 1 天，需要再给所有与会者发送一封更新的通知。

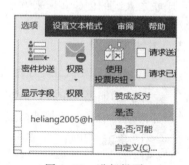

图 4-35　进行投票

① 单击左侧导航栏底部的"日历"按钮，切换到 Outlook 2016 的日历模块，找到要建立会议的日期，例如此处的 2021 年 7 月 23 日，右击，在弹出的快捷菜单中选择"新会议要求"命令，如图 4-36 所示。

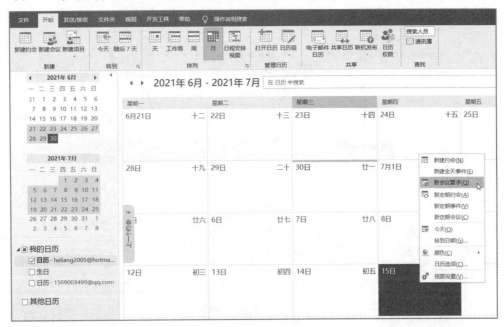

图 4-36　创建新的会议要求

② 在弹出的"未命名-会议"窗口中，设置会议主题为"培训"，此时会议的名称会从"未命名"变为"培训"，地点为"公司会议室"，会议时间为上午 9 点到 10 点，并填入会议有关内容，如图 4-37 所示，接着单击"收件人"按钮，邀请参加会议的人员。

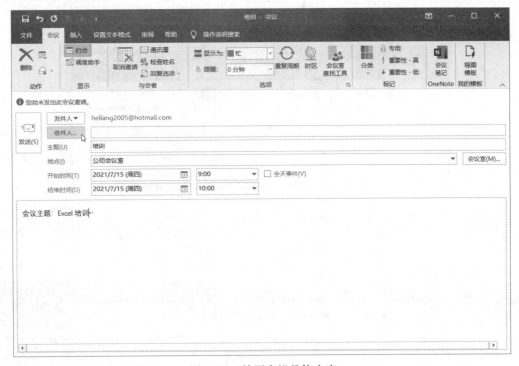

图 4-37　填写会议具体内容

③ 在"选择与会者及资源：联系人"对话框中，按住【Ctrl】键，同时选中"文晓萌""许开文""张三"3 个联系人（注意：读者的收件人基于本人邮箱的实际联系人而定），然后单击下方的"必选"按钮，将他们添加

到"必选"栏中,最后单击"确定"按钮,如图 4-38 所示。如果是否参加会议可以自由选择,那么也可以将联系人填入"可选"栏;如果联系人本身并不需要参加会议,但需要为会议提供支持,比如在会前调试设备,则应添加到"资源"栏。

图 4-38 选择与会者

④ 回到"培训-会议"窗口中,单击"发送"按钮,此时会将会议的邀请发送到上述三人的电子邮箱。如果由于某些原因,会议的时间需要推迟 1 天,那么可以再发送一封会议更新的通知。在 Outlook 2016 的日历模块找到创建的会议,双击打开。

⑤ 如图 4-39 所示,将会议的开始时间和结束时间的日期调整为 7 月 16 日。在下方的文本框输入文本"会议推迟 1 天举行,时间和地点不变。",其他保留默认,单击"发送更新"按钮,此时之前的会议受邀者会受到会议推迟的通知。

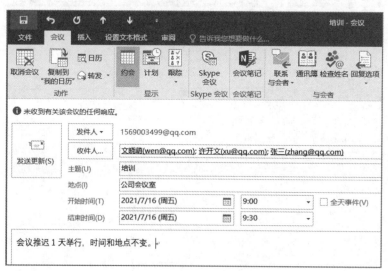

图 4-39 修改会议的日期

小　结

本单元主要介绍了网络的概念、网络资源共享的方法、浏览器的使用和管理方法、搜索引擎的概念和使用高级搜索功能精准获取信息的技巧,以及 Outlook 账号的配置和使用方法。

习　题

1. 在家里或者宿舍里，搭建一个可以共享资源的局域网络。
2. 按照类别整理浏览器中收藏的信息。
3. 使用高级搜索功能，找到 PDF 格式的关于病毒防范知识的信息。
4. 配置 Outlook 并尝试收发邮件。

单元 **5**

文 字 处 理

　　文字是人类文化的重要组成部分。无论在何种视觉媒体中，文字和图片都是其两大构成要素。文字排列组合的好坏，直接影响着版面的视觉效果。因此，文字排版是增强视觉效果、提高作品的诉求力、赋予版面审美价值的一种重要构成技术。Word 是 Microsoft 公司开发的文字处理软件，是目前世界范围内使用者较多的文字处理软件之一。Word 不仅有强大的功能，而且容易使用，其用户界面生动直观，许多操作简化到了只要单击按钮即可完成的程度。2007 版之后的 Word 采用功能区代替了原来的菜单和工具栏，使操作更加便捷。此外，Word 还提供了多种上下文选项卡集、快捷菜单。许多操作可用多种方法实现，以适应用户的不同习惯。

学习目标

- 掌握文本、段落格式与页面布局方法。
- 学习引用与长文档排版。
- 掌握表格的绘制方法。
- 掌握对象的插入。
- 掌握启动修订、标注修订信息的方法。

任务1　文字布局与排版

　　文字处理软件的基本功能是设置文字格式与排版，使文字显示更加美观、逻辑性更强、重点更加突出。Word 2016 提供丰富的功能帮助用户进行文档排版，其中包括主题、样式、字体、段落、页眉、页脚设置，插入封面等。通过学习本任务，着重掌握文字排版的方法。

任务描述

　　启动 Microsoft Word 2016，新建一个空白文档，参照图 5-1 插入封面，利用素材文件 5-1.txt 中的内容，进行样式、字体、段落、页眉和页脚设置，保存为 5-1.docx。

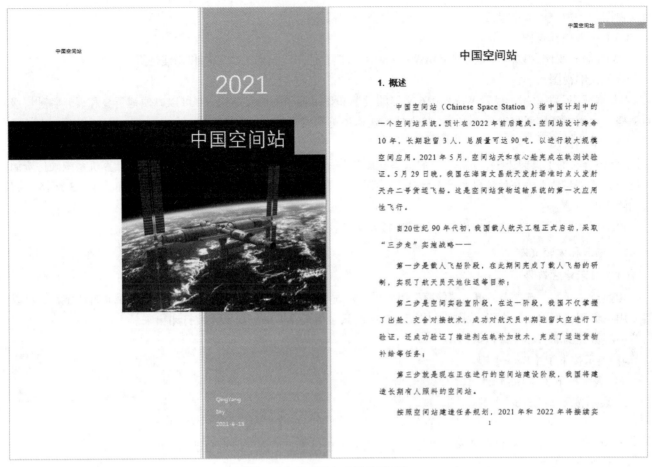

图 5-1　完成状态（部分页面）

解决路径

需要完成的文档具有"运动型"风格的封面，标题居中，采用黑体、二级标题应用了带有自动编号样式，段前和段后都有间距，正文文字采用"仿宋"字体，字号设为"四号"，首行缩进两个字符，第二部分进行了分栏显示；页眉显示文档主题"天舟一号首飞"字样，页脚上具有居中显示的阿拉伯数字页码。进行此类排版需要应用到字体、段落、样式和页面设置等功能。进行简单的文档修饰的参考工作过程如图 5-2 所示。

图 5-2　常规排版参考工作过程

相关知识

1. Word 中的视图

（1）页面视图

"页面视图"可以显示 Word 2016 文档的打印结果外观，主要包括页眉、页脚、图形对象、分栏设置、页面边距等元素，是最接近打印结果的页面视图。

（2）阅读视图

"阅读视图"以图书的分栏样式显示 Word 2016 文档，"文件"按钮、功能区等窗口元素被隐藏起来。在阅读版式视图中，用户还可以单击"工具"按钮选择各种阅读工具。

（3）Web 版式视图

"Web 版式视图"以网页的形式显示 Word 2016 文档，适用于发送电子邮件和创建网页。

（4）大纲视图

"大纲视图"主要用于设置 Word 2016 文档的设置和显示标题的层级结构，并可以方便地折叠和展开各种层级的文档。大纲视图广泛用于 Word 2016 长文档的快速浏览和设置中。

（5）草稿视图

"草稿"取消了页面边距、分栏、页眉页脚和图片等元素，仅显示标题和正文，是最节省计算机系统硬件资源的视图方式。当然，现在计算机系统的硬件配置都比较高，基本上不存在由于硬件配置偏低而使 Word 2016 运行遇到障碍的问题。

单击窗口右下角"视图选项板"上的相应按钮可切换 Word 视图。

2．输入和编辑文本

（1）显示格式符号

切换至"开始"选项卡，单击"段落"组中的 ⚚ （显示/隐藏编辑标记）按钮可显示或隐藏非打印字符，可以帮助用户识别已经对文档进行了哪些操作。这些字符只会出现在屏幕上而不会被打印出来。

一些常见的非打印字符包括：

↵：表示按下了【Enter】键。

→：表示按下了【Tab】键。

·：表示按下了【Space】键。

······························：表示此处有软分页符（当文档已输满一页时），仅在草稿视图下可见。

······分页符······：表示用户自己添加的分页符（当使用相关命令结束当前页而进入下一页时）。

（2）移动插入点

插入点表示 Word 软件将把新输入的文本或粘贴的内容插入到什么位置。要将插入点迅速移动到文本的另一个位置，可单击该位置，或者使用键盘来完成，具体方法如表 5-1 所示。

表 5-1　移动插入点的方法

移 动 目 标	按　　键	移 动 目 标	按　　键
下一个字符	→	下一行	↓
前一个字符	←	前一行	↑
下一个单词	Ctrl+→	下一段	Ctrl+↓
前一个单词	Ctrl+←	前一段	Ctrl+↑
行首	Home	下一屏	PgDn
行尾	End	前一屏	PgUp
文档开始	Ctrl+Home	文档结尾	Ctrl+End

3．选择文本

（1）直接选择

选择文本是使用 Word 过程中最基本的操作之一，是用户在对文本进行格式设置、移动、复制或执行其他操作之前所要进行的最初始的操作。选择文本的主要功能是告诉 Word 程序以下操作执行的范围。选择文本也可以表述为"高亮"文本，如图 5-3 所示。

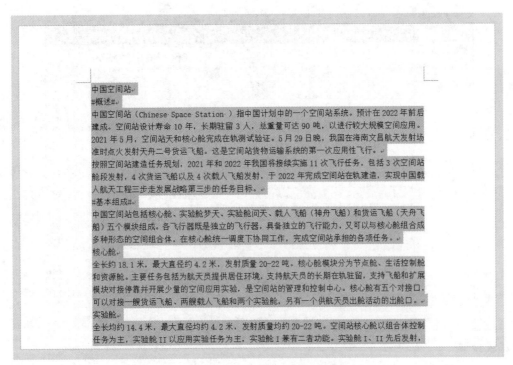

图 5-3 选择文本

当需要取消刚才选中的文本时，可以在文档的任意位置单击或按方向键。要选择文本，可以采用如表 5-2 所示的方法。

表 5-2 使用键盘和鼠标选择文本方法

设 备	方 法
鼠标	用鼠标指向要选择文本的起始位置，按住鼠标左键并拖动鼠标，选定的文本以高亮显示。可以从起始位置开始向前或向后选择文本
键盘	定位插入点，按住【Shift】键，然后按方向键来高亮显示文本。当文本已被高亮显示后，释放【Shift】键

利用鼠标快速选择文本的方法如表 5-3 所示。

表 5-3 快速选择文本方法

范 围	方 法
词语	在词语上双击
句子	按住【Ctrl】键并在该句子的任意位置单击
段落	在该段落上连续单击三次
整个文档	选择"开始"选项卡→"编辑"→"选择"→"全选"命令，或按【Ctrl+A】组合键

如果需要改变刚才选择的内容，可在任意位置单击撤销选择，然后重新开始下一个选择过程。

（2）使用选择栏

选择栏位于文档的左边界，将鼠标指针停留于此，指针就变为一个指向右端的箭头，如图 5-4 所示。其使用方法如下：

① 在一行的左边单击可以选中一行。

② 在一段的左边双击可以选中一段。

③ 在选择栏的任意位置连续单击三次，或按住【Ctrl】键并在选择栏的任意位置单击，可以选中整篇文档。

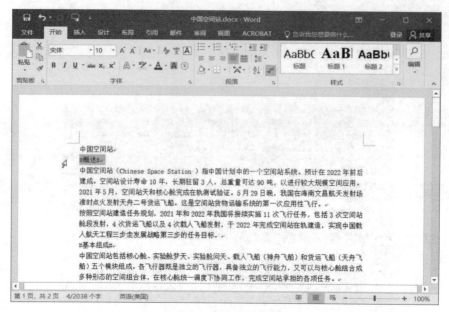

图 5-4　使用选择栏

4．段落格式设置

切换至"开始"选项卡，可在"段落"组中设置段落的相关选项，也可单击该组中右下角的扩展按钮，在打开的"段落"对话框中进行设置。

（1）对齐文本

① 左对齐：靠左对齐文本，右边参差不齐。

② 居中：在左右两端之间对齐文本。

③ 右对齐：靠右对齐文本，左边参差不齐。

④ 两端对齐：除了段落的最后一行，文本在左右两端之间均匀对齐。

切换至"开始"选项卡，单击"段落"组中的相应按钮可设置对齐，也可通过"段落"对话框完成。

（2）文本缩进

中文一般将段落句首的文字缩进两个字符的距离，称为文本缩进。单击"段落"组中的 和 按钮可减少或增加缩进量，"段落"对话框中的"缩进和间距"选项卡可进行文本缩进详细数值的设置。

（3）修改行间距

行间距是指文本中行与行之间采用基线间隔进行度量的标准间距。Word 可以根据字符大小自动调整间距。用户也可以设置特定的行间距，此时，Word 将不再根据字符大小进行行间距的自动调整。

可以单击"段落"组中的 （行和段落间距）按钮或使用"段落"对话框中的"间距"选项卡调整行间距。

（4）修改段落间距

段落间距是指某一段落最后一行的底线至下一段落第一行中的最大字符之间空白区域的大小。该空白区域的大小取决于字号的大小及行间距的设置。

段落间距设置功能可以为文档预设一个精确或固定的段落间距而不会受到字号的影响，可以通过它来修改文档的段落间距。在文本之前还是之后增加段落间距，取决于文档的具体要求，尽量为文档设置统一的段落间距。

可以单击"段落"组中的 （行和段落间距）按钮或 "段落"对话框中的"缩进和间距"选项卡调整段落间距。

（5）制表位

制表位的功能与文本对齐功能相似，所不同的是制表位可以在文本的精确位置设置对齐，同时还可以设置分栏。

单击制表符选择按钮（见图 5-5）可以选择不同类型的对齐方式。当鼠标悬停在制表符上时，可以显示当前的对齐方式。每单击一次制表符选择按钮，就能切换到下一种对齐方式。

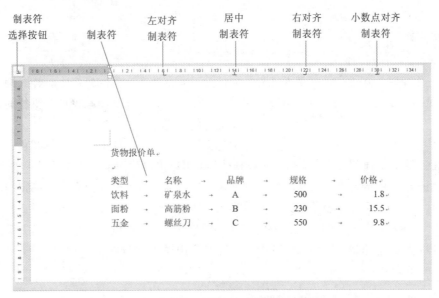

图 5-5　制表符选择框

① 左对齐：系统默认的对齐方式，所有文本和字符都从左端基准点位置起向右移动。

② 居中：该方式使文本处于一行的中间。

③ 右对齐：文本和字符都从右端基准点的位置起向左移动。

④ 小数点对齐：数字的对齐方式，以小数点为基准点，整数部分右对齐，小数部分左对齐。

设置制表位需要注意以下问题：

① 使用标尺是最方便、快捷的设置制表位的方法，而单击"段落"对话框左下角的"制表位"按钮，可精确设置制表位的位置或前导符。

② 大多数字体设置都以容纳最多的字符为原则按比例调整字符间必要的间隔。而用制表位方式调整文本则是使用相应的制表位标签来代替间隔。

③ 一个制表位从其设置的位置到下一个制表位设置的位置之间有效。

④ 左对齐制表位系统默认的间距为"2 字符"。

⑤ 设置制表位可以在文本输入之前，也可以在输入完成之后。对新输入或已输入的文本进行设置之前，要先选择需要设置的文本。

⑥ 使用"段落"组中的 按钮可显示或隐藏每次使用【Tab】键换栏时的踪迹标识"→"，它可以帮助用户找到文本末端未对齐的原因。

⑦ 在输入文本时，按【Tab】键可将插入点移到下一栏。

⑧ 使用标尺设置制表位时，为了更精确地测量间距，可在按住【Alt】键的同时单击标尺相应刻度。

（6）标尺

标尺的作用是帮助用户识别文本的准确位置或者定位文本的位置。标尺的宽度取决于显示比例以及显示器的尺寸等。切换至"视图"选项卡后，可在"显示"组中设置显示或隐藏标尺。

在默认状态下，标尺的度量单位是厘米。用户也可以更改其度量单位，方法是切换至"文件"选项卡，执行"选项"命令，在"Word 选项"对话框中，选择"高级"选项卡，然后在"显示"选项组中设置英寸、厘米、毫米或磅等单位。

① 使用标尺设置制表位时只需单击制表符选择框，直到所需要的制表符出现，然后再单击标尺上相应的位置来设置终止制表符的位置。

② 单击制表符选择按钮时，所有的制表符将循环出现，设置时只需一直单击，直到所需要的制表符出现为止。

③ 在标尺上设置终止制表符时，只需在相应的刻度上单击。单击的同时终止位置会出现一条铅垂线，用于校验终止符。

5. 使用样式和列表

（1）样式

日常运用 Word 工作时，除了文档的录入之外，大部分时间都花在文档的修饰上，样式则正是专门为提高文档的修饰效率而提出的。使用样式可以帮助用户确保格式编排的一致性，从而减少许多重复的操作，并且不需要重新设置文本格式，就可快速更新一个文档的设计，在短时间内排出高质量的文档。

所谓样式，就是修饰某一类段落的一组参数，其中包括字体类型、字体大小、字体颜色、对齐方式等，命名为一个特定的段落格式名称。通常，把这个名称叫作样式，也可以更概括地说，样式是指一组已命名的格式组合，或者说，样式是应用于文档中的文本、表格和列表的一套格式特征，每种样式都有唯一确定的名称。

样式根据应用对象不同，可分为段落样式、字符样式、链接段落和字符样式、表格样式和列表 5 种样式。

切换至"开始"选项卡，"样式"组中提供各种样式供用户选择，也可以通过单击该组右下角的扩展按钮打开如图 5-6 所示的"样式"任务窗格，可添加、修改、删除和应用样式。

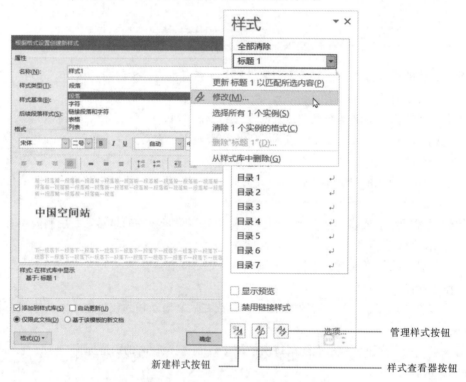

图 5-6 "样式"窗格及新建样式对话框

（2）列表

用户可以快速给现有文本行添加项目符号或编号，Word 也可以在输入文本时自动创建列表。列表分多级列表和单级列表两类，主要包括项目符号和自动编号两种形式。输入项目符号列表或编号列表可采用如下方法：

① 输入"*"（星号）开始项目符号列表或输入"1."开始编号列表，然后按空格键或【Tab】键。

② 输入所需的文本。

③ 按【Enter】键添加下一个列表项。Word 会自动插入下一个项目符号或编号。

④ 要完成列表，请按两次按【Enter】键，或者按"退格"键删除列表中最后一个项目符号或编号。

访问列表中的项目符号及编号功能，可切换至"开始"选项卡，单击"段落"组中的 ≡ 和 ≡ 按钮实现，并可对相应选项进行修改。

6．页面布局

页面布局主要包括：页面设置、稿纸、段落和排列等功能组。

（1）页面设置

可以完成纸张大小、页面边距和文档网格等属性的设置。一般情况下在打印文档之前，需要设置页面属性。选择"布局"选项卡中的相关选项可以完成页边距、纸张方向和纸张大小等常规选项，单击"页面设置"组右下角的 ⌐ 按钮可以打开"页面设置"对话框，进行详细设置。

（2）页眉页脚

页眉和页脚是显示在每一页的顶部和底部的文本或图片，如标题、页码、作者姓名或公司的标志。其内容可以每页都相同，也可以为奇数页和偶数页设置不同的页眉和页脚。页眉内容将被打印在文档顶部的页边空白处，页脚内容将被打印在文档底部的页边空白处，可以根据需要调整纸张边缘至文本内容之间的距离。

用户可以插入页眉、页脚、页码，使页面信息更完整。切换至"插入"选项卡，单击"页眉和页脚"组中的相关按钮可完成插入操作和选项设置。

（3）页面背景

① 水印：切换至"设计"选项卡，单击"页面背景"组中的"水印"按钮可以为整篇文档添加文字水印。该水印只能是文字，衬于每页文字下方。

② 页面颜色：单击"页面背景"组中的"页面颜色"按钮可以为整篇文档添加背景色，默认情况下，颜色不会被打印出来，需要进行"打印"选项设置后，才可在打印机上打印。

③ 页面边框：单击"页面边框"按钮可打开"边框和底纹"对话框，为整篇文档设置边框。设置框线类型、颜色、作用范围及底纹。

7．使用封面

Word 2016 提供了一个封面库，其中包含预先设计的各种封面，使用起来很方便。用户可以选择一种封面，仅需替换示例文本即可。无论光标显示在文档中的什么位置，切换至"插入"选项，单击"页面"组中的"封面"按钮可完成在文档的开始处插入封面。

若要删除使用 Word 插入的封面，可单击"页面"组中的"封面"按钮，选择"删除当前封面"命令。

任务实施

1．应用样式

（1）新建文档

① 启动 Word 2016，切换至"文件"选项卡，选择"新建"→"空白文档"，单击"创建"按钮。

② 单击"快速访问工具栏"中的"保存"按钮，将文档保存为 5-1.docx。

（2）插入封面

① 切换至"插入"选项卡，单击"页"组中的"封面"下拉按钮，在弹出的列表中选择"运动型"，如图 5-7 所示。

② 参照图 5-1，选择年份，输入标题、作者以及公司等内容。

③ 选中封面上的默认图片，右击，在弹出的快捷菜单中选择"更改图片"命令，在打开的对话框中选择突出主题的图片文件，调整好大小和位置，如图 5-8 所示。

任务 1

图 5-7 插入封面

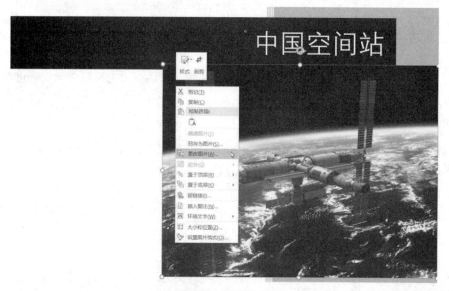

图 5-8 更换图片

（3）插入素材文件

① 将光标定位至"封面"页后的空白页上，切换至"插入"选项卡，选择"文本"→"对象"→"文件中的文字"命令，在打开的"插入文件"对话框中选择"文件类型"为文本文件，文本编码选项为"Windows 默认"；

② 在"插入文件"对话框中选中素材文件 5-1.txt，可以观察到素材文件中，所有的二级标题文字两边均带有"#"符号。

（4）修改及应用样式

① 为正文中的标题文字"中国空间站"应用自定义的"标题 1"样式；

切换至"开始"选项卡，单击"样式"组右下角的 □ 按钮，打开"样式"窗格，找到"标题 1"样式，单击右侧的下拉按钮，选择"修改"命令。

在打开的"修改样式"对话框中，单击"格式"按钮，分别设置使用黑体二号、不加粗、居中对齐，段前间距 18 磅，段后间距 17 磅，如图 5-9 所示。

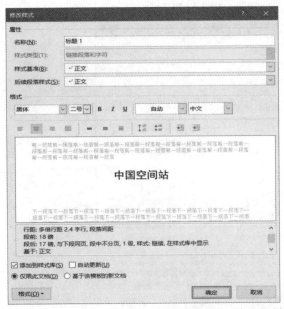
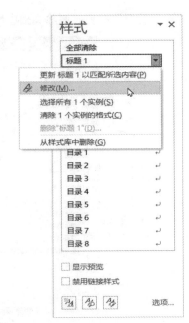

图 5-9　自定义样式 1

将光标移动至正文的标题行处，单击"样式"窗格中修订后的"标题 1"样式，使其应用于标题段。

② 将各标题设置为自定义的"标题 2"样式（使用自动编号、左对齐、宋体三号、加粗）。

在"样式"窗格，找到"标题 2"样式，单击右侧的下拉按钮，选择"修改"命令。

在打开的"修改样式"对话框中单击"格式"下拉按钮，选择"编号"命令，在打开的"编号和项目符号"对话框中，选择"阿拉伯数字+点"类型，单击"确定"按钮，返回的"修改样式"对话框，单击"确定"按钮，如图 5-10 所示。

图 5-10　自定义样式 2

分别将光标移动至两端带有"#"的一级标题行处，单击"样式"窗格中修订后的"标题 2"样式进行应用。

（5）整理文档

将光标定位至文档开头，按【Ctrl+H】组合键，打开"查找和替换"对话框，输入查找内容"#"，"替换为"

设为空，单击"全部替换"按钮，删除文档中所有的"#"，如图 5-11 所示。

图 5-11 删除文档中的"#"

（6）查看完成状态

启动导航窗格后的完成状态如图 5-12 所示。

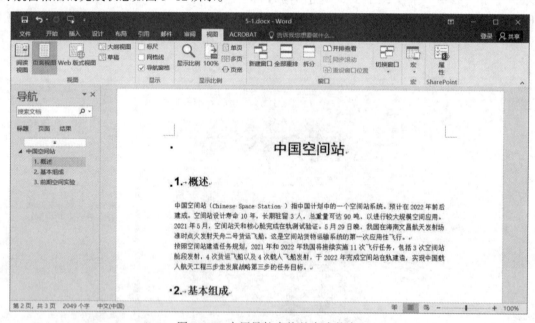

图 5-12 启用导航窗格的完成状态

2. 设置字体和段落格式

（1）设置字体格式

选中"1.概述"和"2.基本组成"标题之间的正文文字，右击，在弹出的快捷菜单中选择"字体"命令，在打开的"字体"对话框中，设置中文字体为仿宋；西文字体为 Times New Roman；字号为四号；字符间距加宽，1 磅，如图 5-13 所示。

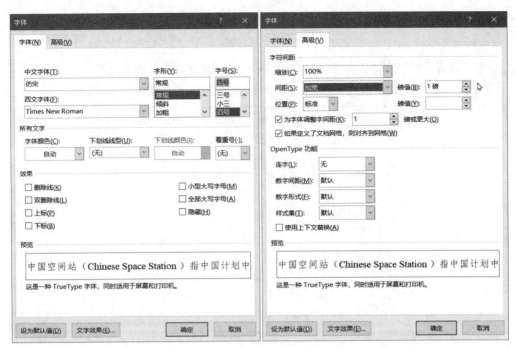

（a）设置字体　　　　　　　　　　　　　　（b）设置字符间距

图 5-13　设置字体字符间距

（2）设置段落格式

选中"1.概况"和"2.基本组成"标题之间的正文文字，右击，在弹出的快捷菜单中选择"段落"命令，在打开的"段落"对话框中，设置对齐方式为两端对齐；特殊格式为首行缩进，2 个字符；段前、段后间距各 0.5 行，行距为 1.5 倍，如图 5-14 所示。

图 5-14　设置段落格式

3．分栏显示

（1）设置二级标题文字格式

① 选中"2.基本组成"中的全部正文文字，参照"1.概述"部分，进行格式设置。

② 选中"核心舱"，加粗，添加"灰色–25%，背景 2"的段落底纹，如图 5–15 所示。

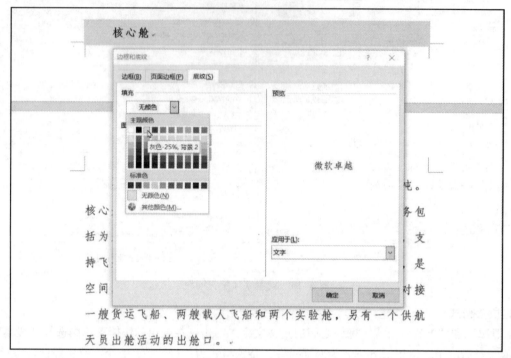

图 5–15　设置标题格式

③ 选中"核心舱"段落，切换至"开始"选项卡，双击"剪贴板"组的"格式刷"按钮，将格式分别复制到"实验舱"、"货运飞船"和"未来舱段"段落。

（2）设置分栏

① 选中"2.基本组成"中的全部正文文字。

② 切换至"布局"选项卡，单击"页面设置"组中的"栏"按钮，选择"更多栏"命令。

③ 设置分三栏，栏宽相等，每栏宽度 11.5 字符，加分隔线，如图 5–16 所示。完成效果如图 5–17 所示。

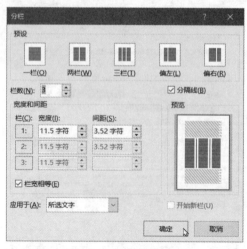

图 5–16　设置分栏参数

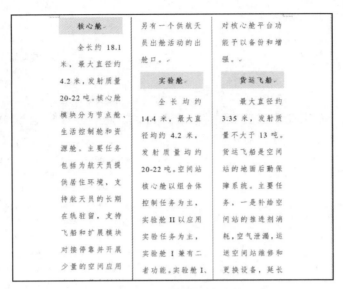

图 5-17　完成效果（局部）

4．设置页面属性

（1）设置页眉

① 切换至"插入"选项卡，在"页眉和页脚"组中，执行"页眉"→"编辑页眉"命令，在"页眉和页脚工具–设计"选项卡中，勾选"选项"组中的"奇偶页不同"复选框，如图 5-18 所示。

图 5-18　设置奇偶页不同页眉选项

② 将光标定位至正文中的奇数页，在"页眉和页脚"组中，选择"页眉"→"运动型（奇数页）"选项。

③ 将光标定位至正文中的偶数页，在"页眉和页脚"组中，选择"页眉"→"运动型（偶数页）"选项。

（2）插入页码

① 单击"关闭页眉和页脚"按钮，回到正文编辑状态。切换至"插入"选项卡，在"页眉和页脚"组中，选择"页码"→"页面底端"→"普通数字 2"选项。

② 进行打印预览。

③ 保存文档。

任务 2　熟悉分隔符与引用

在制作文档时时常需要引用他人的观点，根据用户使用书目系统的用途，参考文献、附加信息和资料来源经常被包含在脚注或尾注中。在 Word 中还提供书签和链接功能，使用户可以在文档中使用链接和书签来链接内部和外部文档，在应用样式后，可以方便地生成目录，便于读者在计算机和纸张上浏览。

任务描述

打开 5-1.docx，另存为 5-2.docx，参照图 5-19，为某一部分文字新建一个书签；选中相关文字"空间站系统"，链接至新建的书签；建立链接至网页的文字链接；链接新闻发布会相关网络视频；插入相关的脚注，参照图 5-20 为"天宫二号"和"实验舱"插入尾注。为整个文档生成目录，插入分隔符，重新调整页眉和页脚。

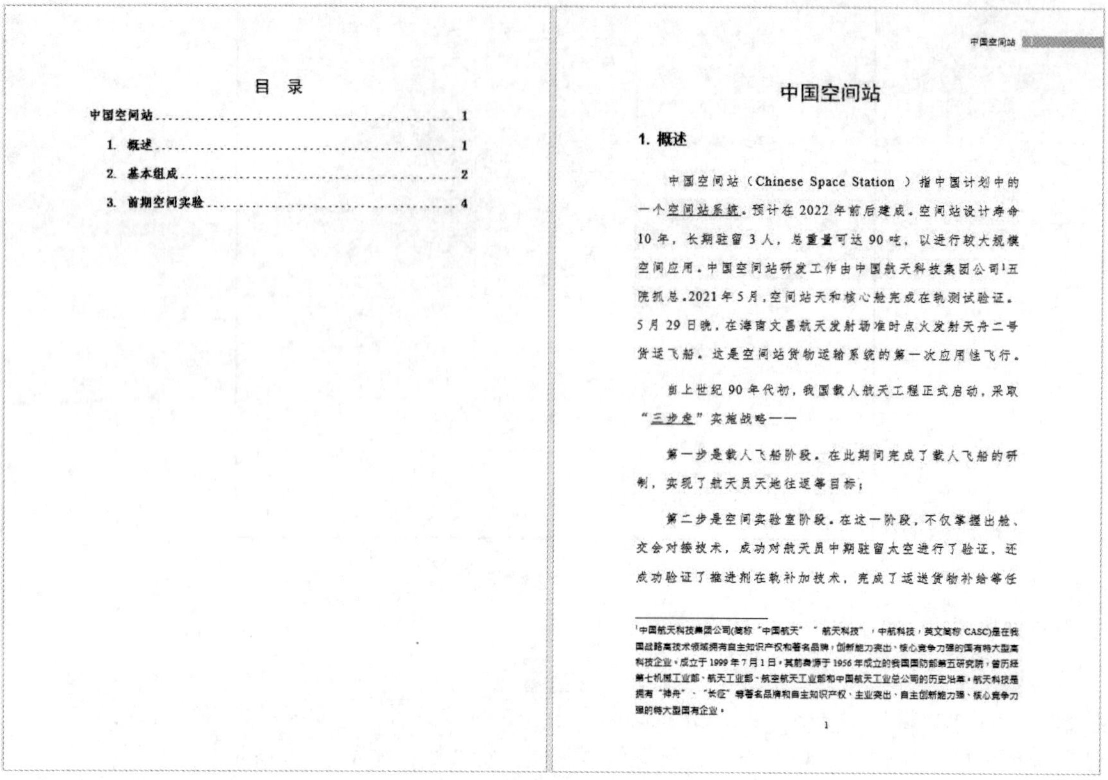

中国空间站

中国空间站

1. 概述

中国空间站（Chinese Space Station ）指中国计划中的一个空间站系统。预计在 2022 年前后建成。空间站设计寿命 10 年，长期驻留 3 人，总重量可达 90 吨，以进行较大规模空间应用。中国空间站研发工作由中国航天科技集团公司[1]五院抓总。2021 年 5 月，空间站天和核心舱完成在轨测试验证。5 月 29 日晚，在海南文昌航天发射场准时点火发射天舟二号货运飞船。这是空间站货物运输系统的第一次应用性飞行。

自上世纪 90 年代初，我国载人航天工程正式启动，采取"三步走"实施战略——

第一步是载人飞船阶段。在此期间完成了载人飞船的研制，实现了航天员天地往返等目标；

第二步是空间实验室阶段。在这一阶段，不仅掌握出舱、交会对接技术，成功对航天员中期驻留太空进行了验证，还成功验证了推进剂在轨补加技术，完成了运送货物补给等任

[1] 中国航天科技集团公司(简称"中国航天"、"航天科技"，中航科技，英文简称 CASC)是我国航天高技术领域拥有自主知识产权和著名品牌、创新能力突出、核心竞争力强的国有特大型高科技企业。成立于 1999 年 7 月 1 日。其前身源于 1956 年成立的我国国防部第五研究院，曾历经第七机械工业部、航天工业部、航空航天工业部和中国航天工业总公司的历史时期。航天科技拥有"神舟"、"长征"等著名品牌和自主知识产权、主业突出、自主创新能力强、核心竞争力强的特大型国有企业。

1

图 5-19　目录与正文第 1 页

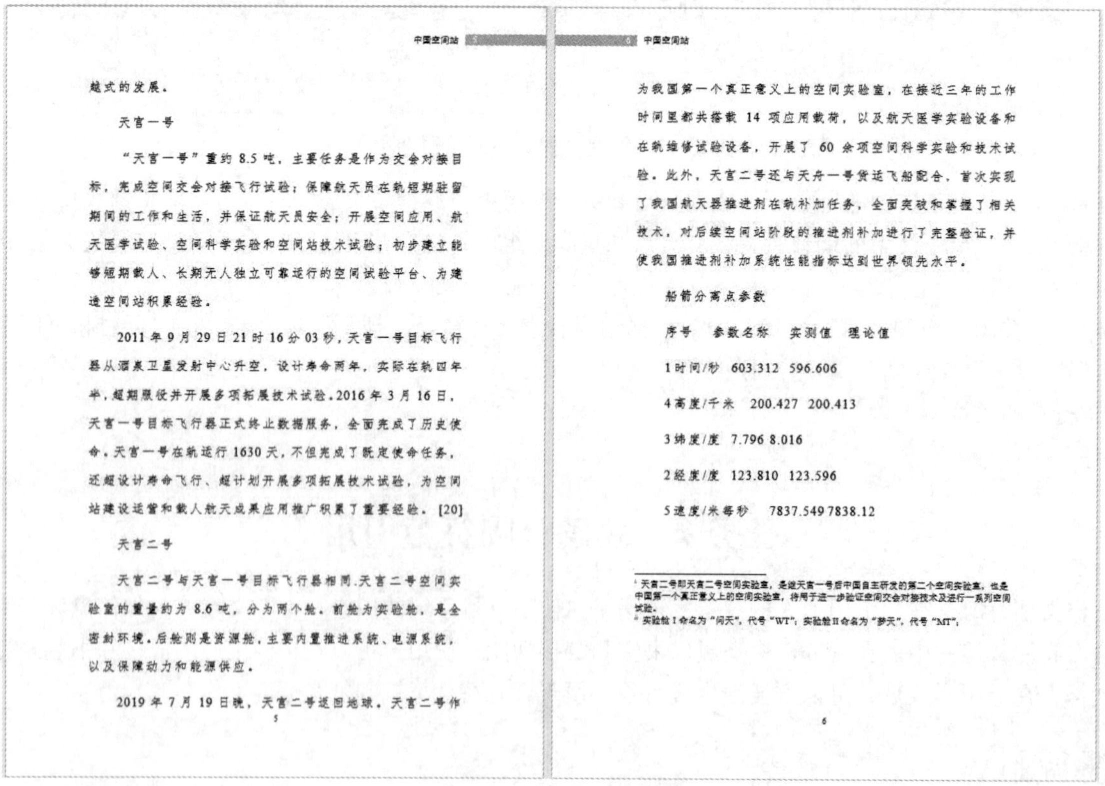

中国空间站

中国空间站

越式的发展。

天宫一号

"天宫一号"重约 8.5 吨，主要任务是作为交会对接目标，完成空间交会对接飞行试验；保障航天员在轨短期驻留期间的工作和生活，并保证航天员安全；开展空间应用、航天医学试验、空间科学实验和空间站技术试验；初步建立能够短期载人、长期无人独立可靠运行的空间试验平台，为建造空间站积累经验。

2011 年 9 月 29 日 21 时 16 分 03 秒，天宫一号目标飞行器从酒泉卫星发射中心升空，设计寿命两年，实际在轨四年半，超期服役并开展多项拓展技术试验。2016 年 3 月 16 日，天宫一号目标飞行器正式终止数据服务，全面完成了历史使命。天宫一号在轨运行 1630 天，不但完成了既定使命任务，还超设计寿命飞行、超计划开展多项拓展技术试验，为空间站建设运营和载人航天成果应用推广积累了重要经验。[20]

天宫二号

天宫二号与天宫一号目标飞行器相同。天宫二号空间实验室的重量约为 8.6 吨，分为两个舱。前舱为实验舱，是全密封环境。后舱则是资源舱，主要内置推进系统、电源系统，以及保障动力和能源供应。

2019 年 7 月 19 日晚，天宫二号返回地球。天宫二号作

为我国第一个真正意义上的空间实验室，在接近三年的工作时间里都共搭载 14 项应用载荷，以及航天医学实验设备和在轨维修试验设备，开展了 60 余项空间科学实验和技术试验。此外，天宫二号还与天舟一号货运飞船配合，首次实现了我国航天器推进剂在轨补加任务，全面突破和掌握了相关技术，对后续空间站阶段的推进剂加注进行了完整验证，并使我国推进剂补加系统性能指标达到世界领先水平。

船箭分离点参数

序号	参数名称	实测值	理论值
1	时间/秒	603.312	596.606
4	高度/千米	200.427	200.413
3	纬度/度	7.796	8.016
2	经度/度	123.810	123.596
5	速度/米每秒	7837.549	7838.12

[1] 天宫二号即天宫二号空间实验室，是继天宫一号目标飞行器后我国自主研发的第二个空间实验室，也是中国第一个真正意义上的空间实验室，将待于进一步验证空间交会对接技术及进行一系列空间试验。
[2] 实验舱 I 命名为"问天"，代号"WT"；实验舱 II 命名为"梦天"，代号"MT"；

5　　　　　　　　　　　　　　　　　　　　　　6

图 5-20　最后两页

解决路径

完成后的文档中目录页自动生成，并且设置了字体和字号，目录后面的页码从 1 开始，目录页页脚没有页码，目录页末尾有一个分节符；正文第 1 页上的"空间站系统"和"三步走"使用了链接，"中国航天科技集团公司"插入了脚注，文档末尾有尾注。这些操作需要使用"引用"选项卡中的"目录"和"脚注"组，以及"布局"选项卡中"页面设置"组的"分隔符"按钮来完成。

插入链接的参考工作过程如图 5-21 所示。

图 5-21　插入链接的参考工作过程

插入脚注或尾注的参考工作过程如图 5-22 所示。

图 5-22　插入脚注或尾注的参考工作过程

插入目录的参考工作过程如图 5-23 所示。

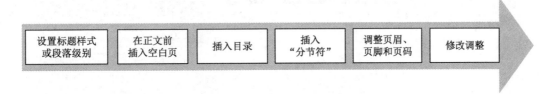

图 5-23　插入目录的参考工作过程

相关知识

1. 链接和书签

（1）链接

在 Word 中允许用户插入链接，在文档中按住【Ctrl】键单击设置有链接的文字或对象后，可转至链接内容。链接内容可以是 Word 文档中的，也可以是 Word 文档外的，如网址、电子邮件地址。

选中需要设置链接的对象或文字后，切换至"插入"选项卡，单击"链接"组中的"链接"按钮，可打开"插入超链接"对话框进行设置，单击对话框中的"屏幕提示"按钮，在提示文本框中输入文本信息。当鼠标指针移动至设置有链接的对象上时，将显示提示信息。

当文字被设置链接后，Word 会默认加上下画线并将文字设置为蓝色。当访问过设置有超链接的文字或对象后，默认将链接的颜色变为酱紫色。

选中设置有链接的文字或对象后，右击，在弹出的快捷菜单中可完成链接的选择、修改与取消等操作，如图 5-24 所示。

（2）书签

与平常读书时使用书签一样，Word 也提供书签功能，便于用户找到指定的文字或其他内容。选中需要设置书签的文字或者将光标定位至需要插入书签的位置，切换至"插入"选项卡，单击"链接"组中的"书签"按钮，可打开如图 5-25 所示的"书签"对话框来添加、定位和删除书签。当文档中存在多个书签时，可以设置按照"位置"或"名称"排序书签列表。

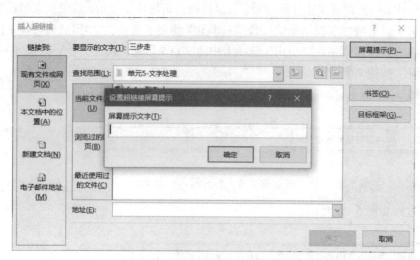

图 5-24　链接相关选项

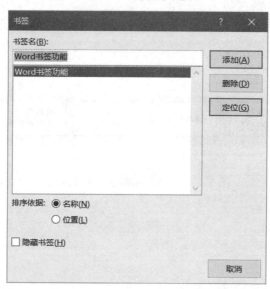

图 5-25　"书签"对话框

（3）交叉引用

交叉引用也是一种链接，可链接至 Word 文档中的编号、标题、题注等样式，经常与题注联用，将在后续任务中接触到。

2. 脚注和尾注

（1）什么是脚注和尾注

根据用户使用书目系统的用途，参考文献、附加信息和资料来源经常被包含在脚注或尾注中。

脚注位于包含引用的页面中，尾注位于文档或章节的结尾。

对于脚注和尾注应注意以下内容：

① 当添加、删除、移动和复制脚注和尾注时，它们可以自动重新编号。

② 尾注位于文档末尾，但也可以放在章节末尾。

③ 一个脚注或一个尾注由具有关联的两部分组成，即引用标记和相应的说明文字。

④ 脚注/尾注中的文本可以像正常文本一样具有任意长度和格式。

⑤ 脚注和尾注的引用标记一般是数字，但也可以是字母或字符。

⑥ 从文档的开始到结束，尾注编码通常是连续的。

⑦ 在"页面"视图中插入的脚注和尾注可以在正文内和脚注或尾注区域显示出引用标记。"草稿"视图中在屏幕底部为脚注或尾注显示一个独立的窗格。

（2）插入脚注和尾注

用户可以通过在文档中的引用标记上悬停鼠标来查看脚注和尾注。当鼠标指针停留在引用标记上时，会出现一个包含注释文本的屏幕提示。在"草稿"视图下，如要在屏幕底部的独立窗格中显示注释内容，可以双击注释引用标记。

要插入脚注或尾注，应切换至"引用"选项卡，单击"脚注"组中的"插入脚注"按钮或"插入尾注"按钮，也可以单击"脚注"组右下角的扩展按钮，打开相应的对话框，设置相关选项，如图 5-26 所示。

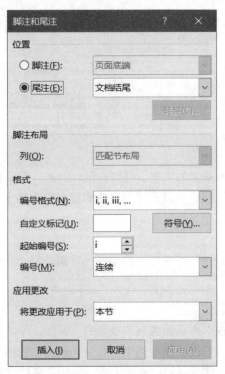

图 5-26 "脚注和尾注"对话框

可以通过注释引用标记来管理脚注和尾注。要删除或移动一个注释，使用文档窗口中的注释引用标记比使用注释窗格中的文本要好一些。如果移动或删除某个自动编号的注释引用标记，Word 会重新对注释进行编号。

用户可以根据需要将脚注转换为尾注，反之亦然。

3. 自动生成目录

可通过对要包括在目录中的文本应用标题样式，例如，标题 1、标题 2 和标题 3 等来创建目录。Word 会自动搜索这些标题，然后将标题体现在目录中。

（1）插入目录

创建目录最简单的方法是使用内置标题样式，还可以创建基于所应用的自定义样式的目录。还可以使用"目录"对话框设置出现在目录中的文字的级别。

① 从库中创建目录：将光标定位于要插入目录的位置（通常在文档的开始处），切换至"引用"选项卡，单击"目录"组中的"目录"按钮，然后选择所需的目录样式。

② 创建自定义目录：单击"目录"组中"目录"→"自定义目录"命令，打开如图 5-27 所示的"目录"对话框。

图 5-27　"目录"对话框

（2）更新目录

插入目录后，如果更改该了目录所基于的文字，可切换至"引用"选项卡，单击"目录"组中的"更新目录"按钮，实现目录的更新。也可以将光标移动到目录区域，按键盘上的【F9】功能键实现更新。

更新时可选择更新页码还是更新整个目录。

（3）删除目录

切换至"引用"选项卡，选择"目录"组中的"目录"→"删除目录"命令可将目录删除，也可以选中目录后按【Delete】键删除。

4．分隔符

可以使用分节符改变文档中一个或多个页面的版式或格式。例如，可以分栏,一页纸未写完时新起一页，在当前页面前插入空白页面等。使用分隔符可以分隔文档中的目录和正文，以便正文的页码编号从 1 开始，也可以为文档的不同节创建不同的页眉或页脚。在"开始"选项卡中"段落"组的"显示/隐藏编辑标记"按钮按下时，可见到分隔符。

（1）分页符

在处理较长的文档时，如果需要文字未充满页面时新起一页，可以插入手动分页符。还可以为 Word 设置规则，将自动分页符放在所需要的位置。切换至"布局"选项卡，选择"页面设置"组中的"分隔符"→"分页符"，或者切换至"插入"选项卡，单击"页面"组中的"分页"按钮可插入分页符。

（2）分节符

切换至"布局"选项卡，单击"页面设置"组中的"分隔符"按钮可进行分隔符选择。

①　"下一页"命令：在一页上插入此分隔符后，将在此符号后新起一页，并创建新的一节。分节后，将可独立设置"页眉""页脚"并进行页面设置。此类分节符对于在文档中开始新的一章尤其有用。

例如，第一页是"纵向"显示，当在文字末尾插入"下一页"分节符后，新起一页，可将第二页设置为"横向"显示，如图 5-28 所示。

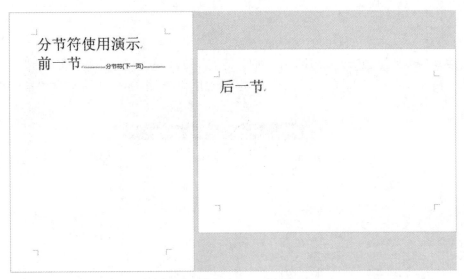

图 5-28 "下一页"分节符应用

② "连续"命令：用于插入一个分节符，新节从同一页开始。常用于在页上更改格式（如分栏）。

③ "奇数页"或"偶数页"命令：插入一个分节符，新节从下一个奇数页或偶数页开始。例如，需要各章始终从奇数页或偶数页开始，就需要使用 "奇数页"或"偶数页"分节符。

（3） 删除分页符和分节符

最常用的方法是在"显示/隐藏编辑标记"按钮按下时，选中相应的分隔符，按键盘上的【Delete】键。

任务实施

1. 设置链接

（1）添加书签

① 双击打开 5-1.docx，另存为 5-2.docx。

② 使用"导航"窗格，快速定位至"2. 基本组成"，选中全部正文文字。

③ 切换至"插入"选项卡，单击"链接"组中的"书签"按钮。

④ 在打开的"书签"对话框中，输入书签名"基本组成"，单击"添加"按钮，如图 5-29 所示。

任务 2

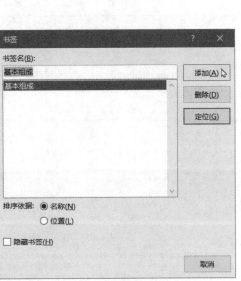

图 5-29 添加书签

（2）添加链接

① 定位至"1.概述"，选中第 1 段中的"空间站系统"文字。

② 切换至"插入"选项卡，单击"链接"组中的"链接"按钮。

③ 在打开的"插入超链接"对话框中，单击"书签"按钮，在打开的对话框中选中"基本组成"，单击"确定"按钮，如图 5-30 所示。

图 5-30　添加书签链接

④ 上网搜索"中国载人航天工程三步走战略"的详细介绍，并复制链接地址（含 http）。

⑤ 选中第 2 段中的"三步走"文字。

⑥ 在"插入超链接"对话框中，选中"现有文件或网页"，将复制的视频链接地址粘贴至下方的"地址"处，单击"确定"按钮。

2．插入脚注和尾注

（1）插入脚注

① 定位至"1.概况"，选中第 1 段文字中"中国航天科技集团公司"文字。

② 切换至"引用"选项卡，单击"脚注"组中的"插入脚注"按钮，在页脚处输入相关内容。

③ 单击"脚注"组中右下角的扩展按钮，打开"脚注和尾注"对话框，将编号格式设置为阿拉伯数字样式，如图 5-31 所示。

图 5-31　添加书签链接

（2）插入尾注

① 定位至"1.概况"，选中第 4 段中"天宫二号"文字。

② 切换至"引用"选项卡，单击"脚注"组中的"插入尾注"按钮，在文档尾部输入相关内容。

③ 定位至"2.基本组成"，选中"实验舱"文字，插入尾注。

3．插入目录和分隔符

（1）插入分节符

① 将光标定位至正文开头。

② 切换至"布局"选项卡，选择"页面设置"组中的"分隔符"→"下一页"命令，在正文前插入一个空白页。

（2）插入目录

① 将光标移动至"分节符（下一页）"前方。

② 切换至"引用"选项卡，选择"目录"组中的"目录"→"自动目录 1"样式，完成状态如图 5-32 所示。

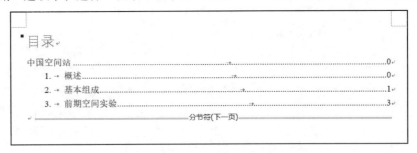

图 5-32　插入目录

（3）重新调整页眉页脚

① 调整页码：将光标定位至正文开头部分，即正文标题文字"中国空间站"之前，切换至"插入"选项卡，选择"页眉和页脚"组中的"页码"→"设置页码格式"命令，将"起始页码"设置为 1。

然后，执行"页眉和页脚"组中的"页码"→"页面底端"→"普通数字 2"。

双击当前页的页眉或页脚，进入"页眉页脚"视图，分别在页眉、页脚位置取消"页眉和页脚工具–设计"选项卡"导航"组中的"链接到前一条页眉"选项，如图 5-33 所示。

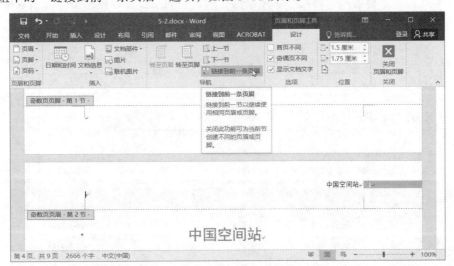

图 5-33　修改页眉页脚导航

双击目录页的页码，按键盘上的【Delete】按钮将其删除，关闭"页眉页脚"视图。

② 删除目录页的页眉。

（4）更新目录

① 将光标定位至目录区域中，按键盘上的【F9】功能键。

② 在打开的"更新目录"对话框中选择"只更新页码"后，单击"确定"按钮。

③ 选中"目录"二字，设置为黑体、小二号、居中格式，颜色设为"黑色，文字1"，中间补充2个空格。

④ 选中目录内容，设置仿宋、四号格式，加粗，完成状态如图5-34所示。

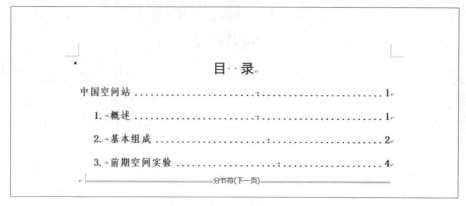

图 5-34　更新目录

⑤ 保存并关闭文档。

任 务 3　使 用 表 格

表格可以有效提升 Word 文档的信息量和可读性，表格操作主要包括插入、绘制、增加、删除行和列、设置格式及删除表格等。本任务将着重掌握这些操作。

任务描述

打开 5-2.docx，另存为 5-3.docx，参照图 5-35，将文档末尾的"船箭分离点参数"相关文字转换成表格，按照"序号"升序排序，为表格增加"理论与实际差值"列，并利用公式计算差值，应用表格样式，并进行个性化格式设置。

船箭分离点参数

序号	参数名称	实测值	理论值	理论与实际差值
1	时间/秒	603.312	596.606	-6.706
2	经度/度	123.810	123.596	-0.214
3	纬度/度	7.796	8.016	0.22
4	高度/千米	200.427	200.413	-0.014
5	速度/米每秒	7837.549	7838.12	0.571

图 5-35　船箭分离点参数表

解决路径

文档末尾的"船箭分离点参数"采用制表符进行分隔，可以使用相关功能转换成表格，表格中的数据呈现顺序与原来不一样，按照"序号"进行了升序排序，表格的第 2 列单元格是居中对齐，第 3 列单元格右对齐，第 4 列单元格是右对齐，第 5 列单元格是新增加的，也是右对齐，表格应用过一种强调文字的样式，外框线是蓝色双窄线。插入表格并进行相关格式设置的参考工作过程如图 5-36 所示。

图 5-36 插入表格的参考工作过程

相关知识

1. 创建表格的方法

（1）插入表格

① 使用表格模板：Word 提供了一组预先设置好格式的表格模板，表格模板包含示例数据，可以方便用户选择插入表格的样式。切换至"插入"选项卡，选择"表格"组中的"表格"→"快速表格"命令，可在列表中预览将要插入表格的模板，选中相应的选项后，将会把表格插入至光标所在的区域。

② 使用"表格"菜单：将光标定位至需要插入表格的位置，在"插入"选项卡的"表格"组中，单击"表格"下拉按钮，然后在"插入表格"下拖动鼠标选择需要的行数和列数，绘制表格。

③ 使用"插入表格"对话框：将光标定位至需要插入表格的位置，在"插入"选项卡的"表格"组中，选择"表格"→"插入表格"命令，在打开的如图 5-37 所示的"插入表格"对话框中，设置行数和列数及"自动调整"操作，单击"确定"按钮插入表格。

（2）绘制表格

选择"表格"→"绘制表格"命令，鼠标指针将会变成"铅笔"形状，按住鼠标左键进行拖动，可以绘制包含不同高度的单元格的表格或每行列数不同的表格。要擦除一条线或多条线，可在"表格工具-布局"选项卡的"绘图"组中，单击"橡皮擦"按钮，鼠标指针将会变成形状。单击要擦除的线条，可实现擦除。若要擦除整个表格，可选中表格后，切换至"表格工具-布局"选项卡，选择"行和列"组中的"删除"→"删除表格"。

（3）将文本转成表格

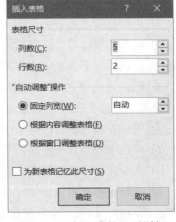

图 5-37 "插入表格"对话框

选中使用空格、制表符等相同分隔符号的有规律的文字后，在"插入"选项卡的"表格"组中，选择"表格"→"文本转换成表格"命令，设置转换成表格的行和列号后，可将文字转换成表格。

（4）插入/删除行或列

将光标定位至一个单元格中后，切换至"表格工具-布局"选项卡，单击"行和列"组中的"在上方插入"和"在下方插入"按钮，可在当前行的上方或下方插入行。

单击"在左侧插入"和"在右侧插入"按钮，可在当前列的左侧或右侧插入列。

选择"删除"→"删除列"命令可删除当前列或选中的列。

选择"删除"→"删除行"命令可删除当前行或选中的行。

选择"删除"→"删除单元格"命令可删除当前单元格或选中的单元格，并可选择其他单元格如何移动。也可选中相关单元格后，右击，在弹出的快捷菜单中进行相关选择。

（5）合并和拆分单元格

表格中的多个单元格可以被合并为一个单元格，也可以根据需要将一个单元格拆分为多个列或行。创建标题行时，合并单元格是特别有用的方法。

可以选择多个单元格，切换至"表格工具–布局"选项卡，单击"合并"组中的"合并单元格"按钮，或者右击，在弹出的快捷菜单中选择"合并单元格"命令来合并单元格。

根据需要，也可以将表格拆分为较小的表格。要将一个单元格拆分为多个单元格，可以先选择单元格，切换至"表格工具–布局"选项卡，单击"合并"组中的"拆分单元格"按钮，或者右击，在弹出的快捷菜单中，选择"拆分单元格"命令来完成单元格的拆分。

2. 对齐方式

① 表格对齐方式是指整个表格相对于页面的对齐，属于表格的属性。

② 单元格对齐方式是文字或图片相对于单元格的对齐。

单元格对齐方式分为 6 种，可在"表格工具–布局"选项卡下的"对齐方式"组中单击相应按钮进行设置，通过该组还可以设置单元格中的文字方向和边距等属性，如图 5-38 所示。

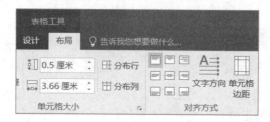

图 5-38　单元格对齐方式

3. 布局与外观调整

① 可以把文本、数字或图片输入到单元格中。当文本的宽度比单元格的宽度大时，文本会自动换行。

② 先考虑设计整个表格的外观和布局，接下来再调整准确的单元格大小。

③ 默认情况下，Word 把单线边框加到表格上，但也可以根据需要重新调整。

④ 默认显示单元格的结束标记，使用户可以较容易地看到当前工作位于表格的什么位置。要显示或隐藏标记，单击"开始"选项卡"段落"组中的"显示/隐藏编辑标记"按钮 即可。

⑤ 可以在单元格的内容上使用对齐和格式设置命令，也可以对单元格本身使用。

⑥ 可以水平合并和垂直合并邻近的单元格。

⑦ 在单元格中可以将文本旋转 90°。

⑧ 表格是基于默认设置创建的。使用 （表格选择器）符号可以将表格移动到任何位置，当指针在表格中或邻近表格时，该符号会显示在表格的左上角。

4. 设置表格格式

（1）应用样式

表格可以应用内置样式来增强表格的设计效果。切换至"表格工具–设计"选项卡，单击"表格样式"组中的相关选项进行设置，也可以单击右下角的 （其他）按钮选择更多样式，或者选择"修改表格样式"进行个性化设置。也可以选择"新建表格样式"命令，在如图 5-39 所示的对话框中定义。

（2）修改边框和底纹

表格中的边线可以修改为不同的颜色、样式、宽度或无框线。将大量不同的边框和底纹应用到表格中，可以增强表格中内容的显示效果，但是也容易使表格看上去很"乱"，而转移用户对表中内容的注意力。

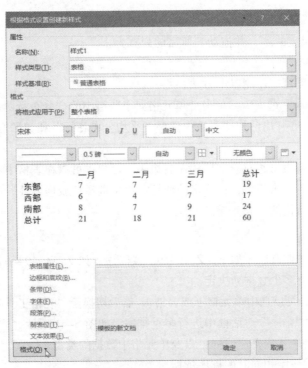

图 5-39　创建新样式

选中表格相应区域后，切换至"表格工具-设计"选项卡，单击"边框"组中的"边框"下拉按钮，选择"边框和底纹"命令。通过"边框和底纹"对话框，对相关选项进行设置，如图 5-40 所示。

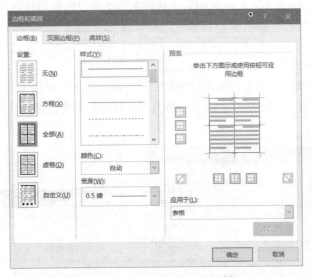

图 5-40　"边框和底纹"对话框

设置框线的步骤是：选择样式、选择颜色、设置宽度，选择右侧"预览区"的作用范围。

（3）调整表格中的列宽或行高

可以调整表格中每列的宽度、每行的高度及表格的对齐方式，也可以平均分布表格中选定的行或列。可以使用以下任意一种方法：

① 选中表格，右击，在弹出的快捷菜单中选择"表格属性"命令，然后单击要调整项目的选项卡。

② 将鼠标停留在要更改其宽度的列的边框上，直到鼠标指针变为 ╫ 形状，然后单击并拖动边框，直到得到所需的列宽为止。

③ 将鼠标停留在要更改其高度的行的边框上，直到鼠标指针变为 ╪ 形状，然后单击并拖动边框，直到得到

所需的行高为止。

④ 要更改列宽，单击标尺上的 ▇，并拖动到所需的列宽为止。

（4）平均分布

平均分布各列宽度或各行高度，使用以下方法：

① 切换至"表格工具–布局"选项卡，单击"单元格大小"组中的"分布行"和"分布列"按钮。

② 选中整个表格，右击，在弹出的快捷菜单中选择"平均分布各行"和"平均分布各列"命令。

（5）更改对齐方式

更改表格对齐方式是指改变表格相对于文档的左右边距，用户也可以在表格中更改文本的对齐方式。

要更改表格的对齐方式，可右击表格，在弹出的快捷菜单中选择"表格属性"命令，打开"表格属性"对话框，在"表格"选项卡中设置所需的对齐方式。

5. 数据排序

表格中的任何数据都可以按照升序（如 A～Z，0～9）或降序（如 Z～A，9～0）的顺序进行排序。排序方式由表格中的数据类型及表格中有多少数据列决定。

要快速启动"排序"命令，可以选中单元格（或表格），然后切换至"表格工具–布局"选项卡，单击"数据"组中的排序按钮 处，在打开的"排序"对话框中进行多重排序，如图 5-41 所示。

① 主要关键字：选择第一个优先排序的列，以及单元格中数据的类型。

② 次要关键字：在主要关键字相同时的排序依据。

③ 列表：设置是否有列标题的标题行，可以防止在排序中包含列标题行。

6. 公式

当 Word 中使用带有数字的表格时，可以使用公式功能来完成简单的数据计算，并可以设置显示数值的格式。对于较为复杂的数据计算和处理，应使用 Excel 完成，Word 中允许嵌入 Excel 对象。公式以等号开头，在 Word 中插入公式的方法如下：

① 将光标定位至将要显示结果的单元格中。

② 切换至"表格工具–布局"选项卡，单击"数据"组中的"公式"按钮 f_x，在如图 5-42 所示的"公式"对话框中选择"AVERAGE"，在函数的括号中输入计算范围，计算范围可以使用代词，如 left、above 等实现计算功能。

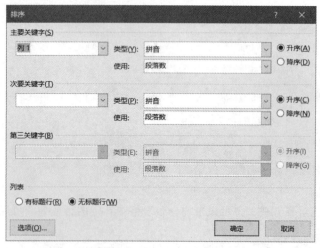

图 5-41 "排序"对话框

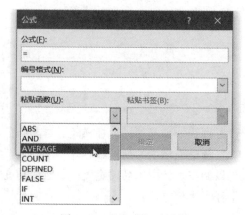

图 5-42 "公式"对话框

③ 与 Excel 类似，Word 表格中的单元格也有名称，用字母表示列，用数字表示行，例如，表格中的第一个单元格名称为 A1，可以使用单元格完成简单的运算。

1. 插入表格及排序

（1）将文本转换成表格

① 双击打开 5-2.docx，另存为 5-3.docx。

② 使用"导航"窗格，快速定位至"3.前期空间实验"，选中末尾的"船箭分离点参数"下方的有规律的相关文字。

③ 切换至"插入"选项卡，在"表格"组中，选择"表格"→"文本转换成表格"命令。

④ 在打开的"将文字转换成表格"对话框中，设置列数为 4，行数为 6，单击"确定"按钮，如图 5-43 所示。

任务 3

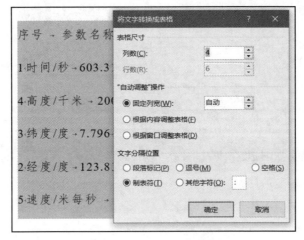

图 5-43　将文字转换成表格

（2）插入列

① 将光标定位至第一行的最后一个单元格。

② 切换至"表格工具-布局"选项卡，单击"行和列"组中的"在右侧插入"按钮。

③ 输入列标题"理论与实际差值"。

④ 将表格中的文字字号设置为五号。

（3）设置按照票数升序排序

选中表格中的全部数据，切换至"表格工具-布局"选项卡，单击"数据"组中的"排序"按钮↓，在打开的"排序"对话框中选择"有标题行"单选按钮，按照"序号"、"数字"和"升序"排序，如图 5-44 所示。

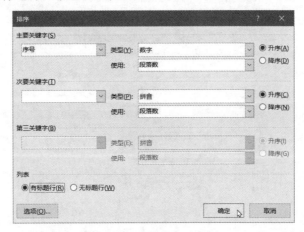

图 5-44　"排序"对话框

2. 数据计算

（1）定位光标

将光标定位至表格第二行最后一个单元格。

（2）编写公式

① 切换至"表格工具–布局"选项卡，单击"数据"组中的"公式"按钮 fx，在打开的"公式"对话框中，输入"=D2–C2"，单击"确定"按钮，如图 5–45 所示。

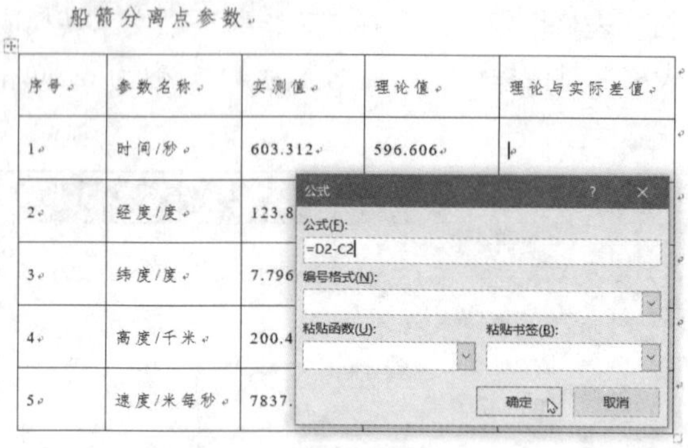

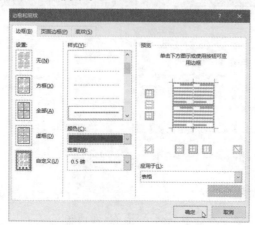

图 5–45　计算差值

② 按照同样方法，在第三行的"理论与实际差值"单元格中，输入公式"=D3–C3"，单击"确定"按钮。

③ 按照类似方法，完成其他差值计算。

3. 应用表格样式并设置对齐

（1）应用样式

选中表格，切换至"表格工具–设计"选项卡，单击"表格样式"组中右下角的 ▾（其他）按钮，打开样式列表，选中"网格表 6 彩色–着色 1"。

（2）设置文字对齐方式

① 选中第一行中所有的单元格，在"表格工具–布局"选项卡下的"对齐方式"组中单击"水平居中"按钮。

② 选中第一、二列中所有的单元格，在"表格工具–布局"选项卡下的"对齐方式"组中单击"水平居中"按钮。

③ 选中第三列至第五列中的所有数字，设置为"中部右对齐"。

（3）个性化框线设置

选中表格，右击，在弹出的快捷菜单中选择"边框和底纹"命令，在打开的"边框和底纹"对话框中，设置外框线使用蓝色、0.5 磅双窄线，如图 5–46 所示。

图 5–46　设置外框

（4）设置表格对齐方式

选中表格，右击，在弹出的快捷菜单中选择"表格属性"命令，切换至"表格"选项卡，设置"对齐方式"为"居中"，如图 5-47 所示。

图 5-47　设置表格居中对齐

（5）平均分布各行

适当调整表格中列宽度，平均分布各行。

任务 4　插入对象

任务描述

打开 5-3.docx，另存为 5-4.docx，参照图 5-48，将正文标题转换成艺术字，插入"玉兔号"相关图片，进行效果设置，插入标签为图的题注，并在"1.概况"的末尾插入交叉引用，在表格下方插入可自动更新的日期，文档末尾插入一个横排文本框，在文本框内插入数学公式，设置文本框的格式，突出文档的科学主题。

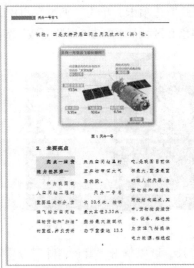

图 5-48　完成状态

解决路径

文档正文标题的文字与需要完成的艺术字一致，可以考虑直接转换。将要制作的艺术字具有映像和阴影，可以转换后进行设置；插入的图片具有阴影和三维效果，图片下方有对图片的说明文字，标签是"图"，后面的编号是自动编号；文档末尾的数学公式需要放在文本框中。在正式的文档中插入图片的参考工作过程如图 5-49 所示。

| 插入图片 | 调整图片大小设置格式 | 插入题注 | 在引用处插入交叉引用 |

图 5-49　任务 4 的学习步骤

相关知识

1．设置图片效果

当在 Word 中插入图片后，除了可以裁剪和调整外，还可以设置图片的阴影、发光、映像、柔化边缘、凹凸和三维旋转等效果，也可以在图片中添加艺术效果或更改图片的亮度、对比度或模糊度。具体操作步骤如下：

① 单击要添加效果的图片。若要将同样的效果添加到多张图片中，单击第一张图片，按住【Enter】键的同时单击其他图片。

② 切换至"图片工具-格式"选项卡，单击"图片样式"组中的"图片效果"，可完成相应效果设置。

2．使用图片样式

Word 预先定义好了一组包含各种图片效果的样式，供用户进行选择。选中图片后，切换至"图片工具-格式"选项卡，指向"样式"组中的图片样式可以预览，单击即可应用该图片效果的样式。

3．调整亮度、对比度及颜色

选中图片后，切换至"图片工具-格式"选项卡，单击"调整"组中的"更正"和"颜色"按钮，可以更改图片的亮度、对比度和颜色、透明色等属性。单击下拉按钮，可弹出对应列表，鼠标指向列表项时进行预览，单击时应用。

4．删除背景

选中图片后，切换至"图片工具-格式"选项卡，单击"调整"组中的"删除背景"按钮，图片上将出现选择区域，通过拖动句柄选择需要保留的颜色和区域后，单击"保留更改"按钮可完成背景删除，操作过程如图 5-50所示。

图 5-50　删除图片背景

如果通过以上操作不能删除指定的背景，可以单击"背景消除"选项卡下的"标记要保留的区域"或"标记要删除的区域"按钮绘制不规则的形状，来保留或者删除指定区域的颜色，如图 5-51 所示。

5．设置艺术效果

选中图片后，可以在"图片工具-格式"选项卡下，单击"调整"组中的"艺术效果"按钮来设置系统预置的艺术效果，或者进行自定义。使用"影印"艺术效果的图片如图 5-52 所示。

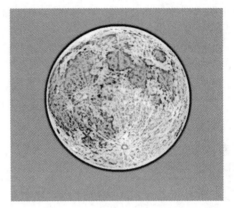

图 5-51　"背景清除"选项卡　　　　　　　　图 5-52　设置艺术效果的图片

提示：单击上述任何一个按钮的下拉按钮，除了选择系统预设的功能外，还可以打开"设置图片格式"对话框进行自定义。

6．位置和环绕文字

选中图片后，切换至"图片工具-格式"选项卡，单击"排列"组中的"位置"按钮设置图片相对于页面的位置和对齐方式；单击"环绕文字"按钮，可选择图片与文字的环绕关系，如图 5-53 所示。

（a）位置选项　　　　　　　　　　　　（b）环绕文字选项

图 5-53　设置图片位置和环绕文字

7．插入数学公式

切换至"插入"选项卡，单击"插图"组中的"形状"按钮，单击相应的数学公式符号，结合文本框可制作简单的公式。

如果需要制作复杂的公式，可以单击"插入"选项卡下"符号"组中的"公式"按钮选择内置的公式模板，或者选择"插入新公式"命令，在"公式工具-设计"选项卡中选择数学公式的结构、连接符，如图 5-54 所示。

图 5-54　数学公式功能区

8. 插入艺术字

艺术字是可添加到文档的装饰性文本。在 Word 中即可插入艺术字，也可将选中的文字转换成艺术字。切换至"插入"选项卡，单击"文本"组中的"艺术字"按钮，选择艺术字风格可插入或将文字转换成艺术字。设置艺术字效果的方法与设置图形效果的方法类似。通过"艺术字样式"组中的"文本效果"→"转换"子菜单可设置艺术字形态。

9. 插入日期和时间

在文档中往往需要使用到日期和时间。首先，Word 可以自动读取系统中的日期和时间，例如，输入系统中默认的年份、月份后直接按【Enter】键，会自动补齐其余内容；切换至"插入"选项卡，单击"文本"组中的"日期和时间"按钮，打开"日期和时间"对话框，进行详细的设置，并可设置"自动更新"以及使用全角和半角等。

10. 题注和交叉引用

在书籍、论文等正式文件中，往往需要对使用到的图片和表格进行编号，并以图××或表××的形式居多。如果在写文档时需要提及某项内容时，常会出现如图×××或表×××所示的情况。在 Word 中可以使用"插入题注"功能为图或表等对象进行标注，使用"交叉引用"功能实现在引用文档中存在的编号项、样式等内容。

插入题注最常用的操作方法是：选中需要插入的对象，右击，在弹出的快捷菜单中选择"插入题注"命令。

插入交叉引用最常用的操作方法是：将光标定位至需要插入题注的位置，切换至"插入"选项卡，单击"交叉引用"按钮，在打开的"交叉引用"对话框中，选择插入引用的类型等其他选项。

任务 4

1. 插入艺术字

（1）将文本转换成艺术字

① 双击打开 5-3.docx，另存为 5-4.docx。

② 选中正文标题文字"中国空间站"。

③ 切换至"插入"选项卡，单击"文本"组中的"艺术字"按钮，选择列表中的"填充-黑色，文本 1，阴影"。

（2）设置艺术字效果

选中插入的艺术字，切换至"绘图工具-格式"选项卡，完成以下设置：

① 设置"文本效果"中"阴影"效果为"右下对角透视"。

② 设置"文本效果"中"发光"效果为"蓝色，5pt 发光，个性色 1"。

③ 设置艺术字位置为"顶端居中，四周型文字环绕"。

④ 设置艺术字环绕文字为"上下型环绕"。

完成后的艺术字如图 5-55 所示。

中国空间站

1. 概述

中国空间站（Chinese Space Station ）指中国计划中的

图 5-55 艺术字格式

2. 插入图片及引用文字

（1）插入图片

① 在"1.概况"的第 6 段末尾按【Enter】键。

② 插入素材图片"中国空间站.jpg"。

③ 调整好图片大小。

（2）设置图片效果

① 切换至"图片工具–格式"选项卡。

② 设置"图片样式"为"居中矩形阴影"。

③ 设置"图片效果"中"棱台"为"圆"。

④ 设置"图片效果"中"三维旋转"为"前透视"。

⑤ 设置"图片颜色"中的饱和度为 400%，色调中的色温为 8800K。

（3）插入题注

① 选中"中国空间站"图片，右击，在弹出的快捷菜单中选择"插入题注"命令。

② 在"题注"对话框中，单击"新建标签"按钮，参照图 5–56 输入标签名称，单击"确定"按钮。

③ 返回"题注"对话框，选择"位置"为"所选项目下方"。

④ 在"题注"对话框中，单击"编号"按钮，取消选择"包含章节号"复选框，单击"确定"按钮。

⑤ 在"题注"对话框中，单击"确定"按钮。

⑥ 在图片下方的题注标签的数字后方输入文字"中国空间站"，居中对齐。

⑦ 选中文档末尾的表格，按照类似的方法，在"题注"对话框中，选择标签为"表"，位置为"所选项目上方"。

（4）插入交叉引用

① 将光标定位至"1.概况"的第 5 段末尾，输入一对括号。

② 将光标定位至括号中，切换至"插入"选项卡。

③ 在"链接"组中单击"交叉引用"按钮，打开"交叉引用"对话框，选择引用类型为"图"，引用题注为"图 1 中国空间站"，选中"插入为超链接"复选框，引用内容选择"只有标签和编号"，如图 5–57 所示。

图 5–56　插入题注

图 5–57　交叉引用

④ 采用类似的方法，在"3. 前期空间实验"末尾，插入"表 1"的交叉引用，并添加相关文字，完成状态如图 5–58 所示。

图1 中国空间站

表 1 船箭分离点参数

序号	参数名称	实测值	理论值	理论与实际差值
1	时间/秒	603.312	596.606	-6.706
2	经度/度	123.810	123.596	-0.214
3	纬度/度	7.796	8.016	0.22
4	高度/千米	200.427	200.413	-0.014
5	速度/米每秒	7837.549	7838.12	0.571

图 5-58 图和表的题注

3. 插入自动更新的日期

① 切换至"插入"选项卡，单击"文本"组中的"日期和时间"按钮，在打开的"日期和时间"对话框中，选择"语言（国家/地区）"为"中文（中国）"，选中"自动更新"复选框，如图 5-59 所示。

② 将光标定位至日期所在行，按【Tab】键缩进，将光标定位至纸张偏右位置。

图 5-59 "日期和时间"对话框

4. 插入文本框和数学公式

（1）插入文本框

① 将光标定位至文档末尾，切换至"插入"选项卡，在"插入"组中，执行"形状"→"文本框"。

② 在文档末尾的空白处，按住鼠标左键，进行拖动，绘制一个文本框。

③ 将光标定位至文本框中。

（2）插入数学公式

① 单击"插入"选项卡"符号"组中的"公式"按钮，输入文字"E=M"。

② 切换至"公式工具-设计"选项卡，在"结构"组中选择"上下标"→"上标"，然后在主框输入"C"，在上标框输入数字"2"。

（3）设置文本框格式

① 选中文本框，切换至"绘图工具-格式"选项卡，在"形状样式"组中，选择"形状填充"→"渐变"→"其他渐变"，参照图 5-60 完成设置。

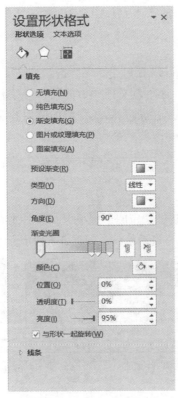

图 5-60　设置填充

② 在"形状样式"组中，选择"形状效果"→"阴影"→"右上斜偏移"命令。

③ 将文本框调整好大小，移动至该页右下角。

④ 根据上述 3 个任务介绍的知识，对插入图片和对象后的文档进行优化，更新目录和页码。

⑤ 保存文件。

任务 5　修订 Word 文档

在日常的文件编辑工作中，经常会遇到修订文档的情况。对文档所做的修订需要标注出来，以便审核者对比修订前后的区别。

任务描述

本任务要求利用 Word 2016 对一篇文档进行修订，标注出各种修改方式，最后决定接受或者拒绝修订。

解决路径

此项工作任务的工作流程可以按照以下 3 个步骤来完成，如图 5-61 所示。

图 5-61　修订文档操作步骤

  **相关知识**

认识 Word 2016 的修订功能

在 Word 2016 的"审阅"选项卡中，可以看到"修订"按钮，如图 5-62 所示。单击"修订"按钮即进入修订状态，这时对文档所做的任何修改，都会自动标注出来。例如，删除的内容会标注为红色的删除线，增加的内容会标注为红色等。

任务实施

1. 启动修订

① 启动 Word 2016，选择"审阅"选项卡，如图 5-63 所示。

② 单击"修订"按钮，启动修订，如图 5-64 所示。

任务 5

图 5-62 "修订"按钮

图 5-63 "审阅"选项卡

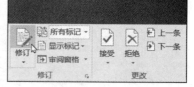

图 5-64 启动修订

2. 标注修订信息

① 在修订模式下修改文档内容，会自动标注修订信息。删除内容会标注为红色的删除线，并且在文档的右侧相应位置会自动标注竖线，如图 5-65 所示。

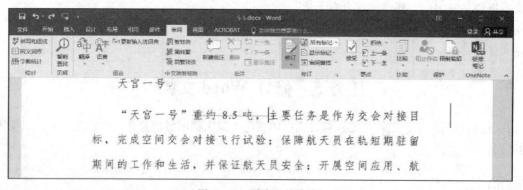

图 5-65 删除文档内容

② 添加的内容会被标注为红色，如图 5-66 所示。

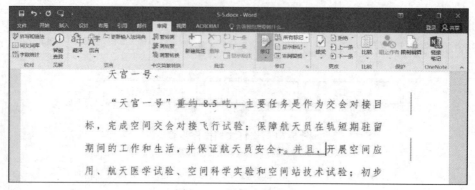

图 5-66 添加文档内容

③ 在修订模式下对文档所做的所有类型操作都会自动标注修订信息，在此不一一赘述。

3. 接受或拒绝修订

① 在"审阅"选项卡右边可以看到"更改"组，如图 5-67 所示。

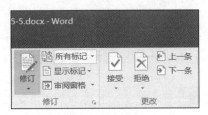

图 5-67 "更改"组

② 在"更改"组中可以对已经标注的修订信息做接受或拒绝处理。单击"接受"按钮，则选定的修订信息按照修订的方式修改，如图 5-68 所示。

③ 单击"拒绝"按钮，则选定的修订信息按照原来的方式显示，如图 5-69 所示。

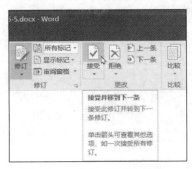

图 5-68 单击"接受"按钮

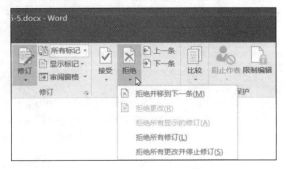

图 5-69 单击"拒绝"按钮

④ "更改"选项的右侧还有"上一条"按钮和"下一条"按钮，用来切换修订信息。

小　结

本单元主要学习了文字排版的常用技术。文字格式设置主要有字体、字号、字形的设置。这些操作可以通过多种方式完成，通过"字体"对话框可以一次完成多种设置；文字构成了段落，段落具有首行缩进、左右缩进、对齐方式、行距等属性，通过"段落"对话框可以完成全部设置；边框和底纹是突出某一些文字或者段落时较为常用的方法，边框和底纹分成文字、页面和段落 3 种作用范围，要因需要而设置；"页面设置"的主要作用是设置纸张大小及相关边距，合理使用打印功能可以大大节约资源。使用制表位和标尺，可以让文本较为灵活地对齐。

表格是最为直观的展示形式，除可以使用插入表格命令建立表格外，还可以将一些分割符有规律的文字直接转换成表格，用户不仅能采用系统提供的内置格式来设置表格的外观，而且可以根据个人喜好进行自定义；表格的对齐方式与单元格对齐方式存在本质的区别，需要在实践中进一步理解。

应用样式后的文档不但可以快速定位，而且还可以方便地插入目录。在制作较长文档时，常会使用到分隔符。通过插入下一页分隔符可以创建新的节，从而实现设置不同的页眉、页脚和页边距。链接、书签和交叉引用可以在文档中实现跳转，脚注和尾注可以方便地在文档中插入注释。当需要一部分文字可以在文档中灵活移动时，往往会使用到文本框。文本框和其他的图形对象一样，可以设置各种格式和组合。实现上述功能的做法并不唯一，需要多加强练习，熟练掌握。

Word 2016 修订功能也是部门内部文档编辑、交流的常用功能。其使用方法也需要多加练习，操作完毕后要时常进行总结和反思。

习　题

请上网搜索与"C919"有关的文字、数据和图片素材，制作一篇图文、数据并茂的文档。具体要求如下：

1. 具有封面。
2. 具有一级和二级标题，标题含有自动编号的阿拉伯数字。
3. 具有目录、页眉和页码。
4. 正文页码从 1 开始。
5. 文档中至少具有 3 张图片，每张图片都有题注，引用部分采用交叉引用实现。
6. 至少包括 1 张表格，表格中含有使用公式计算的数字，按照某种规则排序，要美观。
7. 包含文本框、数学公式及链接网址的文字。
8. 包含 1~2 个脚注及尾注。
9. 进行合适的页面设置。

单元 **6**

电 子 表 格

微软公司在 2016 年 9 月正式发布了 Office 2016，虽然其中的 Excel 2016 与 Excel 2010 在界面外观上没有明显变化，但学习了本单元 Excel 2016 新功能及新功能特性以后，读者将会了解到 Excel 2016 在细节上有诸多优化。

1. Microsoft Excel 2016 的界面

Microsoft Excel 2016 的主要功能是制作电子表格，并提供数据运算、筛选排序、图表制作和数据共享与传递功能。启动软件后，系统会自动打开模板，包括"学年日历""公式教程""数据透视表教程"等多种模板，供读者使用。首先了解创建一个空白工作簿，并默认将第 1 个单元格作为活动单元格，界面布局如图 6-1 所示。

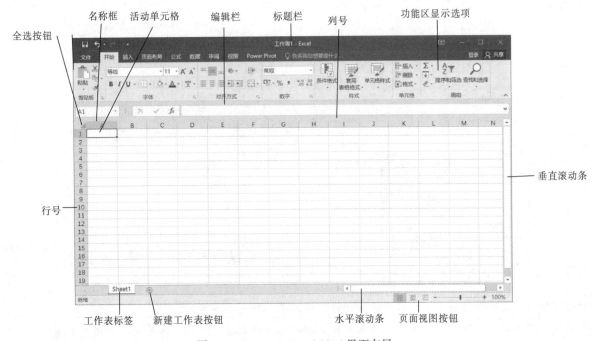

图 6-1 Microsoft Excel 2016 界面布局

2. Excel 2016 的新功能

（1）操作说明搜索框

Excel 2016 中的功能区上的一个文本框，其中显示"告诉我您想要做什么"。这是一个文本字段，可以在其中输入与接下来要执行的操作相关的字词和短语，快速访问要使用的功能或要执行的操作，如图 6-2 所示。

图 6-2 操作说明搜索框

（2）六种图表类型

在 Excel 2016 中，添加了六种新图表以帮助用户创建财务或分层信息的一些最常用的数据可视化，以及显示用户的数据中的统计属性。在"插入"选项卡上单击"插入层次结构图表"，可使用"树状图"或"旭日图"图表，单击"插入瀑布图或股价图"可使用"瀑布图"，或单击"插入统计图表"可使用"直方图"、"排列图"或"箱形图"。

（3）3D 地图

三维地理可视化工具 Power Map 经过了重命名，现在内置在 Excel 中可供所有 Excel 2016 客户使用。新发布的 Office 2016 自带了 Power Map 的插件，还能在播放的时候将二维地图和三维地球完美对接，形成电影里镜头拉伸的高端效果。

Microsoft 3D 地图 for Excel 是一个三维 (3D) 数据可视化工具，可用于以新方式查看信息。使用 3D 地图可以发现传统二维表和图表中可能无法显示的内容。使用 3D 地图，可以在 3D 地球或自定义地图上绘制地理和时态数据，显示这些数据，并创建可以与其他人分享的视觉浏览，效果如图 6-3 所示。

（4）墨迹公式

可以在任何时间转到"墨迹公式"。单击"插入"选项卡"符号"组中的"公式"下拉按钮，选择"墨迹公式"命令，如图 6-4 所示。

图 6-3　3D 地图

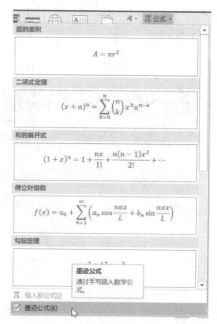

图 6-4　墨迹公式

单击墨迹公式之后会弹出一个"数学输入控件"对话框，如图 6-5 所示。

读者使用写入时手写输入。手写输入公式之后会模糊的匹配最近的一个公式符号，如图 6-6 所示。

图 6-5　"数学输入控件"对话框

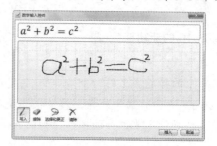

图 6-6　手写输入公式

输入完成之后单击"插入"按钮可以把当前的公式插入到表格中，如图 6-7 所示。

在插入完成之后还可以单击上面的公式符号进行修改，根据提示即可更改或者插入完成，如图 6-8 所示。

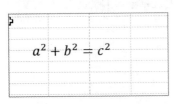

图 6-7　公式插入到表格

图 6-8　修改公式

还可以使用触摸设备，用手指或触摸笔手动写入数学公式，Excel 2016 会将它转换为文本，以便在工作簿中包含复杂的数学公式。

Excel 2016 是目前最流行的电子表格软件之一，具有强大的计算和分析能力以及出色的图表功能，能够胜任从简单的家庭理财到复杂的财务分析、数学分析和科学计算等各种工作。

学习目标

- 熟练掌握布局与排版。
- 掌握数据管理。
- 掌握图表的应用。

任务 1　简单布局与排版

建立与管理工作簿是学习 Excel 的基础，需要读者掌握这些应用技能，熟练掌握快速输入数据、建立工作簿及工作表，以及修饰、设置单元格格式等方面的技能。通过任务 1 的学习，读者可以掌握电子表格的基本应用。

任务描述

要求利用 Excel 2016 工作表进行创建、编辑、格式设置等操作，完成"成绩统计表"的编制。首先要输入数据，然后对这些原始数据做基本的格式化处理，包括应用表格边框、设置标题文字、设置单元格底纹、工作表复制、重命名等，结果如图 6-9 所示。

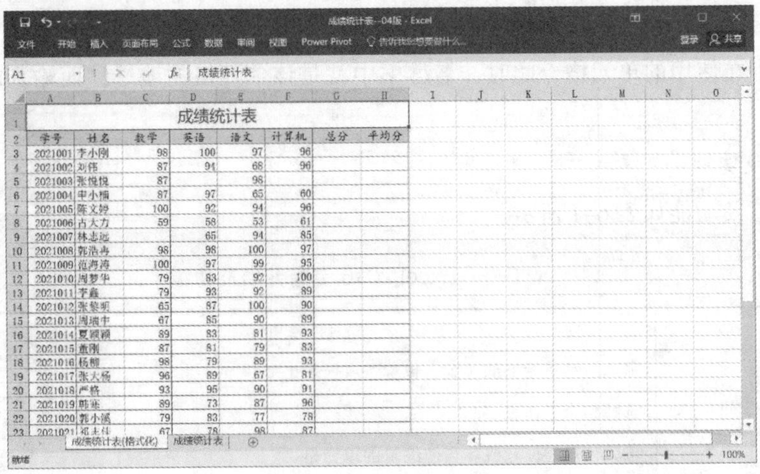

图 6-9　"成绩统计表"结果图

解决路径

任务 1 主要是创建一个工作簿，在指定的工作表中录入一定的数据，对该工作表进行美化、设置，然后预览设置好的工作表。总体来说，该任务的工作流程可以按照以下 4 个步骤来完成，如图 6-10 所示。

图 6-10　任务 1 的学习步骤

相关知识

1. 认识工作簿与工作表

Excel 2016 采用结构导向的用户界面，简单地说就是按照应用的特性来分配功能、命令等的排列，因此微软统计出用户最常用的命令及功能，放在最"顺手"的地方。

Excel 电子表格是由工作簿、工作表和单元格三层结构组成。工作簿由工作表组成，工作表由单元格组成，参见图 6-1。单元格是数据的实际存储位置，对数据的访问是通过单元格的地址进行的。

在 Excel 2016 中，每个工作簿可以包含几千个工作表，每个工作表最多可有 1 048 576 行（行号为 1～1 048 576）、16 384 列（列号为 A～XFD），完全可以满足日常工作生活中大量数据处理的需求。

2. 管理工作表

新建的 Excel 空白工作簿默认有一张工作表，以 Sheet1 命名。可根据个人需求自行插入、删除、移动、复制或隐藏工作表，或利用重新命名工作表名称或设置工作表标签颜色的方式，区别各工作表内容的数据属性或重要级别等特性，方便在多张工作表中快速查找所需要的数据。

在管理工作表时，如果要为工作表重命名，可以双击工作表标签，然后重新命名。也可以在工作表标签上右击，在弹出的快捷菜单中选择"重命名"命令，为工作表重新命令，如图 6-11 所示。

通过快捷菜单可以"插入"新工作表、"删除"当前工作表、"移动或复制"当前工作表、设置"工作表标签颜色"、"隐藏"当前工作表或"取消隐藏"工作表，还可以"选定全部工作表"。

3. 单元格的基本概念

① 单元格地址：表示单元格在工作表中位置列与行的交叉处，每个单元格都有一个唯一的地址来对应。

图 6-11　工作表的快捷菜单

② 活动单元格：正在使用的单元格，此时，名称框中就是该单元格的地址，而输入的数据也都会被保存在该单元格中。

4. Excel 专有元素及功能

Excel 2016 专有元素及功能如表 6-1 所示。

表 6-1　Excel 2016 专有元素及功能

元　素	功　　能
名称框	显示活动单元格的位置，也称参考区域
全选按钮	选择整个工作表
活动单元格	输入信息的位置或者当前编辑的单元格
插入函数	打开一个帮助用户选择并插入内置函数的对话框

续表

元 素	功 能
公式栏	显示活动单元格内的公式
列标	以字母表示列的顺序
行号	以数字表示行的顺序
工作表导航栏	改变这些按钮右侧的工作表标签的当前显示
数据选项卡	主要用于筛选、排序数据等操作

5. 工作表中的数据输入

数据输入是电子表格最基本的操作。在 Excel 2016 中可以输入文本、数值、公式，如表 6-2 所示。

表 6-2 数据输入说明

数据类型	说 明
字符型 (文本)	当输入文本时，文本会显示在单元格中，默认为左对齐。如果输入的文本比单元格宽，文本会占用邻近的空白单元格
数值	数字型的值，默认为右对齐
公式	由数值、单元格地址、算术运算符和函数组成

6. 选择单元格

在执行操作前，必须选中所需操作的单元格部分。

选择的范围可以是一个独立的单元格、几个单元格或者整个电子表格。这些单元格保持被选中的状态（高亮），直到单击另一个单元格或按一个方向键。被选择的范围以与正常颜色相反的颜色显示。单元格的选择方法如表 6-3 所示。

表 6-3 单元格的选择方法

选择范围	选择方法
一个单元格	单击单元格
扩大选择区	单击单元格，然后拖动到期望范围的尾部；也可以单击第一个单元格，然后按住【Shift】键单击期望范围的尾部
一整行	当看到行头符号（➡）时单击行首
一整列	当看到列头符号（⬇）时单击列首
整个电子表	单击"全选"按钮
不相邻的列、行或单元格	单击列、行或单元格，然后按住【Ctrl】键单击下一个列、行或单元格，也可以拖动以选择多个单元格
多行	单击某一行，然后拖动相应行数
多列	单击某一列，然后拖动相应列数

7. 自动填充

填充功能会根据指定的数据，以相同内容、等差数列、等比数列的方式，自动填入单元格的区域中。使用时可以使用鼠标拖动或单击"开始"→"编辑"→"填充"按钮选择相关填充功能。

在日常使用 Excel 的过程中，经常涉及填充一些数据与系列的操作，这时使用填充柄会使得操作变得很方便。填充柄是位于选定区域右下角的小黑方块。用鼠标指向填充柄时，鼠标的指针更改为黑十字。拖动填充柄可复制数据或在相邻单元格中填充一系列数据。Excel 默认的填充方式是复制单元格，即填充的内容为选择单元格的内容与格式。

在录入数据时，当相邻单元格中要输入相同数据或按某种规律变化的数据时，可以使用 Excel 的自动填充功能实现快速输入。

（1）填充相同的数据

如果要输入的数据在连续的几个单元格中是重复的，可以先将数据输入到一个单元格中，再使用填充柄拖动的方式填充到其他单元格。

（2）填充已定义的序列

选择"文件"→"选项"命令，打开"Excel 选项"对话框，在"高级"类别→"常规"中，单击"编辑自定义列表"按钮（见图 6-12），打开"自定义序列"对话框，如图 6-13 所示。在"自定义序列"列表中可以看到几组已有的列表，如果在使用时用到这些列表就可以用填充的方法快速输入。具体做法是首先输入序列中的一条数据，然后使用填充柄填充其他单元格。

图 6-12 "Excel 选项"对话框

图 6-13 "自定义序列"对话框

（3）填充数值序列

除了利用已定义的序列进行自动填充外，还可以指定某种规律（等差、等比等）进行自动填充。

例如，要在 B3:B17 单元格区域输入 1～15 的序号，这些数据是连续的，如图 6-14 所示。首先在 B3 和 B4 单元格中分别输入 1 和 2，鼠标指针移到填充柄，此时，指针呈"✚"状，拖动它向下直到 B17，松开鼠标左键。B3:B17 的单元格中填充了 1～15 的数据。或者先在 B3 单元格中输入 1，选择"开始"→"编辑"→"填充"→"序列"命令，打开"序列"对话框，如图 6-15 所示。选中"列"和"等差序列"单选按钮，"步长值"设为 2，"终止值"设为 30，单击"确定"按钮。

	A	B	C	D
1		数字		
2	单一	数列	等差	等比
3	3/5	1	2	2
4	3/5	2	4	4
5	3/5	3	6	8
6	3/5	4	8	16
7	3/5	5	10	32
8	3/5	6	12	64
9	3/5	7	14	128
10	3/5	8	16	256
11	3/5	9	18	512
12	3/5	10	20	1024
13	3/5	11	22	2048
14	3/5	12	24	4096
15	3/5	13	26	8192
16	3/5	14	28	16384
17	3/5	15	30	32768
18				
19		Dongmei Hou:		
20		数字设定为分数		

图 6-14 自动填充序列

 提示

等比系列的自动填充，如图 6-14 中的"D 列"的内容，输入的方法：在"D3"单元格输入数字 2，然后选中"D3:D17"单元格区域（包括 D3），选择"开始"→"编辑"→"填充"→"序列"命令，弹出"序列"对话框。选中"列"和"等比序列"单选按钮，"步长值"设为 2，"终止值"设为 32768，单击"确定"按钮，如图 6-16 所示。

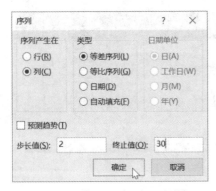

图6-15　等差"序列"对话框

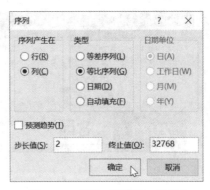

图6-16　等比"序列"对话框

8. 新建、打开、保存、关闭工作簿

（1）启动Excel 2016

方法一：单击"开始"按钮从E区选择"Excel 2016"命令，启动Microsoft office Excel 2016并建立一个新的工作簿。

方法二：双击一个已有的Excel工作簿，也可启动Excel并打开一个相应的工作簿。

（2）新建工作簿

方法一：选择"文件"→"新建"命令，打开"新建工作簿"界面，如图6-17所示。在"模板"列表框中单击"空白工作簿"选项即可创建一个空白工作簿。

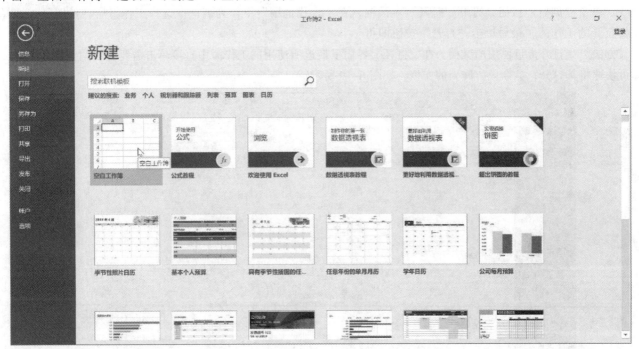

图6-17　新建文档

方法二：选择"文件"→"新建"命令，打开"新建工作簿"界面，在"模板"列表框中选择其他模板，建立一个已经设置好的工作簿。例如，建立一个"学年日历"工作簿，如图6-18所示。

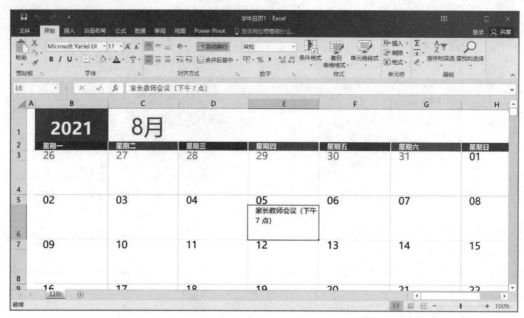

图 6-18 "学年日历"工作簿

（3）打开工作簿

方法一：通过"打开"对话框打开工作簿。启动 Excel 应用程序后，在 Excel 窗口中选择"文件"→"打开"命令，单击"浏览"按钮，打开"打开"对话框，在"查找范围"下拉列表框中选择工作簿所在的路径，选择需要打开的工作簿，最后单击"打开"按钮即可。

方法二：打开最近使用的文档。在"打开"界面下最近所使用的工作簿中直接单击需要打开的工作簿名称，即可快速将其打开，如今天、昨天的文档，如图 6-19 所示。

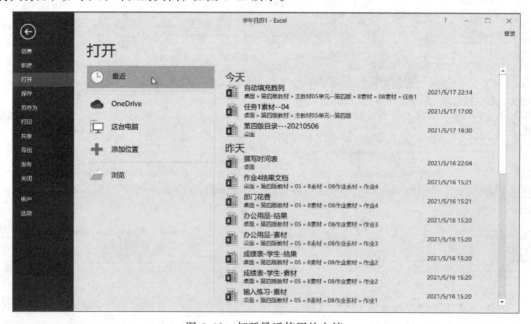

图 6-19 打开最近使用的文档

（4）保存工作簿

方法一：在编辑工作表内容后，如果需要保存对工作簿的编辑，单击"快速访问工具栏"中的"保存"按钮即可。

如果工作簿是第一次保存，则打开如图 6-20 所示的"另存为"界面，单击"浏览"按钮，选择保存位置为

（D\作业），在"文件名"文本框中输入名称"学年日历 2"，单击"保存"按钮即可，如图 6-21 所示。

图 6-20   "另存为"界面

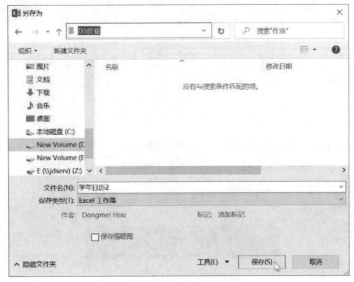

图 6-21   "另存为"对话框

方法二：直接按【Ctrl+S】组合键对工作簿进行保存。

（5）关闭工作簿

对工作簿进行编辑并保存或打开并浏览内容后，如果不再需要使用该工作簿，可以将其关闭。

方法一：通过菜单命令关闭。选择"文件"→"关闭"命令，即可快速关闭当前工作簿。

方法二：通过窗口控制按钮关闭。在 Excel 窗口右上角，单击窗口控制按钮的"关闭"按钮，即可关闭工作簿。

方法三：通过右击任务栏关闭。在任务栏中右击需要关闭的工作簿名称，在弹出的快捷菜单中选择"关闭"命令即可。

任务实施

1. 创建并保存工作簿

① 启动 Excel 2016，选择"文件"→"保存"命令，单击"浏览"按钮，打开"另存为"对话框。

任务 1

② 在"保存位置"下拉列表框中选择"D:\EXCEL\任务",在"文件名"文本框中输入"成绩统计表",在"保存类型"列表框中选择"Excel 工作簿"选项,如图 6-22 所示。

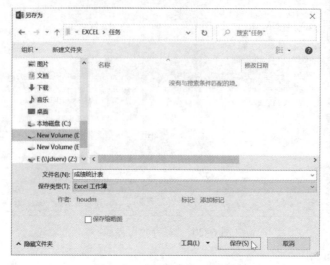

图 6-22 "另存为"对话框

③ 单击"保存"按钮。

2. 输入数据并命名工作表

① 单击工作表 Sheet1。

② 选择 A1 单元格,输入"成绩统计表"。

③ 按照图 6-9 表格中的内容,在相应单元格输入所有的数据。

④ 右击工作表标签 Sheet1,在弹出的快捷菜单中选择"重命名"命令,将工作表 Sheet1 命名为"成绩统计表",如图 6-23 所示。

⑤ 操作结果如图 6-9 所示。

图 6-23 命名工作表

3．设置表格

（1）复制工作表并命名

① 右击"成绩统计表"工作表，在弹出的快捷菜单中选择"移动或复制"命令，打开"移动或复制工作表"对话框，选中"建立副本"复选框，如图 6-24 所示。

② 单击"确定"按钮。完成复制工作表的任务（原"成绩统计表"的前面复制一张名称为"成绩统计表（2）"的工作表）。

③ 右击工作表标签"成绩统计表（2）"，在弹出的快捷菜单中选择"重命名"命令，将工作表"成绩统计表（2）"命名为"成绩统计表（格式化）"。

图 6-24 移动或复制工作表

（2）设置标题格式

① 设置标题合并居中，方法是选择单元格区域 A1:H1，在"开始"选项卡的"对齐方式"组中，单击"合并后居中"按钮。

② 调整标题行的行高，方法是将鼠标移动到行 1 和行 2 之间的分隔线上，当鼠标指针变为双向实心箭头时，按住鼠标左键向下拖动到适当位置松开鼠标。

③ 选择标题所在单元 A1，在"开始"选项卡的"字体"组中打开"字体"下拉列表，选择"微软雅黑"；打开"字号"下拉列表选择"16"；单击"字体颜色"下拉按钮，选择"标准色"中的"蓝色"。

（3）设置第二行标题格式

① 选择 A2:H2 单元格区域。

② 在"开始"选项卡的"字体"组中打开"字体"下拉列表，选择"楷体、12 号"；填充颜色为"茶色，背景 2，深色 10%"。

③ 在"开始"选项卡的"对齐方式"组中，单击右下角的"扩展"按钮，打开"设置单元格格式"对话框，选择水平、垂直全部"居中"对齐，单击"确定"按钮。

（4）设置表格的边框（外边框要求双实线；内边框要求单实线）

① 选择 A2:H12 单元格区域。

② 单击"开始"选项卡"字体"组右下角的扩展按钮，打开"设置单元格格式"对话框，切换到"边框"选项卡，如图 6-25 所示。

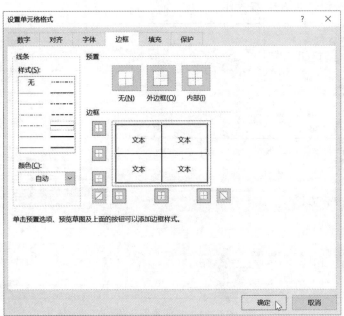

图 6-25 "边框"选项卡

③ 在"样式"列表框中选择"双实线",单击"预置"中的"外边框"按钮；然后在"样式"列表中选择"单实线",单击"预置"中的"内部"按钮。

④ 在"设置单元格格式"对话框中，单击"确定"按钮，完成边框设置。

4.工作表的页面设置

① 打开"成绩统计表"，在"页面布局"选项卡的"页面设置"组中单击"纸张大小"按钮，在弹出的下拉列表中选择"A4"选项。

② 在"页面布局"选项卡的"页面设置"组中单击"纸张方向"按钮，在弹出的下拉列表中选择"纵向"。

③ 在"页面布局"选项卡的"页面设置"组中单击"页边距"按钮，在弹出的下拉列表中选择"自定义边距"命令，打开"页面设置"对话框，切换到"页边距"选项卡，在"上"和"下"微调框中均输入"5"，在"左"和"右"微调框中均输入"3"，然后选中"水平"和"垂直"复选框，使表格在页面中水平或垂直居中放置，使打印时表格更加协调、美观，如图 6-26 所示。

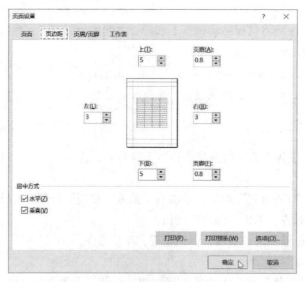

图 6-26 设置页边距

④ 单击"打印预览"按钮，如图 6-27 所示。

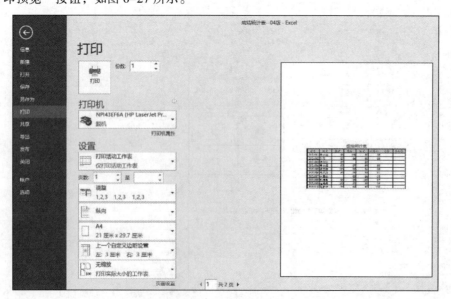

图 6-27 打印预览效果

任务 2　应用公式与常用函数

本任务介绍如何在 Excel 中使用公式，包括创建简单的公式和一些常用函数、冻结窗格等操作。

任务描述

通过任务 1 的学习，用户已经可以在工作表中任意输入数据，对工作表进行简单修饰和打印预览，这仅仅是制作表格最基本的功能。Excel 最强大的功能是公式计算和函数处理，以及对数据的处理。本任务将着重介绍 Excel 中的公式、常见函数及冻结窗格的应用。

解决路径

"任务 2"主要是利用 "任务 1"的数据，进一步完成"成绩统计表"的公式、函数计算及冻结窗格等操作。总体来说，此项工作任务的工作流程可以按照以下 5 个步骤来完成，如图 6-28 所示。

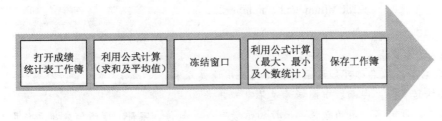

图 6-28　任务 2 的学习步骤

相关知识

1. 函数

Excel 2016 提供了七大类内置函数，包括文本处理函数、逻辑运算函数、日期时间函数、数学统计函数、信息反馈函数、查找引用函数、格式显示函数等，如表 6-4 所示。使用函数进行计算，在简化公式的同时提高了工作效率。

表 6-4　七大类内置函数

类　别	类别名称	函　数　名　称
第一类	文本处理函数	TRIM、CONCATENATE、REPLACE、SUBSTITUE、LEFT、RIGHT、MID 等
第二类	逻辑运算函数	IF、IFERROR、IFNA、AND、OR、NOT 等
第三类	日期时间函数	DATEDIF、NETWORKDAYS、NOW 函数、TODAY、WEEKDA、WEEKNUM、DATE、TIME 等
第四类	数学统计函数	SUM、SUMIF、SUMIFS、SUMPRODUCT、COUNT、COUNTIF、COUNTIFS、COUNTA、COUNTBLANK、RAND、RANDBETWEEN、AVERAGE、SUBTOTAL 等
第五类	信息反馈函数	EXACT、LEN、IS 等
第六类	查找引用函数	VLOOKUP、HLOOKUP、INDEX、MATCH SEARCH、FIND、CHOOSE、ROW / COLUMN、OFFSET、INDIRECT、ADDRESS 等
第七类	格式显示函数	TEXT、UPPER / LOWER、PROPER、ROUD、ROUNDUP、ROUNDDOWN、REPT 等

（1）函数的格式

=函数（个数，数值，单元格引用）

（2）常用函数

常用的函数如表 6-5 所示。

表6-5　常用函数

序　号	名　　称	功　　能
1	SUM	计算单元格区域之和
2	AVERAGE	返回指定单元格的平均值（算术平均值）
3	COUNT	返回包含数字的单元格的个数
4	MAX	返回指定单元格的最大值
5	MIN	返回指定单元格的最小值

提示

所有函数都包含3部分：函数名、参数和圆括号。下面以求和函数 SUM 为例说明：

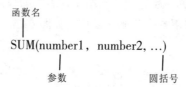

① SUM 是函数名称，从名称可知该函数的功能及用途是求和。

② 圆括号用来括起参数，在函数中圆括号是不可以省略的。

③ 参数是函数在计算时所使用的数据。函数的参数可以是数值、字符、逻辑值或单元格引用，如 SUM(2,6)、SUM(C2:F2) 等。

（3）在函数中引用单元格区域的格式

<第一个引用单元格地址>:<最后一个引用单元格地址>

例如：

A10:B15

C5:C25

① 可采用直接输入单元格地址或者使用鼠标选取的方法来指定任意一个范围。

② 在求总和时，可以单击"开始"→"编辑""自动求和"按钮，Excel 会立即选择当前单元格上方或者左侧的相关区域。

③ 确认所选范围是否正确，如果单元格之间有空白记录出现，那么所选范围可能不是所有需要求和的单元格。

④ 单击"自动求和"按钮旁的下拉按钮可以显示其他的常用函数，或选择"其他函数"命令选择不同功能的函数，如图6-29所示。

⑤ 当需要手动输入单元格区域时，可按住鼠标左键拖动选择单元格区域，这样可以可视化地识别单元格区域，从而减少了输入不正确的单元格引用的可能性。

2. Excel 公式中的运算符

图 6-29　常用函数

Excel 公式中的运算符有算术运算符、文本运算符、比较运算符和单元格引用运算符。

（1）算术运算符

算术运算符主要完成对数值型数据进行加、减、乘、除等数学运算。Excel 提供的算术运算符如表6-6所示。

表6-6　算术运算符

算术运算符	含　　义	举　　例
+	加法运算	=B5+B8
−	减法运算	=16−A6

续表

算术运算符	含　义	举　例
*	乘法运算	=D2*D6
/	除法运算	=D9/16
%	百分号	=2%
^	乘方运算	=8^2

（2）文本运算符

"&"是 Excel 的文本运算符，它可以将文本与文本、文本与单元格内容、单元格与单元格内容等连接起来。

例如，D5 单元格输入公式为"=B2&B3"是将 B2 单元格和 B3 单元格的内容连接起来，D5 单元格的结果为"电子表格"4 个汉字，如图 6-30（a）所示。

又如，E5 单元格输入公式为"=D5&"的应用""是将 D5 单元格的内容与字符串"的应用"的内容连接起来，要在公式中直接输入文本，必须用双引号把输入的文本括起来，双引号必须是英文半角，结果如图 6-30（b）所示。

（a）应用示例（一）

（b）应用示例（二）

图 6-30　文字运算符的应用

（3）比较运算符

Excel 的比较运算符可以完成两个运算对象的比较，并产生逻辑值 TRUE（真）或 FALSE（假）。详细内容如表 6-7 所示。

表 6-7　比较运算符

比较运算符	含　义	举　例
=	等于	=D2=D3
<	小于	=D2<D3
>	大于	=D3>D2
<>	不等于	=D2<>D3
<=	小于等于	=D2<=D3
>=	大于等于	=D2>=D3

（4）单元格引用运算符

在进行计算时，常常要对工作表单元格区域的数据进行引用，通过使用引用运算符可告知 Excel 在哪些单元格中查找公式中要用的数值。引用运算符及含义如表 6-8 所示。

表 6-8　引用运算符

引用运算符	含　义	举　例
:	区域运算符（引用区域内全部单元格）	=Sum(D2:D9)
,	联合运算符（引用多个区域内的全部单元格）	=Sum(D2:D5,C2:C5)
空格	交集运算符（只引用交叉区域内的单元格）	=Sum(B2:D3　C1:C5)

1. 打开"成绩统计表"工作簿

① 启动 Excel 2016，选择"文件"→"打开"命令。

② 单击"浏览"按钮，在"打开"对话框中选择"D:\EXCEL\任务"，查找"成绩统计表.xlsx"工作簿，单击"打开"按钮，选择"成绩统计表（格式化）"工作表。

2. 利用公式计算（求和、求平均）

① 选中单元格 G3，单击"开始"→"编辑"→"自动求和"按钮，如图 6-31 所示。

G3			✕ ✓ fx	=SUM(C3:F3)				
	A	B	C	D	E	F	G	H	I
1				成绩统计表				
2	学号	姓名	数学	英语	语文	计算机	总分	平均分
3	2021001	李小刚	98	100	97	96	=SUM(C3:F3)	
4	2021002	刘伟	87	94	68	96		
5	2021003	张悦悦	87		98			
6	2021004	申小楠	87	97	65	60		
7	2021005	陈文婷	100	92	94	96		
8	2021006	古大力	59	58	53	61		

图 6-31 求和

注意：单元格中显示"=SUM(C3:F3)"，且单元格区域 C3:F3 被虚线框选中，同时 Excel 显示出一个可供选择的方法，即用各个单元格的数据值输入这个公式。

② 按【Enter】键确认此公式，或者单击编辑区左侧的 ✓ 按钮。

③ 选中单元格 G3，使用"填充柄"复制公式到单元格 G4:G34。

④ 选中单元格 H3，选择"开始"→"编辑"→"自动求和"→"平均值"命令。

⑤ 选中单元格 H3，使用"填充柄"复制公式到单元格 H4:H34，如图 6-32 所示。

H3			✕ ✓ fx	=AVERAGE(C3:F3)				
	A	B	C	D	E	F	G	H	I
1				成绩统计表				
2	学号	姓名	数学	英语	语文	计算机	总分	平均分
3	2021001	李小刚	98	100	97	96	391	=AVERAGE(C3:F3)
4	2021002	刘伟	87	94	68	96	345	
5	2021003	张悦悦	87		98		185	
6	2021004	申小楠	87	97	65	60	309	
7	2021005	陈文婷	100	92	94	96	382	
8	2021006	古大力	59	58	53	61	231	
9	2021007	林志远		65	94	85	244	
10	2021008	郭浩冉	98	98	100	97	393	

图 6-32 求平均值

3. 冻结窗格

有时候在滚动浏览表格时，需要固定显示表头及标题行。下面结合"任务 2"的内容，介绍冻结窗格命令，实现这种效果。

① 选中"第三行"的任意一个"单元格"作为当前活动单元格，单击"视图"→"窗口"→"冻结窗格"下拉按钮，选择"冻结拆分窗格"命令，此时滑动鼠标，观察表格的变化，发现该工作表第一、二行不动，从第三行向下的数据在滚动。

② 再次单击"冻结窗格"下拉按钮，选择"取消冻结窗格"命令即可取消冻结状态。

③ 也可以在下拉列表中选择"冻结首行"或"冻结首列"命令，快速冻结表格首行或首列。

④ 如需变换冻结位置，需要先取消冻结，然后再执行一次冻结窗格操作。

4. 利用公式计算最大、最小及统计个数

① 将"成绩统计表"工作簿冻结在 A21 处，然后计算"总分"列的"最高"和"最低"成绩，计算"数学"和"语文"科目的实际参加考试人数。

注意： 需要看一些成绩表中的最大、最小及实际考试人数，可以采用第②步中的函数。

② 在下列单元格中输入如下内容：

单元格	内容公式
A38	最小值：B38=MIN(G3:G34)
A39	最大值：B39=MAX(G3:G34)
A41	数学实考人数：B41=COUNT(C3:C34)
A42	语文实考人数：B42=COUNT(E3:E34)

③ 输入后显示的结果如图 6-33 所示。

	A	B	C	D	E	F	G	H
1					成绩统计表			
2	学号	姓名	数学	英语	语文	计算机	总分	平均分
22	2021020	郭小溪	79	83	77	78	317	79
23	2021021	祁志佳	67	78	98	87	330	83
24	2021022	赵晓芳	90	67	77	78	312	78
25	2021023	周海燕	56	83	90	94	323	81
26	2021024	袁康康	67	90	87	67	311	78
27	2021025	龚亮亮	90	83	89	95	357	89
28	2021026	桑烁硕	83	82	67	82	314	79
29	2021027	李佳冉	79	90	89	78	336	84
30	2021028	侯莉莉	69	76	74	92	311	78
31	2021029	刘文婷	90	88	89	76	343	86
32	2021030	窦彬彬	77	71	65	78	291	73
33	2021031	吴欣娜	79	92	59	90	320	80
34	2021032	徐晓静	89	83	88	78	338	85
35								
36								
37								
38	最小值：	185						
39	最大值：	393						
40								
41	数学实考人数：	31						
42	语文实考人数：	32						
43								

图 6-33　显示最大、最小及人数

5. 保存工作簿

保存并关闭"成绩统计表.xlsx"工作簿。

任务 3　进一步应用公式与函数

本任务介绍如何在电子表格中应用常用统计函数，如名次的统计、条件格式的使用、公式的审核等。

任务描述

通过任务 2 的学习，已经掌握了 Excel 中的公式、常见函数的基本应用。本任务将着重介绍 Excel 中的公式、常用统计函数的应用及公式审核等功能。

解决路径

本任务通过对学生考试成绩单的分析，算出与之相关的一些数值，如每一个同学的班级名次、各科分数的平均值、各科的优秀率及及格率、公式审核等。总体来说，此项工作任务的工作流程可以按照以下 9 个步骤来完成，如图 6-34 所示。

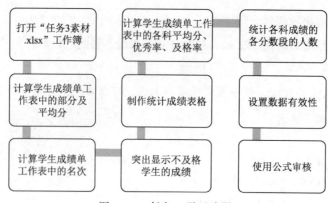

图 6-34 任务 3 学习步骤

相关知识

1. 单元格引用方式

单元格引用方式有 3 种：相对引用，例如 A1、B5；绝对引用，例如$A$5、$C$6；混合引用例如$A2、D$3。

（1）相对引用的概念

Excel 中大多数公式内引用的单元格地址是相对的，如果复制一个包含相对引用的公式，它会在新的位置自动调整引用的单元格地址。例如，假设有一个公式在一列中将 3 行数据相加，把同样的公式复制到新列中，新列公式中的 3 行引用单元格地址是与新列相对应的 3 行地址。

（2）绝对引用的概念

单元格中的绝对引用是指公式中引用的单元格不随公式所在单元格位置的变化而变化。

（3）相对、绝对、混合引用的概念

要将公式或者函数中的相对引用改为绝对（固定）引用，可使用以下方法：

① 在单元格列标或行号前输入$字符，使用$来锁定引用。

② 在输入单元格地址时按【F4】键。

③【F4】键为绝对引用提供了 4 种选择（如 B2 单元格地址）：

- 在首次引用的单元格中按【F4】键，单元格地址的行和列都变为绝对引用（$B$2）。
- 再按一次，只有单元格地址中的行号为绝对引用（B$2）。
- 第三次按此键，只有单元格地址中的列标为绝对引用（$B2）。
- 第四次按此键，将删除单元格地址中行号和列标的绝对引用，变为相对引用（B2）。

一个单元格引用可能是相对引用和绝对引用的组合。绝对列引用是指当公式被复制到新地址时，列标（如$B）被当作常量，而行号会被随机调整；绝对行引用是指当公式被复制到新地址时，行号（如$2）被当作常量，而列标会被随机调整。

2. RANK 函数

计算学生名次要用 RANK 函数，RANK 是 Excel 中的一个统计函数，最常用的是求某一个数值在某一区域内的排名。

其语法格式为：RANK（Number,Ref,Order）。其中，Number 为参与计算的数字或含有数字的单元格；Ref 是对参与计算机的数字单元格区域的绝对引用；Order 是用来说明排序方式的数字（如果 Order 为零或省略，则以降序方式输出结果，反之按升序方式）。

3. COUNTIF 函数

计算学生成绩单中各科的优秀率、及格率要用 COUNTIF 函数。COUNTIF 函数可以统计单元格区域中满足给定条件的单元格的个数。

其语法格式为：COUNTIF(Range,Criteria)。其参数 Range 表示需要统计其中满足条件的单元格数目的单元格区域；Criteria 表示指定的统计条件，其形式可以为数字、表达式、单元格引用或文本。在运用 COUNTIF 函数时要注意，当参数 Criteria 为表达式或文本时，必须用引号引起来，否则将提示出错。

任务实施

任务 3

1. 打开"任务 3 素材.xlsx"工作簿

① 启动 Excel 2016，选择"文件"→"打开"命令。

② 单击"浏览"按钮，在"打开"对话框中选择"D:\EXCEL\任务"，查找"任务 3 素材.xlsx"工作簿，单击"打开"按钮，表格内容如图 6-35 所示。

序号	学号	姓名	数学	英语	语文	计算机	总分	平均分	名次
1	2021001	李小刚	78	98	97	96			
2	2021002	申小楠	77	67	65	60			
3	2021003	陈文婷	100	96	94	95			
4	2021004	古大力	59	58	53	61			
5	2021005	林志远	56	65	94	85			
6	2021006	张黎明	65	87	100	90			
7	2021007	周瑞中	67	85	90	49			
8	2021008	夏颖颖	89	83	81	65			
9	2021009	韩寒	69	73	57	76			
10	2021010	郭小溪	79	83	77	78			
11	2021011	祁志佳	67	78	98	87			
12	2021012	周海燕	56	43	60	64			
13	2021013	袁康康	67	90	87	67			
14	2021014	窦彬彬	77	71	65	78			
15	2021015	吴欣娜	79	92	59	90			
16	2021016	徐晓静	59	63	88	58			

图 6-35　学生成绩统计表原始数据

2. 计算学生成绩单工作表中的总分及平均分

① 计算总分，首先选择"学生成绩单"工作表，单击 H3 单元格，输入公式"= D3+E3+F3+G3"，如图 6-36 所示。按【Enter】键或单击编辑工具栏上的"输入"按钮 ✔，将计算出总分，在编辑栏中显示当前单元格的公式。输入公式时，可以使用鼠标直接选中参与计算的单元格，从而提高办公效率。

序号	学号	姓名	数学	英语	语文	计算机	总分	平均分	名次
1	2021001	李小刚	78	98	97	96	=D3+E3+F3+G3		
2	2021002	申小楠	77	67	65	60			
3	2021003	陈文婷	100	96	94	95			
4	2021004	古大力	59	58	53	61			
5	2021005	林志远	56	65	94	85			

图 6-36　输入公式计算总分

② 选择 H3 单元格，拖动填充柄至 H18 单元格处，释放鼠标左键，即完成了公式的复制。计算出 H3:H18 单元格区域的"总分"，如图 6-37 所示。

序号	学号	姓名	数学	英语	语文	计算机	总分	平均分	名次
1	2021001	李小刚	78	98	97	96	369		
2	2021002	申小楠	77	67	65	60	269		
3	2021003	陈文婷	100	96	94	95	385		
4	2021004	古大力	59	58	53	61	231		
5	2021005	林志远	56	65	94	85	300		
6	2021006	张黎明	65	87	100	90	342		
7	2021007	周瑞中	67	85	90	49	291		
8	2021008	夏颖颖	89	83	81	65	318		
9	2021009	韩寒	69	73	57	76	275		
10	2021010	郭小溪	79	83	77	78	317		
11	2021011	祁志佳	67	78	98	87	330		
12	2021012	周海燕	56	43	60	64	223		
13	2021013	袁康康	67	90	87	67	311		
14	2021014	窦彬彬	77	71	65	78	291		
15	2021015	吴欣娜	79	92	59	90	320		
16	2021016	徐晓静	59	63	88	58	268		

图 6-37　利用填充柄复制公式计算总分

③ 计算平均分，在 I3 单元格中，输入 "=AVERAGE(D3：G3)" 公式，并拖动该单元格右下角的填充柄至 I18 的单元格释放鼠标左键，利用填充柄完成公式的复制，计算出 I3:I18 单元格的平均值。

 提示 ─────────

- 复制或填充公式时，如果要求行号和列号都随着目标位置变化，则使用相对地址。
- 复制或填充公式时，如果要求行号和列号都不随着目标位置变化，则使用绝对地址。
- 复制或填充公式时，如果只要求行号和列号中的一个随着目标位置变化，另一个不随着目标位置变化，则使用混合地址。

3. 计算学生成绩单工作表中的名次

① 计算学生成绩单工作表中的名次，在 J3 单元格中输入 "=RANK(I3,$I$3:$I$18,0)"，如图 6-38 所示。

RANK.EQ	▾	：	×	✓	*fx*	=RANK(I3,$I$3:$I$18,0)				
	A	B	C	D	E	F	G	H	I	J	K	L
1			**第一学期涉外秘书成绩统计表**									
2	序号	学号	姓名	数学	英语	语文	计算机	总分	平均分	名次		
3	1	2021001	李小刚	78	98	97	96	369	92	=RANK(I3,$I$3:$I$18,0)		
4	2	2021002	申小楠	77	67	65	60	269				
5	3	2021003	陈文婷	100	96	94	95	385				

图 6-38　输入公式计算名次

② 拖动该单元格右下角的填充柄至 J18 单元格，释放鼠标左键，利用填充柄完成公式的复制，计算出 J3:J18 单元格的名次，如图 6-39 所示。

	A	B	C	D	E	F	G	H	I	J
1			**第一学期涉外秘书成绩统计表**							
2	序号	学号	姓名	数学	英语	语文	计算机	总分	平均分	名次
3	1	2021001	李小刚	78	98	97	96	369	92	2
4	2	2021002	申小楠	77	67	65	60	269	67	13
5	3	2021003	陈文婷	100	96	94	95	385	96	1
6	4	2021004	古大力	59	58	53	61	231	58	15
7	5	2021005	林志远	56	65	94	85	300	75	9
8	6	2021006	张黎明	65	87	100	90	342	86	3
9	7	2021007	周瑞中	67	85	90	49	291	73	10
10	8	2021008	夏颖颖	89	83	81	65	318	80	6
11	9	2021009	韩寒	69	73	57	76	275	69	12
12	10	2021010	郭小溪	79	83	77	78	317	79	7
13	11	2021011	祁志佳	67	78	98	87	330	83	4
14	12	2021012	周海燕	56	43	60	64	223	56	16
15	13	2021013	袁康康	67	90	87	67	311	78	8
16	14	2021014	窦彬彬	77	71	65	78	291	73	10
17	15	2021015	吴欣娜	79	92	59	90	320	80	5
18	16	2021016	徐晓静	59	63	88	58	268	67	14

图 6-39　利用填充柄复制公式统计名次

4. 突出显示不及格学生的成绩

使用条件格式，可以帮助用户直观查看和分析数据。根据条件使用数据条、色阶和图标集，可以突出显示相关单元格或单元格区域，强调异常值，以及实现数据可视化效果。

将平均成绩不及格的学生，成绩用红色、加粗显示。具体操作如下：

① 选中 I3:I18 单元格区域，然后单击 "开始" → "样式" → "条件格式" 按钮，在弹出的下拉列表中选择 "新建规则" 命令，打开 "新建格式规则" 对话框。

② 在 "选择规则类型" 列表框中选择 "只为包含以下内容的单元格设置格式" 选项，在 "编辑规则说明" 选项组中的第一个文本框里选择 "单元格值"，第二个文本框中选择 "小于"，第三个文本框中输入 "60"，如图 6-40 所示。

③ 在 "新建格式规则" 对话框中，单击 "格式" 按钮，弹出 "设置单元格格式" 对话框。

④ 在 "设置单元格格式" 对话框中，在 "字体" 选项卡中字形选择 "加粗"；在 "颜色" 下拉列表中选择 "红色"。

图 6-40 设置规则

⑤ 单击两次"确定"按钮，返回工作表编辑区，为所选单元格区域添加条件格式，即平均分小于 60 的设置为加粗字体、颜色为红色，效果如图 6-41 所示。

序号	学号	姓名	数学	英语	语文	计算机	总分	平均分	名次
		第一学期涉外秘书成绩统计表							
1	2021001	李小刚	78	98	97	96	369	92	2
2	2021002	申小楠	77	67	65	60	269	67	13
3	2021003	陈文婷	100	96	94	95	385	96	1
4	2021004	古大力	59	58	53	61	231	58	15
5	2021005	林志远	56	65	94	85	300	75	9
6	2021006	张黎明	65	87	100	90	342	86	3
7	2021007	周瑞中	67	85	90	49	291	73	10
8	2021008	夏颖颖	89	83	81	65	318	80	6
9	2021009	韩寒	69	73	57	76	275	69	12
10	2021010	郭小溪	79	83	77	78	317	79	7
11	2021011	祁志佳	67	78	98	87	330	83	4
12	2021012	周海燕	56	43	60	64	223	56	16
13	2021013	袁康康	67	90	87	67	311	78	8
14	2021014	窦彬彬	77	71	65	78	291	73	10
15	2021015	吴欣娜	79	92	59	90	320	80	5
16	2021016	徐晓静	59	63	88	58	268	67	14

图 6-41 设置条件格式的效果

提示

单击"开始"→"样式"→"条件格式"按钮，在弹出的下拉列表中选择"管理规则"命令，打开"条件格式规则管理器"对话框。在该对话框中，可以清除所设的条件格式。

5. 制作统计成绩表格

在该工作表中，从 A20 单元格开始制作如图 6-42 所示的成绩统计表格。

序号	学号	姓名	数学	英语	语文	计算机	总分	平均分	名次
		第一学期涉外秘书成绩统计表							
1	2021001	李小刚	78	98	97	96	369	92	2
2	2021002	申小楠	77	67	65	60	269	67	13
3	2021003	陈文婷	100	96	94	95	385	96	1
4	2021004	古大力	59	58	53	61	231	58	15
5	2021005	林志远	56	65	94	85	300	75	9
6	2021006	张黎明	65	87	100	90	342	86	3
7	2021007	周瑞中	67	85	90	49	291	73	10
8	2021008	夏颖颖	89	83	81	65	318	80	6
9	2021009	韩寒	69	73	57	76	275	69	12
10	2021010	郭小溪	79	83	77	78	317	79	7
11	2021011	祁志佳	67	78	98	87	330	83	4
12	2021012	周海燕	56	43	60	64	223	56	16
13	2021013	袁康康	67	90	87	67	311	78	8
14	2021014	窦彬彬	77	71	65	78	291	73	10
15	2021015	吴欣娜	79	92	59	90	320	80	5
16	2021016	徐晓静	59	63	88	58	268	67	14
各科平均分									
各科优秀率									
各科及格率									
各分数段人数	0-59								
	60-69								
	70-79								
	80-89								
	90-100								

图 6-42 制作统计成绩表格

6．计算学生成绩单中的各科平均分、优秀率、及格率

① 计算各科平均分，在 D20 单元格中输入"=AVERAGE(D3：D18)"，并拖动该单元格右下角的填充柄至 G20 单元格，释放鼠标左键，计算出各科的平均分。

② 计算优秀率，设置 D21 单元格式为数字百分数格式，小数位数为 0。在 D21 单元格中输入"=COUNTIF(D3:D18,">=90")/COUNTA(D3:D18)"，并拖动该单元格右下角的填充柄至 G21 单元格，释放鼠标左键，计算出各科的优秀率。

> **提示**
>
> 优秀率即一个班级中某一科成绩大于等于 90 分的人数比例，用成绩大于等于 90 分的人数除以考试总人数求得。

③ 计算及格率，设置 D22 单元格式为数字百分数格式，小数位数为 0。在 D22 单元格中输入"=COUNTIF(D3:D18,">=60")/COUNTA(D3:D18)"，并拖动该单元格右下角的填充柄至 G22 单元格，释放鼠标左键，计算出各科的及格率。

7．统计各科成绩的各分数段的人数

① 在 D23 单元格中输入"=COUNTIF(D3:D18,"<60")"，并拖动该单元格右下角的填充柄至 G23 单元格，释放鼠标左键，计算每科"0 ~ 59"分数段的人数。

② 在 D24 单元格中输入"=COUNTIF(D3:D18,">=60")-COUNTIF(D3:D18,">=70")"，并拖动该单元格右下角的填充柄至 G24 单元格，释放鼠标左键，计算每科"60 ~ 69"分数段的人数。

③ 在 D25 单元格中输入"=COUNTIF(D3:D18,">=70")-COUNTIF(D3:D18,">=80")"，并拖动该单元格右下角的填充柄至 G25 单元格，释放鼠标左键，计算每科"70 ~ 79"分数段的人数。

④ 在 D26 单元格中输入"=COUNTIF(D3:D18,">=80")-COUNTIF(D3:D18,">=90")"，并拖动该单元格右下角的填充柄至 G26 单元格，释放鼠标左键，计算每科"80 ~ 89"分数段的人数。

⑤ 在 D27 单元格中输入"=COUNTIF(D3:D18,">=90")"，并拖动该单元格右下角的填充柄至 G27 单元格，释放鼠标左键，计算每科"90 ~ 100"分数段的人数。统计结果如图 6-43 所示。

	A	B	C	D	E	F	G	H	I	J
1			第一学期涉外秘书成绩统计表							
2	序号	学号	姓名	数学	英语	语文	计算机	总分	平均分	名次
3	1	2021001	李小刚	78	98	97	96	369	92	2
4	2	2021002	申小楠	77	67	65	60	269	67	13
5	3	2021003	陈文婷	100	96	94	95	385	96	1
6	4	2021004	古大力	59	58	53	61	231	58	15
7	5	2021005	林志远	56	65	94	85	300	75	9
8	6	2021006	张黎明	65	87	100	90	342	86	3
9	7	2021007	周瑞中	67	85	90	49	291	73	10
10	8	2021008	夏颖颖	89	83	81	65	318	80	6
11	9	2021009	韩寒	69	73	57	76	275	69	12
12	10	2021010	郭小溪	79	83	77	78	317	79	7
13	11	2021011	祁志佳	67	78	98	87	330	83	4
14	12	2021012	周海燕	56	43	60	64	223	56	16
15	13	2021013	袁康康	67	90	87	67	311	78	8
16	14	2021014	窦彬彬	77	71	65	78	291	73	10
17	15	2021015	吴欣娜	79	92	59	90	320	80	5
18	16	2021016	徐晓静	59	63	88	58	268	67	14
19										
20			各科平均分	72	77	79	75			
21			各科优秀率	6%	25%	38%	25%			
22			各科及格率	75%	88%	81%	88%			
23	各分数段人数		0~59	4	2	3	2			
24			60~69	5	3	4	5			
25			70~79	3	1	3	1			
26			80~89	3	6	2	4			
27			90~100	1	4	6	4			

图 6-43　成绩统计结果

8．设置数据验证

① 设置工作表中"各科成绩"的验证，条件为"整数且取值范围为 0 ~ 100"。

② 选中 D3:J3 数据区域，然后单击"数据"→"数据工具"→"数据验证"按钮，在弹出下拉列表中选择"数据验证"命令，在打开的"数据验证"对话框中设置相关参数，如图 6-44 所示。

③ 设置数据验证后，当再次输入数据超出取值范围时，会弹出如图 6-45 所示的提示。

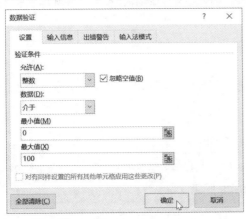

图 6-44　输入限制条件

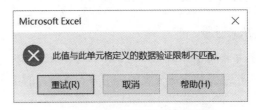

图 6-45　输入数据超出取值范围

9．使用公式审核

① 使用"公式审核"组中提供的工具，可以检查工作表公式与单元格之间的相互关系，并指定错误。在使用审核工具时，追踪箭头将指明哪些单元格为公式提供了数据，哪些单元格包含相关公式。

② 追踪引用单元格。选中 I8 单元格，然后单击"公式"→"公式审核"→"追踪引用单元格"按钮，用追踪线连接活动单元格与有关单元格，如图 6-46 所示。

序号	学号	姓名	数学	英语	语文	计算机	总分	平均分	名次
				第一学期涉外秘书成绩统计表					
1	2021001	李小刚	78	98	97	96	369	92	2
2	2021002	申小楠	77	67	65	60	269	67	13
3	2021003	陈文婷	100	96	94	95	385	96	1
4	2021004	古大力	59	58	53	61	231	58	15
5	2021005	林志远	56	65	94	85	300	75	9
6	2021006	张黎明	65	87	100	90	342	86	3
7	2021007	周瑞中	67	85	90	49	291	73	10
8	2021008	夏颖颖	89	83	81	65	318	80	6

图 6-46　追踪引用单元格

③ 追踪从属单元格。选中 I8 单元格，然后单击"公式"→"公式审核"→"追踪从属单元格"按钮，因为该单元格被公式引用，所以出现指向该公式单元格的连接线箭头，如图 6-47 所示。

序号	学号	姓名	数学	英语	语文	计算机	总分	平均分	名次
				第一学期涉外秘书成绩统计表					
1	2021001	李小刚	78	98	97	96	369	92	2
2	2021002	申小楠	77	67	65	60	269	67	13
3	2021003	陈文婷	100	96	94	95	385	96	1
4	2021004	古大力	59	58	53	61	231	58	15
5	2021005	林志远	56	65	94	85	300	75	9
6	2021006	张黎明	65	87	100	90	342	86	3
7	2021007	周瑞中	67	85	90	49	291	73	10
8	2021008	夏颖颖	89	83	81	65	318	80	6
9	2021009	韩寒	69	73	57	76	275	69	12
10	2021010	郭小溪	79	83	77	78	317	79	7
11	2021011	祁志佳	67	78	98	87	330	82	4
12	2021012	周海燕	56	43	60	64	223	56	16
13	2021013	袁康康	67	90	87	67	311	78	8
14	2021014	窦彬彬	77	71	65	78	291	73	10
15	2021015	吴欣娜	79	92	59	90	320	80	5
16	2021016	徐晓静	59	63	88	58	268	67	14

图 6-47　追踪从属单元格

最后，保存并关闭"任务 3 素材.xlsx"工作簿。

任务 4 管理数据

Excel 2016 具有数据库管理的一些功能，利用这些功能可以对数据进行排序、筛选、分类汇总等操作，尤其是数据透视表更是给大量数据的统计带来方便。本任务主要介绍如何在电子表格中对数据进行排序、筛选、分类汇总、数据透视表等操作。

任务描述

打开"任务 4 素材.xlsx"，选择"统计成绩"工作表，然后进行数据的排序、数据的筛选、分类汇总操作及数据透视表的创建与使用。数据处理完毕后，保存处理结果。

解决路径

任务 4 将着重介绍 Excel 2016 中的数据管理功能，包括数据的简单排序、多条件排序，简单筛选、高级筛选、数据分类汇总及数据透视表的应用等。本任务的工作流程如图 6-48 所示。

图 6-48 任务 4 的学习步骤

相关知识

1. 数据清单（数据处理和分析的基础）

数据清单是指工作表中包含相关数据的一系列数据行，可以理解成工作表中的一张二维表格。

在执行数据库操作，如排序、筛选或分类汇总等时，Excel 会自动将数据清单视为数据库，并使用下列数据清单元素来组织数据：

① 数据清单中的列称为字段，行称为记录。

② 数据清单中的列标题是数据库中的字段名称。

③ 数据清单中的每一行对应数据库中的一条记录。

数据清单应该尽量满足下列条件：

① 每一列必须要有列名，而且每一列中必须有同样的数据类型。

② 不要在一张工作表中创建多份数据清单。

③ 数据清单不可以有空行或空列。

④ 任何两行不可以完全相同。

2. 排序

建立数据清单时，各记录按照输入的先后次序排列。但是，当直接从数据清单中查找需要的信息时就很不方便。为了提高查找效率需要重新整理数据，其中最有效的方法就是对数据进行排序。

3. 筛选

数据筛选是使数据清单中显示满足指定条件的数据记录，而将不满足条件的数据记录在视图中隐藏起来。Excel 同时提供了"自动筛选""高级筛选""自定义筛选"多种方法来筛选数据，前者适用于简单条件，后者适用于复杂条件。

4. 分类汇总

分类汇总是指对工作表中的某一项数据进行分类，再对需要汇总的数据进行汇总计算。在分类汇总前要先对分类字段进行排序。

5. 数据透视表

数据透视表是一种交互式工作表，用于对现有工作表进行汇总和分析。创建数据透视表后，可以按不同的需要、以不同的关系来提取和组织数据。

任务实施

1. 打开"任务 4 素材.xlsx"工作簿

① 启动 Excel 2016，选择"文件"→"打开"命令。

② 单击"浏览"按钮，在"打开"的对话框中选择"D:\EXCEL\任务"，查找"任务 4 素材.xlsx"工作簿，单击"打开"按钮，表格内容如图 6-49 所示。

任务 4

准考证号	地区	姓名	组别	参赛用时	机试成绩	答辩成绩
			MOS竞赛成绩统计表			
1	东北	贺喜	Word	38	998	96
2	华北	张小楠	Excel	42	865	60
3	华东	陈文婷	Ppt	37	994	95
4	西北	高亮亮	Access	28	953	61
5	东北	沈青	Ppt	24	890	74
6	西北	富强	Outlook	25	994	85
7	东北	张黎明	Word	23	1000	80
8	华北	周瑞中	Excel	16	1000	80
9	华北	李建忠	Outlook	30	900	76
10	西北	夏颖颖	Ppt	36	781	65
11	西北	韩寒	Access	23	957	76
12	东北	郭小溪	Outlook	28	977	78
13	东北	祁志佳	Word	29	998	87
14	东北	周海燕	Excel	26	960	64
15	华北	袁康康	Ppt	27	987	67
16	华北	钱多多	Access	29	890	85
17	华东	窦彬彬	Access	32	965	78
18	华北	徐小刚	Word	28	911	81
19	华北	王雅迪	Outlook	30	990	92
20	西北	丁亚琪	Excel	22	978	90
21	西北	杜海涛	Outlook	31	959	90
22	华东	徐晓静	Word	34	958	58
23	华东	赵鑫	Excel	28	980	86
24	西北	刘晓静	Ppt	21	975	90
25	东北	崔冬冬	Access	17	986	88
26	东北	马晓凤	Outlook	32	991	97

统计成绩

图 6-49　MOS 竞赛成绩统计表

2. 数据排序

数据排序可以使工作表中的记录按照按规定的顺序排列，从而使工作表中的记录更有规律，条理更清楚。排序的方式有很多：简单排序、多条件排序、按颜色排序等。该任务包括两种排序：按单个关键字排序和按多个关键字排序。

（1）按"机试成绩"由高到低排序（单列排序）

① 新建一张工作表，单击"统计成绩"表右侧的 ⊕ 按钮，新建一张名为 Sheet1 的工作表，将"成绩统计"工作表复制到 Sheet1 中，重命名为"机试成绩排序"。

② 单击数据区域中的任一单元格，然后单击"数据"→"排序和筛选"→"排序"按钮，打开"排序"对话框。

③ 在"排序"对话框中，按照"机试成绩"进行"降序"排序，如图 6-50 所示。

④ 单击"确定"按钮，单列排序结果，如图 6-51 所示。

图 6-50 "排序"对话框

图 6-51 按"机试成绩"排序的结果

准考证号	地区	姓名	组别	参赛用时	机试成绩	答辩成绩
7	东北	张黎明	Word	23	1000	80
8	华北	周瑞中	Excel	16	1000	80
1	东北	贺喜	Word	38	998	96
13	东北	祁志佳	Word	29	998	87
3	华东	陈文婷	Ppt	37	994	95
6	西北	富强	Outlook	25	994	85
26	东北	马晓凤	Outlook	32	991	97
19	华北	王雅迪	Outlook	30	990	92
15	华北	袁康康	Ppt	27	987	67
25	东北	崔冬冬	Access	17	986	88
23	华东	赵鑫	Excel	28	980	86
20	西北	丁亚琪	Excel	22	978	90
12	东北	郭小溪	Outlook	28	977	78
24	西北	刘晓静	Ppt	21	975	90
17	华东	窦彬彬	Access	32	965	78
14	东北	周海燕	Excel	26	960	64
21	西北	杜海涛	Outlook	31	959	90
22	华东	徐晓静	Word	34	958	58
11	西北	韩寒	Access	23	957	76
4	西北	高亮亮	Access	28	953	61
18	华北	徐小刚	Word	28	911	81
9	华北	李建忠	Outlook	30	900	76
5	东北	沈青	Ppt	24	890	74
16	华北	钱多多	Access	29	890	85
2	华北	张小楠	Excel	42	865	60
10	西北	夏颖颖	Ppt	36	781	65

（2）按"机试成绩"和"参赛用时"两列数据排序（多列）

按照单列数据排序，有的列会出现完全相同的数据，在如图 6-51 所示的排序结果中，单元格 F3、F4 的机试成绩相同。最后进一步区分这些相同的数据，可以按多列字段排序，在此，同时按"机试成绩"和"参赛用时"两项进行排序。操作步骤如下：

① 继续新建一张工作表，单击 ⊕ 按钮，将"成绩统计"工作表复制到 Sheet2 中，重命名为"多列排序"。

② 在"多列排序"工作表中，单击数据区域中的任一单元格，然后单击"数据"→"排序和筛选"→"排序"按钮，打开"排序"对话框。

③ 在"排序"对话框中，在"列""排序依据""次序"下拉列表中分别选择"机试成绩""数值""降序"。

④ 单击"添加条件"按钮，在"列""排序依据""次序"下拉列表中分别选择"参赛用时""数值""升序"，如图 6-52 所示。

⑤ 单击"确定"按钮，多条件排序结果，如图 6-53 所示。

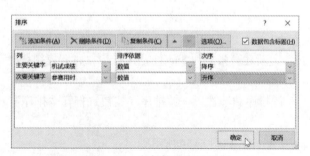

图 6-52 多条件排序对话框

准考证号	地区	姓名	组别	参赛用时	机试成绩	答辩成绩
8	华北	周瑞中	Excel	16	1000	80
7	东北	张黎明	Word	23	1000	80
13	东北	祁志佳	Word	29	998	87
1	东北	贺喜	Word	38	998	96
6	西北	富强	Outlook	25	994	85
3	华东	陈文婷	Ppt	37	994	95
26	东北	马晓凤	Outlook	32	991	97
19	华北	王雅迪	Outlook	30	990	92
15	华北	袁康康	Ppt	27	987	67
25	东北	崔冬冬	Access	17	986	88
23	华东	赵鑫	Excel	28	980	86
20	西北	丁亚琪	Excel	22	978	90
12	东北	郭小溪	Outlook	28	977	78
24	西北	刘晓静	Ppt	21	975	90
17	华东	窦彬彬	Access	32	965	78
14	东北	周海燕	Excel	26	960	64
21	西北	杜海涛	Outlook	31	959	90
22	华东	徐晓静	Word	34	958	58
11	西北	韩寒	Access	23	957	76
4	西北	高亮亮	Access	28	953	61
18	华北	徐小刚	Word	28	911	81
9	华北	李建忠	Outlook	30	900	76
5	东北	沈青	Ppt	24	890	74
16	华北	钱多多	Access	29	890	85
2	华北	张小楠	Excel	42	865	60
10	西北	夏颖颖	Ppt	36	781	65

图 6-53 按"机试成绩"和"参用时赛"排序的结果

3.筛选

筛选就是从数据清单中找出满足条件的数据记录，并将其单独显示出来，不满足条件的数据记录暂时隐藏起来。该任务包括"自动筛选""自定义筛选""高级筛选"3种筛选方法来筛选数据。

（1）利用"自动筛选前10个"筛选"机试成绩"前六名的同学

自动筛选是指按单一条件进行的数据筛选，具体操作方法如下：

① 在"多列排序"工作表右侧插入新工作表，将"机试成绩排序"工作表复制到新工作表中，重命名为"自动筛选"。

② 选中"自动筛选"工作表要筛选数据区域中的任意单元格，单击"数据"→"排序和筛选"→"筛选"按钮，系统在该工作表的标题行中添加下拉式筛选按钮，如图6-54所示。

③ 从"机试成绩"筛选按钮的下拉列表中选择"数字筛选"→"前10项"命令，打开"自动筛选前10个"对话框，如图6-55所示。在"显示"中选择"最大"，输入或通过增加按钮设置筛选记录的个数为6。

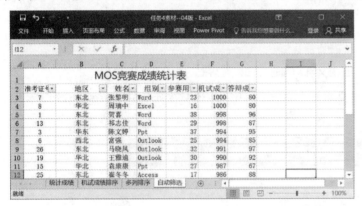 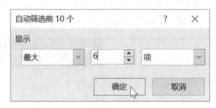

图6-54　"自动筛选"窗口　　　　图6-55　"自动筛选前10个"对话框

④ 单击"确定"按钮，满足指定条件的记录在工作表中，其他不满足条件的记录被隐藏，结果如图6-56所示。

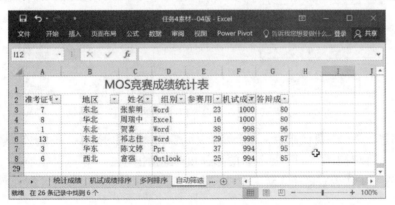

图6-56　"机试成绩"为前6名同学的筛选结果

提示

在一个数据清单中进行多次筛选，下一次筛选的对象是上一次筛选的结果，最后的筛选结果受所有筛选条件的影响，它们之间的关系是逻辑与的关系。

- 要取消对某一列的筛选，只要单击该列旁的下拉按钮，在下拉列表中选择"从某列中清除筛选"即可。
- 要取消对所有列的筛选，可在"数据"选项卡的"排序和筛选"组中，单击"清除"按钮。
- 要去掉数据清单中的"自动筛选"按钮，并取消所有的"自动筛选"设置，只要重新在"数据"选项卡的"排序和筛选"组中，单击"筛选"按钮即可。

（2）利用"自定义筛选"筛选"机试成绩"在980～1 000分之间的同学

利用自定义，可以完成较复杂条件的筛选，具体操作方法如下：

① 在"自动筛选"工作表右侧插入新工作表，将"机试成绩排序"工作表复制到新工作表中，并重命名为"自定义筛选"。

② 选中"自定义筛选"工作表要筛选数据区域中的任意单元格，单击"数据"→"排序和筛选"→"筛选"按钮，从"机试成绩"筛选的下拉列表中选择"数字筛选"→"自定义筛选"命令，打开"自定义自动筛选方式"对话框，如图6-57所示进行设置。

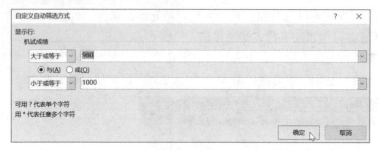

图6-57　"自定义自动筛选方式"对话框

③ 单击"确定"按钮，满足指定条件的记录显示在工作表中，其他不满足条件的记录被隐藏，结果如图6-58所示。

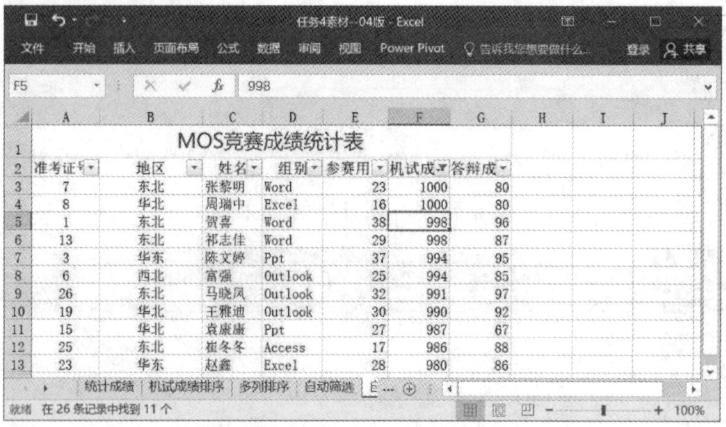

图6-58　机试成绩在980～1 000分同学的筛选结果

（3）利用"高级筛选"筛选"机试成绩"大于等于990且"参赛用时"小于等于25分钟的同学

① 使用高级筛选，可以对工作表进行更复杂的筛选和查询操作等。

② 在"自定义筛选"工作表右侧插入新工作表，将"机试成绩排序"工作表复制到新工作表中，并重命名为"高级筛选"。

③ 在"高级筛选"工作表的标题行（第 2 行）下插入一行作为条件区域，并在条件区域内的单元格中填写筛选条件"机试成绩>=990,参赛用时<=25"，如图6-59所示。

图6-59　填写筛选条件

④ 选定需要高级筛选的数据区域内的任意单元格，单击"数据"→"排序和筛选"→"高级"按钮，打开"高级筛选"对话框。

⑤ 在"高级筛选"对话框中，在"列表区域"中选定筛选的数据区域 A2:G29（要包含标题行），在"条件区域"中选定条件的单元格区域 E2:F3，如图 6-60 所示。

⑥ 单击"确定"按钮，则满足高级筛选条件的记录显示在工作表中，其他满足条件的记录自动隐藏。筛选结果如图 6-61 所示。

图 6-60　"高级筛选"对话框

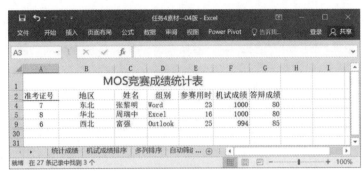

图 6-61　筛选结果

> **提示**
>
> ① 在"高级筛选"对话框中，如果选取了"选择不重复的记录"复选框，则"方式"应选择"将筛选结果复制到其他位置"。
>
> ② 在高级筛选中，条件区域的设置必须遵循以下原则：
> - 条件区域与数据清单区域之间必须用空白行或空白列隔开。
> - 条件区域至少应该有两行，第一行用来放置字段名，下面的行则放置筛选条件。
> - 条件区域的字段名必须与数据清单中的字段名完全一致，最好通过复制得到。
> - "与"关系的条件必须出现在同一行；"或"关系的条件不能出现在同一行。

4. 分类汇总

分类汇总是指根据指定的类别，将数据以指定的方式进行统计，这样可以快速地将大型表格中的数据进行分类汇总分析，以获取想要的统计数据。

> **提示**
>
> 分类汇总之前必须进行排序，排序的关键字就是分类汇总的分类字段，从而使相同关键字的行排列在相邻区域中，有利于分类汇总的操作。

（1）用"分类汇总"统计各组别竞赛成绩的平均分

① 在"自动筛选"工作表右侧插入新工作表，将"机试成绩排序"工作表复制到新工作表中，并重命名为"分类汇总"。

② 选中"分类汇总"工作表需要进行分类汇总的数据列"组别"中的任意单元格，单击"数据"→"排序和筛选"→"升序"按钮，对该列数据排序（降序也可）。

③ 选择准备进行分类汇总的数据区域内的任一单元格，然后单击"数据"→"分级显示"→"分类汇总"按钮，打开"分类汇总"对话框。

④ 在"分类汇总"对话框中，在"分类字段"下拉列表框中选择要进行分类汇总的分类字段"组别"。在"汇总方式"下拉列表框中，选择用来计算分类汇总的函数"平均值"。在"选定汇总项"列表框中，选择需要分类汇总的数据列"机试成绩"和"答辩成绩"，如图 6-62 所示。

⑤ 单击"确定"按钮，完成分类汇总操作；单击分类汇总页面左上角的级别符号"2"，显示第二级结果，如图 6-63 所示。

图 6-62 "分类汇总"对话框

图 6-63 分类汇总结果

（2）汇总结果的显示与撤销

① 显示分类汇总，在分类汇总后的工作表中，左上角会出现分级符号 １ ２ ３ ，可以仅显示不同级别上的汇总结果，单击工作表左侧的加号 ＋ 和减号 － 可以显示或隐藏某个汇总项目的明细。

② 撤销分类汇总，单击"数据"→"分级显示"→"分类汇总"按钮，打开"分类汇总"对话框，单击"全部删除"按钮即可。

5. 数据透视表

分类汇总可以对大量数据进行快速汇总统计，但是分类汇总只能针对一个字段进行分类，对一个或多个字段进行汇总。当用户需要按照多个字段分类并汇总时，分类汇总就会受到限制。Excel 提供了数据透视表功能可以实现按照多个字段进行分类汇总。

下面以统计各地区"参赛学生人数"及"平均机试成绩"和"平均答辩成绩"为例说明数据透视表的用法。

① 在"分类汇总"工作表右侧插入新工作表，将"机试成绩排序"工作表复制到新工作表中，并重命名为"数据透视表"。

② 在"数据透视表"中单击数据区域中的任意一个单元格，然后单击"插入"→"表格"→"数据透视表"按钮，打开"创建数据透视表"对话框。

③ 选中"一个表或区域"单选按钮，并在"表/区域"文本框中自动填入光标所在单元格所属的数据区域。在"选择放置数据透视表位置"选项组中选中"新工作表"单选按钮，如图 6-64 所示。

④ 单击"确定"按钮，在"数据透视表"的左侧产生一个新工作表，名称为 Sheet9，进入如图 6-65 所示的数据透视表设计环境。

图 6-64 "创建数据透视表"对话框

图 6-65 数据透视表环境

⑤ 在图 6-65 所示窗口的右上角选择要添加到报表的字段，依次选择"准考证号""地区""组别""机试成绩""答辩成绩"，结果如图 6-66 所示。

⑥ 对图 6-66 所示窗口右下角的行标签和数值区进行调整。将行标签中的"地区"拖至"报表筛选"区域中。

⑦ 调整汇总方式。单击数值区中每个项目的下拉按钮，在弹出的下拉列表中选择"值字段设置"选项，打开"值字段设置"对话框。

⑧ 单击"准考证号"右侧的下拉按钮，在弹出的下拉列表中选择"值字段设置"选项，选择"计算类型"列表框中的"计数"，如图 6-67 所示。

图 6-66 选择要添加到报表的字段

图 6-67 "值字段设置"对话框

⑨ 单击"数值"区中每个项目的下拉按钮，弹出下拉列表，选择"值字段设置"命令，分别对"机试成绩"和"答辩成绩"进行设置，在"汇总方式"列表框中，选择要汇总的方式为"平均值"，如图 6-68 所示。单击"确定"按钮，即可按"地区"统计出"机试成绩"和"答辩成绩"的平均值，并设置"数字格式"为数值，保留 1 位小数，结果如图 6-68 所示。

图 6-68 统计各地区参赛学生"机试成绩"和"答辩成绩"的平均值

 提示

数据透视表是一个功能强大的数据分析工具，在以上案例中还可以根据需要提取和组织数据。

⑩ 保存并关闭"统计成绩工作表.xlsx"工作簿。

任务 5 应 用 图 表

在工作中，对于 Excel 的使用，不仅仅是制作各种表格，利用公式和函数计算及处理各种数据，还可以将数据以图表的形式展示出来。利用图表功能制作各种样式的统计图表，帮助用户更加直观地理解表格中的数据，轻松地获取有用信息，提高工作效率。

人们常说，字不如表，表不如图。就是说，在 Excel 中，用图表来表达数据，是最好的方法。当然，几乎每个用过 Excel 的人都会做简单的柱形图、折线图和饼图，在很多场景都可以转化为这 3 个图形来表达。其实 Excel 能完成的图形非富多彩，特别是 Excel 2016 中新增了五类图表，可使图表数据更加清晰有条理、简单明了地展现。

1. 树状图

树状图一般用于展示数据之间的层级和占比关系，矩形的面积代表数值的大小、颜色和排列代表数据的层级关系（例如，用树状图展示地区、部门的营业额）。

2. 旭日图

当数据之间的层级过多时，就不适合使用树状图了，Excel 2016 推出了另一种图表——旭日图。旭日图用于展示多层级数据之间的占比及对比关系，每一个圆环代表同一级别的比例数据，离原点越近的圆环级别越高，最内层的圆表示层次结构的顶级（例如，季度→月份→周次这样的层级，可以用旭日图表示）。

3. 直方图

直方图是数据统计常用的一种图表，它可以清晰地展示一组数据的分布情况，让用户一目了然地查看到数据的分类情况和各类别之间的差异，为分析和判断数据提供依据。

直方图或排列图（经过排序的直方图）是显示频率数据的柱形图（例如，学生考试成绩的分布情况）。

4. 箱形图

箱形图是一种用作显示一组数据分布情况的统计图。图形由柱形、线段和数据点组成，这些线条指示超出四分位点上限和下限的变化程度，处于这些线条或虚线之外的任何点都被视为离群值。

箱形图最常用于统计分析（例如，公司岗位与薪酬的分析）。

5. 瀑布图

瀑布图用于表现一系列数据的增减变化情况以及数据之间的差异对比，通过显示各阶段的增值或者负值来显示值的变化过程。在表达一系列正值和负值对初始值（如，净收入）的影响时，这种图表非常有用。

以上是 Excel 2016 新增图表的介绍，读者可根据自己的需要选择不同的图表。

本任务主要介绍如何在电子表格中创建、编辑与修改图表等操作。

任务描述

打开"任务 5 素材"工作簿，在 Excel 2016 中创建图表，完成编辑及格式设置等，效果如图 6-69 所示。

图 6-69　完成效果

解决路径

Excel 是一个非常优秀的数据管理分析软件，它有多种数据分析方法，其图表分析功能非常直观、准确和便于比较，一直受到用户的青睐。本任务首先创建图表，然后根据在工作表中选择的不同数据区域来创建不同类型的图表，用图表来说明不同产品的销售结果。从而达到直观、准确的表达效果。图表一经创建，就可以保存到工作簿中。用户可以在数据所在的工作表中创建一张嵌入式图表，或者单独创建到一张新工作表中。

总体来说，本任务的工作流程可以按照以下 5 个步骤来完成，如图 6-70 所示。

编辑表格　创建图表　编辑图表　格式化图表　打印预览

图 6-70　任务 5 的学习步骤

相关知识

制作图表时，应了解表现不同的数据关系时如何选择合适的图表类型，特别要注意正确选定数据源。图表既可以插入到工作表中生成嵌入图表，也可以生成一张单独的工作表。如果工作表中作为图表源数据的部分数据发生变化，图表中的对应部分也会自动更新。

任务实施

1. 编辑表格

（1）表格的计算

① 启动 Excel 2016，选择"文件"→"打开"命令。

② 单击"浏览"按钮，在"打开"对话框中选择"D：\EXCEL\任务"，查找"任务 5 素材.xlsx"工作簿，单击"打开"按钮，表格内容如图 6-71 所示。

任务 5

	A	B	C	D	E	F	G	H
1	第一季度销售统计							
2	产品名称	韩佳文	张海林	李光明	陈志刚	郭晓霞	刘静	销量合计
3	数码照相机	600	120	240	120	840	299	
4	笔记本电脑	960	840	1200	398	360	360	
5	手机	528	1240	1360	1080	1200	1720	
6	打印机	120	135	480	1080	120	960	
7	移动电源	840	600	256	720	840	120	
8	平板电脑	600	478	240	480	720	689	
9								

图 6-71　原始数据

利用公式和函数计算"销量合计"，在 H3 单元格中输入公式"=SUM(B3:G3)"，按【Enter】键完成数码照相机的销量合计，然后在 H3 单元格右下角单击填充柄，一直往下拖动至 H8 单元格，即可完成表格中所有产品的合计。

（2）表格的格式化

① 设置标题的合并居中，选择单元格区域 A1:H1，单击"开始"→"对齐方式"→"合并后居中"按钮。

② 调整标题行的行高，方法是将鼠标移动到行 1 和行 2 之间的分隔线上，当鼠标指针变成双向实心箭头时，按住鼠标左键向下拖动到适当位置松开鼠标。

③ 选择标题所在单元格区域 A1:H1，在"开始"选项卡的"字体"组中打开"字体"下拉列表，选择"楷体"，打开"字号"下拉列表，选择 26，单击"字体颜色"下拉按钮，选择"标准色"中的"蓝色"。

④ 选中 A2:H2 单元格，按住【Ctrl】键的同时选择 A3:A8 单元格，在"开始"选项卡的"字体"组中单击"加粗"按钮，字体设置为"宋体"，字号选择 12，将表格的"列标题"和"行标题"的文字设置加粗显示。

⑤ 设置表格边框。外边框为双实线；内边框为单实线。

⑥ 选中单元格区域 A2:H8，单击"开始"选项卡"字体"组右下角的扩展按钮，打开"设置单元格格式"对话框，切换到"边框"选项卡。

⑦ 在"样式"列表框中选择"双实线"，在"颜色"列表框中单击"标准色"蓝色，单击"预置"中的"外边框"按钮，然后在"样式"列表框中选择"单实线"，在"颜色"列表框中单击"标准色"橙色，单击"预置"中的"内部"按钮。

⑧ 在"设置单元格格式"对话框中单击"确定"按钮完成边框设置，如图 6-72 所示。

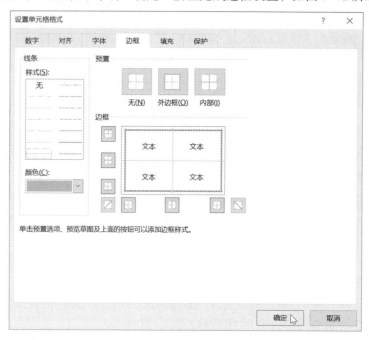

图 6-72 "边框"选项卡

⑨ 设置单元格对齐方式。参照图6-71表格中的数据对齐效果，完成单元格数据的对齐设置。

⑩ 设置单元格填充颜色。选择 H2:H8 单元格区域，单击"开始"选项卡"字体"组的"填充颜色"下拉按钮，在"主题颜色"中选择"茶色，背景 2，深色 10%"。

2．创建图表

① 选择不连续单元格区域 A2:A8 和 H2:H8 两列。

② 在"插入"选项卡的"图表"组中单击"饼图"→"二维饼图"按钮，即可在表格旁边生成饼图，如图 6-73 所示。

图 6-73 插入饼图

③ 选中新插入的饼图，单击"图表工具–设计"→"图表样式"→"样式 1"按钮，可发现饼图的样式发生改变。

④ 双击图表的标题"销量合计"，改变标题为"销量分布饼图"。

⑤ 右击图表，弹出快捷菜单，如图 6-74 所示。

图 6-74　弹出快捷菜单

⑥ 在弹出的快捷菜单中选择"设置图表区域格式"命令，打开"设置图表区格式"窗格，如图 6-75 所示。

⑦ 在"设置图表区格式"窗格中，可以对图表区的填充、边框、大小等若干属性进行设置。本任务设置图表大小为：高 7.6 厘米，宽 12.6 厘米。

⑧ 为图表添加数据，首先选择图表，然后选择"图表工具–设计"选项卡，在"图表布局"组中单击"添加图表元素"下拉按钮，选择"数据标签"→"数据标注"命令，进行数据标注的效果图如图 6-76 所示。

图 6-75　"设置图表区格式"窗格

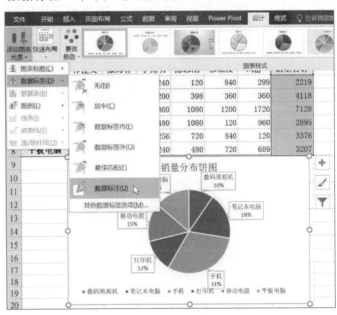

图 6-76　添加"数据标注"

⑨ 进一步修改图表的数据，准备将图表上的"产品名称"文字去掉，打开"设置图表区格式"对话框，取消选中"类别名称"复选框，如图 6-77 所示。

⑩ 用鼠标将饼图图表移动到 B9 开始的单元格区域。单击"关闭"按钮，设置后的效果如图 6-78 所示。

图 6-77　关闭"类别名称"框

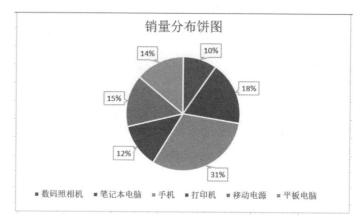

图 6-78　设置后的效果

3. 编辑图表

当图表被选中时，功能区将出现"图表工具"选项卡，包括"设计"和"格式"选项，根据实际需要选择"图表布局"，"图表样式"等选项。通过选项卡中的命令按钮，可以对图表进行各种设置和编辑。

（1）更改图表类型

对已创建的图表，可以根据需要更改图表类型。Excel 2016 提供了 14 种标准的图表类型，每种图表类型又包含若干个子图表，此外还提供了多种自定义类型的图表，以适合不同的表格用途。下面将图 6-78 所示的饼图，更改图表类型。

① 右击图表，在弹出快捷菜单中选择"更改图表类型"命令，打开"更改图表类型"对话框，从中选择"柱形图"→"簇状柱形图"，如图 6-79 所示（左侧图表是系统推荐使用的图表，本任务使用推荐的图表的第一项）。

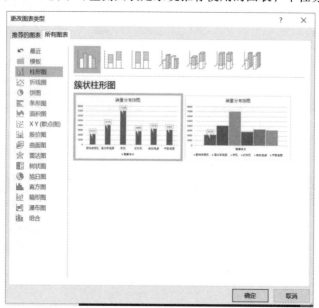

图 6-79　"更改图表类型"对话框

② 推荐的图表，提供 4 个图表类型的选项，本任务选择第一项，效果如图 6-80 所示。

图 6-80 选择系统推荐的"簇状柱形图"

③ 单击"确定"按钮，效果图如图 6-81 所示。

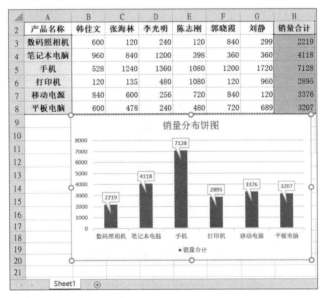

图 6-81 设置图表类型为"簇状柱形图"

（2）调整图表的大小和位置

更改好图表后，为方便分析、阅读、增强工作表的整体外观，错综复杂的图表需要调整得大一些，简单的图表可以调整得小一点，这就需要调整和移动图表的大小。

① 调整图表的大小。对于嵌入在工作表中的图表，先在图表区的任意位置单击，激活图表，然后将鼠标移动到图表区边框控制点上。当鼠标形状变为双向箭头时，拖动即可调整图表的大小；调整图表的另一种方法是，在"图表工具-格式"→"大小"组中的"形状高度"微调框输入"7.6 厘米"，"形状宽度"微调框输入"12.6 厘米"，如图 6-82 所示。

② 移动图表：

方法一：选中图表，将鼠标移动到图表区出现的移动控制句柄时，可在同一张工作表中移动图表。

方法二：右击图表区，在弹出的快捷菜单中选择"移动图表"命令，打开"移动图表"对话框，选中"对象位于"单选按钮，在右侧的下拉列表中选择 Sheet2，单击"确定"按钮（见图 6-83）。将"销售分布柱形图"图表移动到 Sheet2 中。

图 6-82　设置图表大小

图 6-83　"移动图表"对话框

（3）更改图表数据源

在图表创建好后，可以根据需要随时向图表中添加新数据，或从图表中删除现有的数据，方法如下：

① 添加部分数据。可以根据需要，只添加某一列数据或某一行数据到图表中，本任务是将"李光明"一列的数据添加到图表中。

● 选中"销售分布柱形图"图表，右击其中的图表区，在弹出的快捷菜单中选择"选择数据"命令（见图 6-84），打开"选择数据源"对话框。

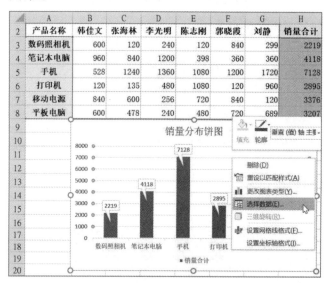

图 6-84　选择"选择数据"命令

● 在"选择数据源"对话框中，单击"添加"按钮，打开"编辑数据系列"对话框。通过单击折叠按钮，分别选择"系列名称"和"系列值"，如图 6-85 所示。

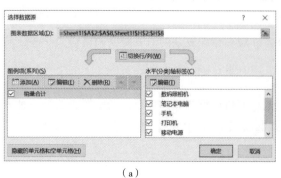

（a）

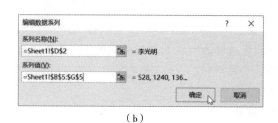

（b）

图 6-85　选择系列名称和系列值

● 单击"确定"按钮，返回"选择数据源"对话框，可以看到添加的选项。单击"确定"按钮，即可在图表中添加选择的数据区域，如图 6-86 所示。

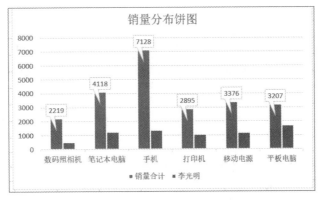

图 6-86　添加部分数据后的图表

② 重新添加所有数据：

● 在"上述"工作表中选中图表，然后右击其中的图表区，在弹出的快捷菜单中选择"选择数据"命令，打开"选择数据源"对话框，如图 6-87 所示。

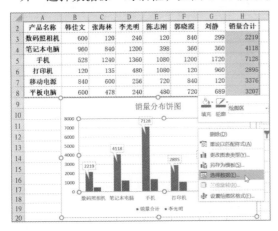

（a）工作表

（b）"选择数据源"对话框

图 6-87　工作表和"选择数据源"对话框

● 单击"图表数据区域"右侧的折叠按钮，返回 Excel 工作表，重新选取数据区域。在折叠的"选择数据源"对话框中显示重新选择后的单元格区域，如图 6-88 所示。

图 6-88　重新选择数据源的区域

● 单击"展开"按钮，返回"选择数据源"对话框，将自动输入新的数据区域，并自动添加水平轴标签，如图 6-89 所示。

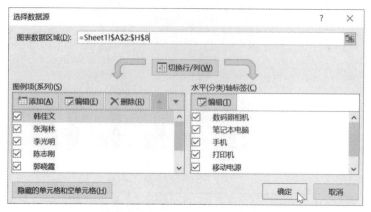

图 6-89　重新选择数据之后的"选择数据源"对话框

● 单击"确定"按钮，即可在图表中添加新的数据，为了图表布局合理，将图例设置在图表区的右侧，添加所有数据的图表及图例设置在右侧，如图 6-90 所示。

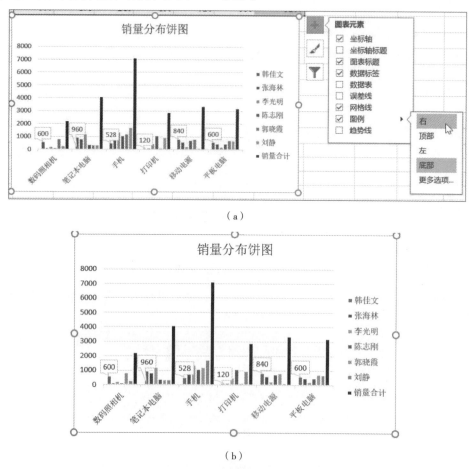

图 6-90　添加所有数据的图表及图例设置

③ 删除图表中的数据。单击图表中的数据系列"销量合计"，然后按【Delete】键，即可删除图表中的"销量合计"系列数据，如图 6-91 所示。

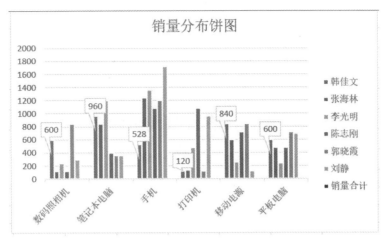

图 6-91　删除"销量合计"之后的图表

4．格式化图表

图表格式化设置主要是通过对图表区、绘图区、标题、图例及坐标轴等项重新设置字体、图案、对齐方式等，使图表更加合理、美观。

① 单击图表边框，选中图表区。

② 单击"图表工具–格式"→"当前所选内容"组中的图表元素，然后在下拉列表中选择"系列'李光明'"，选择全部"李光明"数据系列的数据点。

③ 单击"图表工具–格式"→"形状样式"→"其他"按钮，在弹出的下拉列表中单击"彩色轮廓，红色，强调颜色 2"按钮，效果如图 6-92 所示。

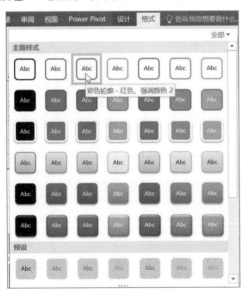

（a）选择形状样式

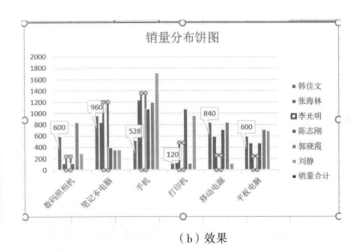

（b）效果

图 6-92　设置数据点样式

④ 单击"图表工具–格式"→"当前所选内容"选项组中的图表元素，然后在下拉列表中选取"绘图区"。

⑤ 单击"图表工具–格式"→"形状样式"→"其他"按钮，在弹出的下拉列表中单击"细微效果，紫色，强调颜色 4"按钮，为图表基底添加颜色，效果如图 6-93 所示。

⑥ 选中图表区，设置图表区颜色为"图片"或"纹理填充"中的"羊皮纸"，效果如图 6-94 所示。

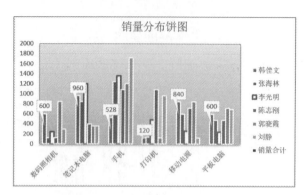

图 6-93　设置绘图区颜色的图表效果

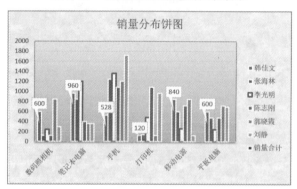

图 6-94　设置图表区颜色的图表效果

5．预览与打印工作表

在实际工作中，几乎所有的文档编辑后，大部分的文件需要打印，为了节约纸张，最好先预览后打印，如果有不满意的地方，可以再修改。

（1）打开文件及复制工作表

打印工作表之前，应先在屏幕上进行预览，这样可以在打印文档之前进行一些必要的设置。

① 打开"任务 5 结果.xlsx"文档。

② 复制"第一季度销售统计表"至本工作簿 Sheet2 工作表上，并将副本重命名为"第一季度销售统计表（打印）"。

③ 将"第一季度销售统计表（打印）"作为当前工作表。

（2）设置页面

选择"页面布局"→"页面设置"，纸张大小设置为 A4，纸张方向设置横向；页边距设置为常规。

 提示

"页面布局"功能区：

页面通过"页面布局"功能区进行设置，如图 6-95 所示。

图 6-95　"页面布局"功能区

● 主题：设置表格的主题。

● 页面设置：大小、方向、页边距。

● 背景：为表格设置图片背景。

● 打印标题：当表格数量较多时，往往会打印若干页，打印标题可以保证每张打印页上都有相同的标题。

（3）设置顶端标题行

① 单击"页面布局"→"页面设置"→"打印标题"按钮，打开"页面设置"对话框，在"工作表"选项卡中单击"顶端标题行"右侧的图按钮，如图 6-96 所示。

② 单击第 1 行的行号，打开如图 6-97 所示的对话框，单击图按钮，返回"页面设置"对话框。

图 6-96　设置顶端标题行步骤 1

图 6-97　设置顶端标题行步骤 2

③ 单击"确定"按钮。

（4）插入页眉页脚

为了方便给文档添加说明性文字和页码，需要为文档添加页眉页脚。页眉、页脚分左、中、右三部分，用于确定页眉、页脚的具体位置。具体操作步骤如下：

① 单击"插入"→"文本"→"页眉和页脚"按钮，转换为"页面视图"模式，并打开"页眉和页脚工具–设计"选项卡，在表格页眉右侧输入文字"内部数据"，如图 6-98 所示。

内部数据

第一季度销售统计							
产品名称	韩佳文	张海林	李光明	陈志刚	郭晓霞	刘静	销量合计
数码照相机	600	120	240	120	840	299	
笔记本电脑	960	840	1200	398	360	360	
手机	528	1240	1360	1080	1200	1720	
打印机	120	135	480	1080	120	960	
移动电源	840	600	256	720	840	120	
平板电脑	600	478	240	480	720	689	

图 6-98　页眉文字效果

② 若在页脚处需要插入页码，单击"页眉和页脚工具–设计"→"导航"→"转至页脚"按钮，将光标移到页脚处。

③ 在表格页脚中部插入相应格式的"页码"，右侧插入相应格式的"当前日期"，效果如图 6-99 所示。

（5）打印设置

选择"文件"→"打印"命令，在右侧窗格中出现打印预览界面，在左边可以进行参数设置，如图 6-100 所示。设置好参数，如份数、打印机等，单击"打印"按钮即可。

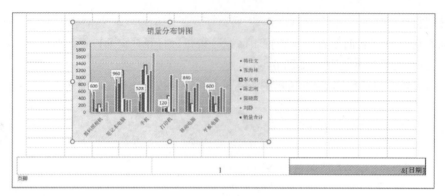

图 6-99　页脚文字效果

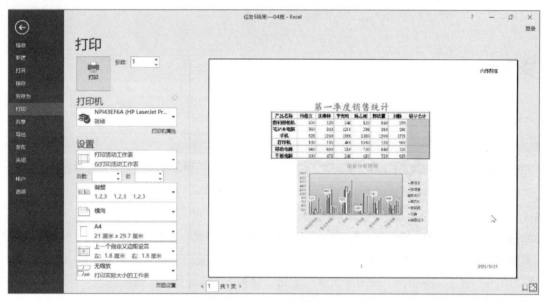

图 6-100　打印设置

任务 6　数据导入、数据合并、工作簿保护

在工作中，对于 Excel 的使用，不仅仅是利用公式和函数计算各种数据及利用图表功能制作各种样式的统计图表，还可以将已有的数据导入工作表中，也可以将已有的数据进行合并，帮助用户更加轻松地获取有用的数据信息，提高工作效率。

本任务主要介绍如何在电子表格中导入数据、合并数据及保护工作簿等操作。

任务描述

利用素材"任务 6.txt、任务 6-2xlsx"完成电子表格的数据导入、数据合并、工作簿保护等操作。

解决路径

在本任务中，主要介绍 Excel 的数据导入、数据合并及数据的保护功能。新建一个工作簿，导入文本数据，再打开一个已有的工作表，进行数据合并操作，然后保护该工作簿。数据处理完毕后，保存处理结果。总体来说，本任务的工作流程可以按照以下 5 个步骤来完成，如图 6-101 所示。

图 6-101 完成任务过程

相关知识

1. 数据导入

Excel 2016 提供了获取外部数据的功能，包括来自 Access、来自网站、来自文本、来自其他来源、来自现有连接共五大类数据，如图 6-102 所示。以上数据可以导入电子表格，为用户提供方便。

图 6-102 获取外部数据

2. 数据合并

① Excel 2016 的"合并计算"功能可以汇总或者合并多个数据源区域中的数据，具体方法有两种：一是按类别合并计算；二是按位置合并计算。

② 合并计算的数据源区域可以是同一工作表中的不同表格，也可以是同一工作簿中的不同工作表，还可以是不同工作簿中的表格。

3. 数据保护

① Excel 提供的数据保护包括工作簿、工作表及允许用户编辑区域设置等。

② 以上的操作可以在"审阅"选项卡的"更改"组中完成。

任务实施

该任务包括三部分内容：第一部分是介绍导入"文本"数据的操作方法；第二部分是介绍数据合并的操作方法；第三部分介绍如何保护工作簿、工作表及编辑区域的操作。

任务 6

1. 新建一个工作簿

① 启动 Excel 2016，选择"文件"→"保存"命令，单击"浏览"按钮，打开"另存为"对话框。

② 在"保存位置"下拉列表框中选择"D:\EXCEL\任务"，在"文件名"文本框中输入"导入数据表"，在"保存类型"列表框中选择"Excel 工作簿"选项，如图 6-103 所示。

③ 单击"保存"按钮。

2. 导入文本数据

① 选中 A1 单元格，单击"数据"选项卡，然后单击"获取外部数据"组中的"自文本"按钮，在打开的"导入文本文件"对话框中选择需要导入的文件（本任务选择 G:\Excel\任务\任务 6 素材.txt），如图 6-104 所示。

② 单击"导入"按钮，打开"文本导入向导-第 1 步，共 3 步"对话框，选中"分隔符号"单选按钮，如图 6-105 所示。

③ 单击"下一步"按钮，打开"文本导入向导-第 2 步，共 3 步"对话框，在"分隔符号"下选中"Tab 键"复选框，如图 6-106 所示。

④ 单击"下一步"按钮，打开"文本导入向导-第 3 步，共 3 步"对话框，在"列数据格式"组合框中，选中"文本"单选按钮，如图 6-107 所示。

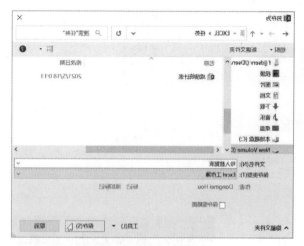

图 6-103 "另存为"对话框

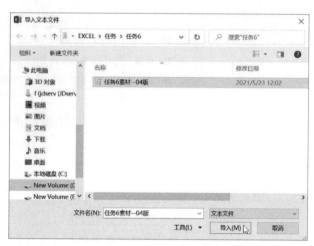

图 6-104 选择需要导入的文件

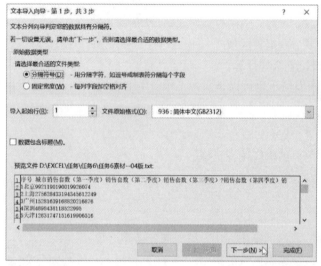

图 6-105 "文本导入向导-第 1 步，共 3 步"对话框

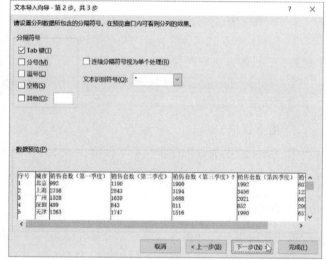

图 6-106 "文本导入向导-第 2 步，共 3 步"对话框

⑤ 单击"完成"按钮，此时会打开一个"导入数据"对话框，在该对话框中选中"现有工作表"单选按钮，如图 6-108 所示。

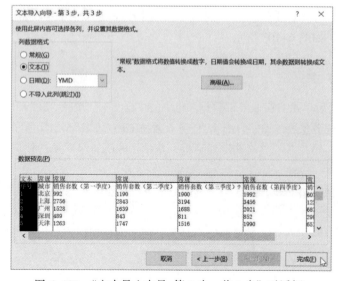

图 6-107 "文本导入向导-第 3 步，共 3 步"对话框

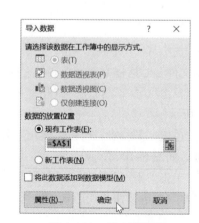

图 6-108 导入数据窗口

⑥ 单击"确定"按钮，返回到 Excel 工作表，就可以看到数据导入成功，而且排列整齐，如图 6-109 所示。用户可以将导入的数据进行数据处理等操作。

图 6-109 数据导入成功

3．打开"任务 6-2 素材.xlsx"工作簿

① 启动 Excel 2016，选择"文件"→"打开"命令。

② 单击"浏览"按钮，在"打开"对话框中选择"D:\EXCEL\任务\任务 6"，查找"任务 6-2 素材.xlsx"工作簿，单击"打开"按钮，表格内容如图 6-110 所示。

图 6-110 表格数据（任务 6-2 素材.xlsx）

4．数据合并

在图 6-110 中有两个结构相同的数据表"表一""表二"，利用合并计算可以轻松地将这两个表进行合并汇总。

① 选中 B10 单元格，作为合并计算后结果的存放起始位置，再单击"数据"→"数据工具"→"合并计算"按钮，打开"合并计算"对话框，如图 6-111 所示。

② 激活"引用位置"编辑框，选中"表一"的 A2:C7 单元格区域，然后在"合并计算"对话框中单击"添加"按钮，所引用的单元格区域地址会出现在"所有引用位置"列表框中。使用同样的方法将"表二"的 F2:H7 单元格区域添加到"所有引用位置"列表框中。

③ 选中"首行"复选框和"最左列"复选框，如图 6-112 所示。

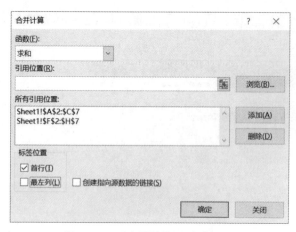

图 6-111 "合并计算"对话框

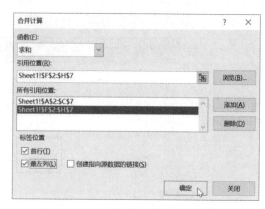

图 6-112 设置引用位置和标签位置

④ 单击"确定"按钮，即可生成合并计算结果表，如图 6-113 所示。

	A	B	C	D	E	F	G	H
1		表一					表二	
2	城市	数量	金额			城市	数量	金额
3	北京	123	1000			上海	234	3210
4	天津	456	2000			海南	453	2345
5	武汉	563	2032			深圳	268	1998
6	上海	234	5210			北京	123	2000
7	重庆	333	3000			天津	200	3000
8								
9								
10			数量	金额				
11		海南	453	2345				
12		深圳	268	1998				
13		北京	246	3000				
14		天津	656	5000				
15		武汉	563	2032				
16		上海	468	8420				
17		重庆	333	3000				
18								

图 6-113 生成合并计算结果表

5．保护工作簿

（1）设计允许编辑区

① 在"审阅"选项卡的"保护"组中单击"允许用户编辑区域"按钮，打开"允许用户编辑区域"对话框，如图 6-114 所示。

② 单击"新建"按钮，打开"新区域"对话框。

③ 在"标题"文本框中输入"允许编辑区域"，在"引用单元格"文本框中输入"=B11：D17"，在"区域密码"文本框中输入"123456"，单击"确定"按钮，再次输入密码，单击两次"确定"按钮，如图 6-115 所示。

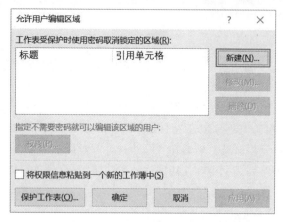

图 6-114 "允许用户编辑区域"对话框

图 6-115 "新区域"对话框

④ 在图 6-114 所示的"允许用户编辑区域"对话框中单击"保护工作表"按钮，打开"保护工作表"对话框，如图 6-116 所示。在"取消工作表保护时使用的密码"文本框中输入密码"654321"，单击"确定"按钮；再次输入密码，单击"确定"按钮。

（2）保护工作簿

① 在"审阅"选项卡的"保护"组中单击"保护工作簿"按钮，打开"保护结构和窗口"对话框，如图 6-117 所示。

② 选中"结构"和"窗口"复选框，在"密码"文本框中输入密码 333，单击"确定"按钮，打开"确认密码"对话框，再次输入密码，单击"确定"按钮。

（3）设置打开和修改权限

① 选择"文件"→"另存为"命令，单击"浏览"按钮，在打开的"另存为"对话框中设置保存位置和保存名称，单击"工具"按钮，在下拉列表中选择"常规选项"，打开"常规选项"对话框，如图 6-118 所示。输入"打开权限密码"为"666"，"修改权限密码"为"999"。

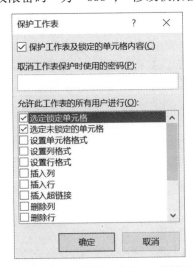

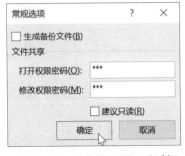

图 6-116 "保护工作表"对话框　　图 6-117 保护结构和窗口　　图 6-118 "常规选项"对话框

② 单击"确定"按钮，依次打开两个"确认密码"对话框，分别输入打开权限密码和修改权限密码，单击"确定"按钮，返回"另存为"对话框，单击"保存"按钮。

提示

● 设置完可编辑区域，必须单击"保护工作表"按钮，设置才会生效，撤销可编辑区域只需要撤销工作表保护即可。

● 保护工作表设置完成后，"保护工作表"按钮变为"撤销工作表保护"按钮。

● 保护工作簿时，"保护工作簿"按钮为高亮突出显示，撤销保护只需要再次单击"保护工作簿"按钮，正确输入密码即可。

● 设置工作簿打开和修改权限，要先关闭工作簿，再重新打开工作簿才会生效，先输入打开密码，再输入修改密码，才能打开工作簿，并进行修改。若用户只有打开密码，没有修改密码，则只能以只读方式打开工作簿。

● 要防止用户意外或故意更改、移动或删除重要数据，可以保护某些工作表或工作簿元素，可以使用密码（Excel 密码最多可有 255 个字母、数字、空格等。在设置和输入密码时，必须输入正确的大小写字母）。

小　结

本单元通过6个任务的讲解，要求读者熟练掌握工作簿与工作表的创建、编辑、管理，并且熟练掌握常用函数及常用统计函数的应用，熟练掌握电子表格中数据管理和分析的工具，其中包括排序、筛选（自动筛选和高级筛选）、分类汇总和数据透视表。通过任务5的学习，可使读者掌握图表的创建和编辑。制作图表时，应了解表现不同的数据关系时，如何选择合适的图表类型，特别要注意正确选定数据源。图表既可插入到工作表中，生成嵌入图表，也可以生成一张单独的工作表。如果工作表中作为图表源数据的部分发生变化，图表中的对应部分也会自动更新。任务6主要介绍如何在电子表格中导入文本数据、合并数据及保护工作簿等操作。

习　题

一、电子表格的输入练习

1. 创建一个新的空白工作簿。

2. 在A1单元格中输入“输入练习”文字，并按【Enter】键。

3. 在A2单元格中输入数字1、A3单元格中输入数字2，然后将A2和A3单元格选中，阿拉伯数字1~10使用自动填充的输入方法，如图6-119所示。

	A	B	C	D	E	F	G	H	I	J	K	L
1	输入练习											
2	1	5	电子表格	2021年9月1日	一月	星期一	星期二	星期三	星期四	星期五	星期六	星期日
3	2	10	电子表格	2021年9月2日	二月							
4	3	15	电子表格	2021年9月3日	三月							
5	4	20	电子表格	2021年9月4日	四月							
6	5	25	电子表格	2021年9月5日	五月							
7	6	30	电子表格	2021年9月6日	六月							
8	7	35	电子表格	2021年9月7日	七月							
9	8	40	电子表格	2021年9月8日	八月							
10	9	45	电子表格	2021年9月9日	九月							
11	10	50	电子表格	2021年9月10日	十月							
12				2021年9月11日	十一月							
13				2021年9月12日	十二月							
14				2021年9月13日	一月							
15				2021年9月14日	二月							
16				2021年9月15日								

Sheet1

图6-119　输入练习

4. 在B2单元格中输入数字5、B3单元格中输入数字10，使用上述操作方法，即可输入阿拉伯数字5~50，每个单元格的数字间隔5，根据需要用户自行设置输入的内容，如图6-119所示。

5. 在C2单元格中输入“电子表格”，在C2单元格右下角，使鼠标变成“十字”形向下拖动，即可输入相同的文字“电子表格”。

6. 分别在D2、E2、F2单元格内输入如图6-119所示的内容，分别向下或向右填充输入。

7. 保存如图6-119所示的工作簿（默认路径），工作簿名称为“输入练习.xlsx”。

二、利用公式进行计算

1. 创建一个新的空白工作簿。
2. 在Sheet1中输入如图6-120所示的数据。
3. 将Sheet1工作表标签重命名为“学生成绩”。
4. 利用公式计算出平均分（保留小数1位）。
5. 利用公式计算出总分。
6. 利用公式计算出学生平均分的最高分。
7. 利用公式计算出学生平均分的最低分。
8. 设置如图6-120所示的边框线及文字的颜色。

9. 以“成绩表-学生.xlsx”命名，将该工作簿保存在桌面上。

10. 完成后的“学生成绩”工作表如图 6-121 所示。

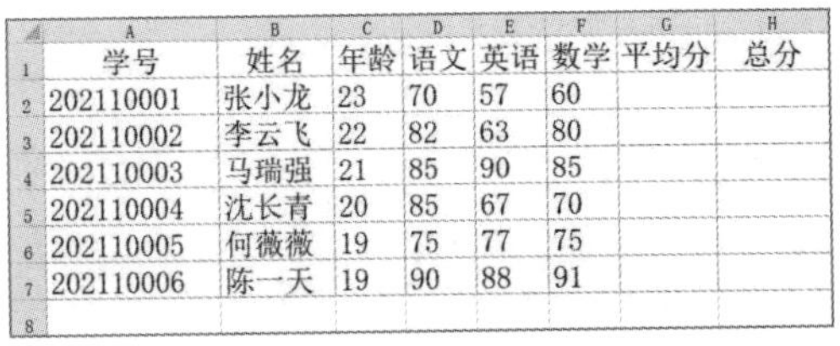

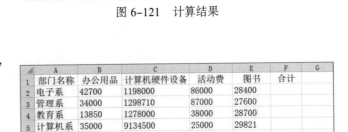

学号	姓名	年龄	语文	英语	数学	平均分	总分
202110001	张小龙	23	70	57	60		
202110002	李云飞	22	82	63	80		
202110003	马瑞强	21	85	90	85		
202110004	沈长青	20	85	67	70		
202110005	何薇薇	19	75	77	75		
202110006	陈一天	19	90	88	91		

图 6-120 输入数据

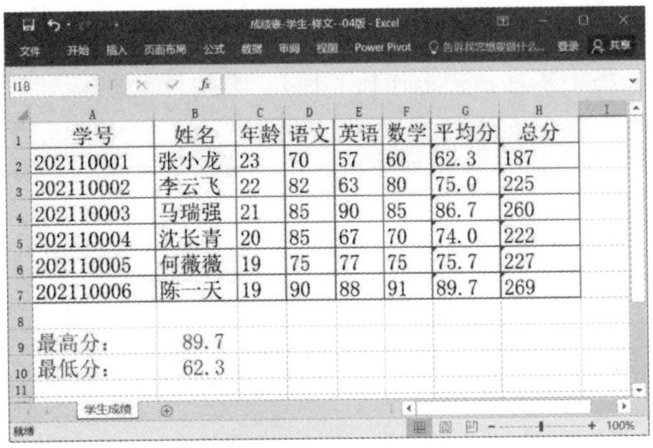

学号	姓名	年龄	语文	英语	数学	平均分	总分
202110001	张小龙	23	70	57	60	62.3	187
202110002	李云飞	22	82	63	80	75.0	225
202110003	马瑞强	21	85	90	85	86.7	260
202110004	沈长青	20	85	67	70	74.0	222
202110005	何薇薇	19	75	77	75	75.7	227
202110006	陈一天	19	90	88	91	89.7	269
最高分：	89.7						
最低分：	62.3						

图 6-121 计算结果

三、利用公式计算并设置工作表格式

1. 创建一个新的空白工作簿，以“部门花费.xlsx”命名并保存。

2. 在 Sheet1 中录入如图 6-122 所示的数据。

3. 利用公式计算合计值，保留 2 位小数。

部门名称	办公用品	计算机硬件设备	活动费	图书	合计
电子系	42700	1198000	86000	28400	
管理系	34000	1298710	87000	27600	
教育系	13850	1278000	38000	28700	
计算机系	35000	9134500	25000	29821	

图 6-122 输入数据

4. 对表格进行如下设置：

（1）设置工作表交换“图书”列和“计算机硬件设备”列的数据。

（2）在“部门名称”列之前插入“序号”列，并利用自动填充输入 1 ~ 4。

（3）工作表的所有单元格设置图案颜色为：橙色、强调文字颜色 6，单色 60%；图案样式为：25%灰色；字体为黑体、16 磅、深蓝色；各数据单元格的数字样式设为数值、保留 2 位小数、居右，其他单元格的内容居中。

（4）设置表格外边框为绿色粗线，内边框为浅蓝色细线。

（5）设置合适的列宽和行高。

（6）在“部门名称”行之上插入一行，在 A1 单元格中输入标题“北京软件学院 2021 年各部门花费情况表”。

（7）设置标题格式为：隶书、26 磅、加粗、A1:G1 合并且居中。

（8）在 B7 单元格中输入总计，利用公式计算出各列的总计值。

5. 添加批注：为“计算机系”单元格加上批注为“原计算中心”，并显示批注。

6. 将 Sheet1 工作表重命名为“部门花费”。

7. 重新保存工作簿。

8. 完成后的“部门花费”工作表如图 6-123 所示。

北京软件学院2021年各部门花费情况表

序号	部门名称	办公用品	图书	活动费	计算机硬件设备	合计
1	电子系	42700	28400	86000	1198000	1355100.00
2	管理系	34000	27600	87000	1298710	1447310.00
3	教育系	13850	28700	38000	1278000	1358550.00
4	计算机系	35000	29821	25000	9134500	9224321.00
	总计	125550.00	114521.00	236000.00	12909210.00	13385281.00

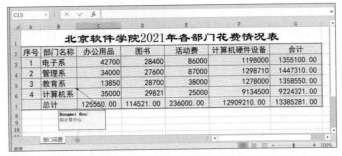

图 6-123 “部门花费”结果

四、创建图表、设置工作表打印区域、排序应用等

1. 打开已有的"部门花费.xlsx"工作簿。

2. 确保"部门花费.xlsx"工作簿在屏幕上是活动的，取"部门花费1"工作表的"部门名称"和"办公用品"两列数据（不包括"总计数"行），建立"三维簇状柱形图"；系列产生在列；图表标题为"办公用品"；图例显示在右部；将图表插入到"部门花费1"工作表的B8:F24区域内。

3. 设置图表区域图案的颜色，图表的设置填充效果如图6-124所示。

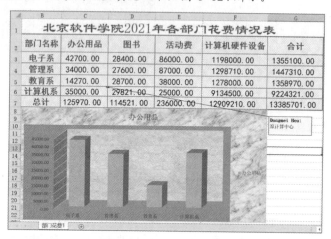

图6-124 "图表"效果

（1）图表区的填充效果的颜色设置为"白色大理石"。

（2）背景墙填充效果的颜色设置为渐变"信纸"。

（3）将办公用品填充效果的"柱形图"设置为"橙色"。

（4）将绘图区格式填充效果设置为"橄榄色，个性3"。

4. 设置图表和数据为打印区域，纸张方向为横向，上、下页边距为1.9厘米，左、右页边距为1.8厘米，水平、垂直居中对齐，效果如图6-125所示。

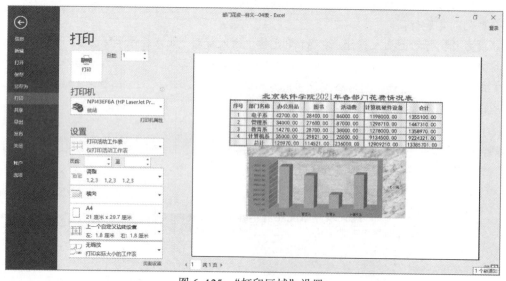

图6-125 "打印区域"设置

5. 在"部门花费1"工作表中，将教育系"办公用品"C2单元格中的14270替换为14290。

6. 将"部门花费"工作表中的数据按"办公用品"升序排序，结果如图6-126所示。

图 6-126　排序

7. 在"部门花费"工作表之后，插入一张新的 Sheet2 工作表，工作表的名称重命名为"自动套用格式"；复制"部门花费 1"工作表的所有数据；将"部门花费 1"工作表中的数据套用表格格式为"表样式浅色 10"，效果如图 6-127 所示。

图 6-127　表样式浅色 10

8. 保存并退出 Excel。

五、电子表格的综合应用

1. 制作某班一个学期每门课程的"第一学期成绩表"。例如，包含如下字段：

学号	姓名	性别	计算机应用基础	英语	数据库	网页制作	程序设计基础

2. 利用所学知识，对表格数据由学生自己快速录入。

3. 对"第一学期成绩表"进行格式修饰。

（1）根据个人喜好对表格进行修饰。

（2）将不及格的成绩利用条件格式表示为红色字体。

（3）对表格进行页面设置打印预览。

4. 将"第一学期成绩表"在同一个工作簿中复制一份，工作表名称为"第一学期成绩表计算"。以下计算均在"第一学期成绩表计算"工作表进行。

（1）计算每门课程的平均成绩。

（2）计算每门课程的最高成绩和最低成绩。

（3）计算每个学生的总成绩。

（4）利用 RANK 函数根据总成绩进行排名。

（5）计算每门课程各分数段的人数。（分数段包括 90~100、80~89、70~79、60~69、59 以下）

5. 利用"第一学期成绩表计算"工作表中的数据生成图表：

（1）生成对比各科成绩平均分的图表。

（2）根据个人喜好对图表进行修饰。

（3）根据需要生成基于其他数据源的图表。

6. 利用"第一学期成绩表计算"工作表中的数据进行分析：

（1）在同一工作簿中将"第一学期成绩表计算"工作表复制一份，命名为"排序表"，根据总成绩由高到低进行排序。也可根据需要按照其他字段进行排序。

（2）在同一工作簿中将"第一学期成绩表计算"工作表复制一份，命名为"筛选表"，筛选总成绩前5名的学生。也可根据需要进行其他筛选。

（3）在同一工作簿中将"第一学期成绩表计算"工作表复制一份，命名为"分类汇总表"，汇总男生和女生每门课程的平均成绩。也可根据需要进行其他分类汇总。

单元 **7**

演 示 文 稿

演示文稿由一组包括文字、图片、影片等多种媒体的幻灯片构成，通常，幻灯片会加上动态显示效果。演示文稿用于工作汇报、企业宣传、产品推介、教育培训等工作。Microsoft Office PowerPoint 是易学易用、功能丰富的演示文稿制作软件，利用它可以制作出图文、声音、动画、视频相结合的多媒体幻灯片。

学习目标
- 掌握母版的设计方法。
- 掌握在演示文稿中插入、设置文本和图形对象的方法。
- 掌握在演示文稿中插入动画和多媒体元素的方法。
- 掌握发布和共享演示文稿的方法。

任务 1 创建和管理演示文稿——"物流企业概述"

任务描述

对于大学"物流企业管理概述"课程教授助理，现在要根据 Word 格式的教案，制作授课用的 PowerPoint 演示文稿，并进行编辑和完善。

解决路径

要完成本项目，需要首先导入外部内容，然后使用母版来统一演示文稿的风格，再对幻灯片进行适当的编辑和管理。具体流程如图 7-1 所示。

图 7-1 任务 1 的学习步骤

相关知识

1. 演示文稿视图

新创建的演示文稿默认以"普通视图"显示。在功能区"视图"选项卡的"演示文稿视图"组中，可以切换不同的视图模式，如图 7-2 所示。

单击"幻灯片浏览"按钮，可以切换至幻灯片浏览视图。幻灯片浏览视图直接显示演示文稿幻灯片缩略图，用于浏览演示文稿中幻灯片的顺序和组织结构，用户可以方便地对演示文稿的顺序进行排列和组织。此外，还可以在幻灯片浏览视图中添加节，并按不同的类别或节对幻灯片进行排序。

图 7-2 演示文稿视图

单击"大纲视图"按钮，即可切换至"大纲"视图，以大纲形式显示幻灯片文本，用户在此可逐张逐级撰写幻灯片大纲文本。也可拖动幻灯片图标重新排列幻灯片顺序和移动文本。

此外，演示文稿还可以"备注页"视图或"阅读视图"显示，查看备注页内容或者在窗口中进行幻灯片的播放。

2．演示文稿的设计原则和结构

演示文稿须逻辑结构清晰，层次鲜明，使观众明确演示目的。演示文稿中幻灯片上文字不宜过多，恰当使用颜色搭配、动画效果以及幻灯片切换效果。

一般来说，演示文稿至少应当包括：

① 标题幻灯片：用于点明演示文稿的主题。

② 目录幻灯片：指演示文稿的目录页，用以指明演示主题所包括的主要内容或信息概要。

③ 内容幻灯片：目录幻灯片中的每项都用一张或多张幻灯片阐述具体内容。目录幻灯片上的项目为内容幻灯片的标题。

此外，演示文稿幻灯片的设计还需要注意色彩搭配、明暗对比度、文字大小等问题。

任务实施

1．导入外部文档内容

在制作演示文稿的工程中，如果所需要的内容已经存在于其他文档，例如 Word 或者 PowerPoint 文档中，用户不需要再逐段进行复制和粘贴，而是可以直接将内容导入到当前的 PPT 文档中。具体方法如下：

① 开启 PowerPoint 程序，并新建一个空白文档，单击"开始"→"幻灯片"→"新建幻灯片"按钮，在弹出的下拉列表中选择"幻灯片（从大纲）"命令，如图 7-3 所示。

图 7-3 在演示文稿中导入 Word 大纲内容

② 在打开的"插入大纲"对话框中，定位到案例素材所在文件夹，选中文档"1–2 节.docx"，并单击下方的"插入"按钮，插入 Word 文档中的大纲内容。

③ 选中最后一张幻灯片，单击"开始"→"新建幻灯片"按钮，在弹出的下拉列表中选择"重用幻灯片"命令。

④ 在右侧的"重用幻灯片"窗格中，单击"浏览"按钮，在打开的"浏览"对话框中，定位到案例素材所在文件夹，选中文档"3 节.pptx"，单击"打开"按钮。

⑤ 在右侧的"重用幻灯片窗格"中，依次单击 4 张幻灯片，将其插入到演示文稿的末尾。

⑥ 单击任务窗格右上角的 ✖ 按钮，关闭任务窗格。

2．设置版式和修改母版

在编辑和美化演示文稿的过程中，通常需要为幻灯片快速设置统一的风格，从而使得演示文稿的外观更加专业。为了达到这个目的，在 PowerPoint 中提供了母版和版式功能，可以使用户避免对幻灯片中的内容逐一设置格式或修改而增大工作量。

① 删除演示文稿开始的空白幻灯片，选中第 1 张标题为"物流企业管理概述"的幻灯片，单击"开始"选项卡→"幻灯片"组→"版式"下拉按钮，在弹出的下拉列表中选择"标题幻灯片"版式，如图 7-4 所示。

图 7-4　设置幻灯片版式

② 使用同样的方法，将第二张和第七张幻灯片的版式设置为"节标题"。

③ 单击"视图"选项卡→"母版视图"组→"幻灯片母版"按钮，进入幻灯片母版视图模式，如图 7-5 所示。

④ 单击"幻灯片母版"选项卡→"编辑母版"组→"插入版式"按钮，如图 7-6 所示。

图 7-5　进入幻灯片母版视图

图 7-6　创建版式

⑤ 在左侧窗格中，选中新创建的版式，右击，在弹出的快捷菜单中选择"重命名版式"命令，如图 7-7 所示。

⑥ 在打开的"重命名版式"对话框中，将版式名称修改为"图表"，单击"重命名"按钮。

⑦ 选中"图表"版式，单击"幻灯片母版"选项卡→"母版版式"组→"插入占位符"下拉按钮，选择"图表"命令，如图 7-8 所示。

图 7-7 重命名版式

图 7-8 插入图表占位符

⑧ 此时光标会变为十字形，在母版的标题占位符下方拖动出一个"图表"占位符，在插入之后，可以拖动形状的左右边缘，通过自动出现的参考线，确保其左右边缘和上方标题占位符对齐。

⑨ 单击"幻灯片母版"选项卡→"主题"下拉按钮，在弹出的下拉列表中单击"带状"主题。单击"幻灯片母版"选项卡→"背景"组下拉按钮→"字体"下拉按钮，在弹出的下拉列表中单击选择 Arial 字体，如图 7-9 所示。完成上述设置后，可以单击"幻灯片母版"选项卡→"关闭母版视图"按钮，退出对于幻灯片母版的编辑状态。（注意：根据用户 Office 更新的版本，主题名称和菜单显示会有差别，以实际使用界面为准，下同）。

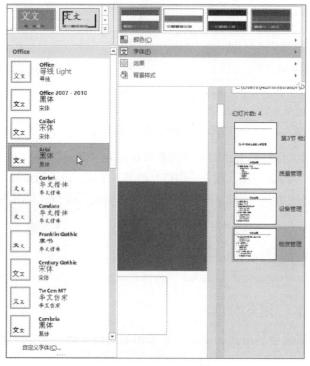

图 7-9 设置主题字体

3. 编辑和管理幻灯片

在 PowerPoint 中，可以方便对幻灯片进行编辑和管理，例如添加、删除、复制和移动幻灯片。在本任务中，要将演示文稿分节，可以让整个演示文稿的结构更加清晰。

① 选中第二张名为"第 1 节　物流企业管理模式"幻灯片，右击，在弹出的快捷菜单中选择"新增节"命令，如图 7-10 所示。

② 在打开的"重命名节"对话框中输入该节的名字"第 1 节"，单击"确定"按钮，如图 7-11 所示。

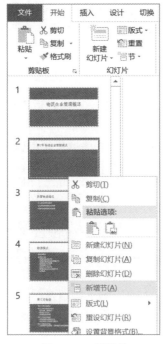

图 7-10　新增节

图 7-11　为新增节命名

③ 使用同样的方法分别在第六张、第十一张幻灯片前新建名为"第 2 节"和"第 3 节"的节。

④ 将第一张幻灯片前默认节的节重命名为"标题节"。首先选中第一张幻灯片前的"默认节"，右击，在弹出的快捷菜单中选择"重命名节"命令，再输入需要更改的名字即可。完成后，单击节标题，就可以选中该节的所有幻灯片，进而可以对该节设置格式或移动位置。

任务 2　插入和格式化文本、形状和图片——"科技与生活"

任务描述

做一场主题为"科技与生活"的主题报告，现在已经做出了一份 PPT 的半成品（科技与生活.pptx），但还不够完善和美观，需要对演示文稿中的文本及图形元素做进一步处理，以便能够更好地表达主题。

解决路径

本任务要求分别对文本、形状和图片进行创建和格式化操作，以便演示文稿能够更生动地展示信息。具体完成流程如图 7-12 所示。

图 7-12　任务 2 的学习步骤

相关知识

1．PowerPoint 图片使用的原则

图片在 PPT 中起着举足轻重的作用，它不仅能提升用户体验，还能聚焦内容，引导视觉，渲染气氛，帮助理解。一张好的图片胜过千言万语。

（1）寻找图片

图片不是图形，不能直接在计算机上绘制，因此只能通过外部渠道获取。一般来说，最常见的获取图片的方法有下面两种：

① 拍摄：利用数码设备可以拍摄出各种照片，并可将其导入到计算机中成为供 PPT 使用的图片素材。但对于没有接受过专业摄影培训的人而言，拍摄出的照片效果大多很普通，如果不经过后期处理，只能满足普通的 PPT 需求。

② 下载：互联网的高速发展，扩展了获取图片的范围，通过在网站下载，能够轻松得到各种高品质的图片素材。但这种方法也有自身的短板，那就是日益严格的版权管控问题。除非是没有版权或明确可以商用的图片，否则图片下载后不能用在商业用途。

（2）挑选图片的方法

互联网上有许多关于获取图片的文章，且推荐了许多可以使用的高清图片的下载地址，但这并不代表就能找到真正合适的图片。挑选图片时，应该从图片的质量、内容、风格、主题等方面考虑，精挑细选才能得到理想的素材。

① 挑选高分辨率的图片：图片内容的清晰程度对 PPT 效果有很大的影响。特别是对于全图型 PPT、产品发布会 PPT 而言，高清图片更是必不可少的元素。图片的清晰程度由其分辨率决定，因此在挑选图片时，一定要挑选分辨率尽可能高的图片。

② 图片内容与主题相匹配：在图片具备高分辨率的前提下，挑选图片时应考虑 PPT 要演讲的内容，寻找与内容相匹配的图片，否则会显得格格不入。

③ 图片整体风格要统一：图片除了要与 PPT 内容匹配以外，整个 PPT 需要用到的图片也要在整体风格上保持一定的统一。如果想制作一种高科技产品的发布会 PPT，可以尽量选用具有科技风的图片，并适当配以产品样品图。所有图片均要体现出统一的风格，如简约、高新或者创意等。

2．插入 SmartArt 图形

SmartArt 图形是信息和观点的视觉表示形式。可以通过从多种不同布局中进行选择来创建 SmartArt 图形，从而快速、轻松和有效地传达信息。使用 SmartArt 图形，只需单击几下鼠标，就可以创建具有设计师水准的插图。PowerPoint 演示文稿通常包含带有项目符号列表的幻灯片，使用 PowerPoint 时，可以将幻灯片文本转换为 SmartArt 图形。此外，还可以向 SmartArt 图形添加动画。

（1）插入 SmartArt 图形

单击"插入"选项卡→"插图"组→SmartArt 按钮，打开"选择 SmartArt 图形"对话框，如图 7-13 所示。在左侧首先选择要插入的类别，例如要为一个企业创建组织架构图，可以选择"层次结构"，然后在其中输入文本并设置格式。

（2）将文本转换为 SmartArt 图形

如果用户已经在文本框中输入了文本，就不需要插入 SmartArt 图形后再把文本移入，而是可以直接将文本转换为 SmartArt 图形。方法为：选中列表，右击，在弹出的快捷菜单中选择"转换为 SmartArt"命令，并选择图形的布局，如图 7-14 所示。

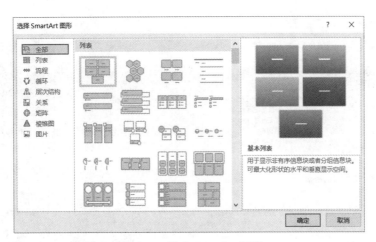

图 7-13 插入 SmartArt 图形

图 7-14 将文本转换为 SmartArt 图形

任务 2

任务实施

1. 插入和格式化文本

文字是演示文稿中最基本的内容，通过对文本字体以及段落的设置使得演示文稿内容的表达更加清晰。

① 在最后一张幻灯片中选中文本"更多信息请访问："，单击"开始"选项卡→"字符间距"下拉按钮，在弹出的下拉列表中勾选"稀疏"选项，如图 7-15 所示。

图 7-15 设置字体间距

② 单击"开始"选项卡→"字体"组→"文字阴影"按钮。

③ 选中需要添加超链接的文本部分"https://baike.baidu.com/"，单击"插入"选项卡→"链接"组→"超链接"按钮，也可以右击选中的文本，在弹出的快捷菜单中选择"超链接"命令，在打开的"编辑超链接"对话框下方的"地址"文本框，输入需要链接到的网址"https://www.baike.baidu.com/"，最后单击"确定"按钮，如图 7-16 所示。

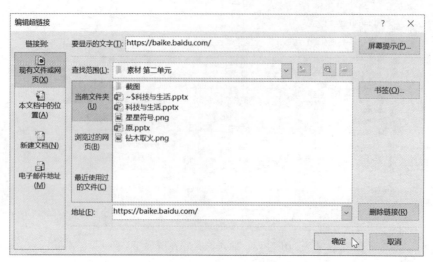

图 7-16　添加超链接

④　有时需要对幻灯片中某些文本的段落和字体进行调整，以使这些文本符合格式要求且更加美观。选中幻灯片 1 中的 Science and technology 文本，单击"开始"选项卡→"段落"组→"对齐文本"下拉按钮，选择"顶端对齐"。

⑤　单击"开始"选项卡→"字体"组中右下角的 按钮，在打开的"字体"对话框中，选中"小型大写字母"复选框，单击"确定"按钮，如图 7-17 所示。

图 7-17　"字体"对话框

⑥　可以根据需要，用一张图片作为项目符号的样式。单击"视图"选项卡→"母版视图"组→"幻灯片母版"按钮，打开幻灯片母版，在左侧选中最上方的主母版后，将光标定位在最顶层的项目符号旁边。

⑦　单击"开始"选项卡→"项目符号"命令右侧的下拉按钮，在弹出的下拉列表中选择"项目符号和编号"命令，在打开的"项目符号和编号"对话框中（见图 7-18），选择"项目符号"选项卡，单击"图片"按钮，打开素材文件夹中的"星星符号.png"文件，将其设置为项目符号。最后在"幻灯片母版"选项卡中单击"关闭母版视图"按钮，以退出幻灯片母版编辑状态。

⑧　在幻灯片 9 中，选中左侧文本框。在"开始"选项卡→"添加或删除栏"下拉列表中，选择"一栏"，如图 7-19 所示。这样就可以把原来的分两栏显示改为一栏显示，使幻灯片更加美观。

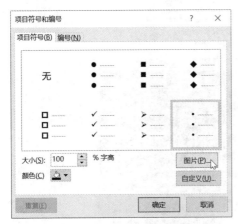

图 7-18 设置图片项目符号

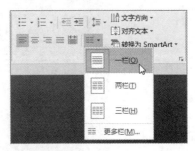

图 7-19 分栏显示内容

2. 插入和格式化形状

在 PowerPoint 中内置了丰富的形状，对这些形状的合理使用可以使演示文稿更加生动。

① 在幻灯片 4 中选中"矩形圆角"形状后（整个 SmartArt 图形），在上方"SmartArt 工具"中，单击"格式"选项卡→"形状样式"下拉按钮，选择"细微效果–蓝色，强调颜色 1"样式，如图 7-20 所示。

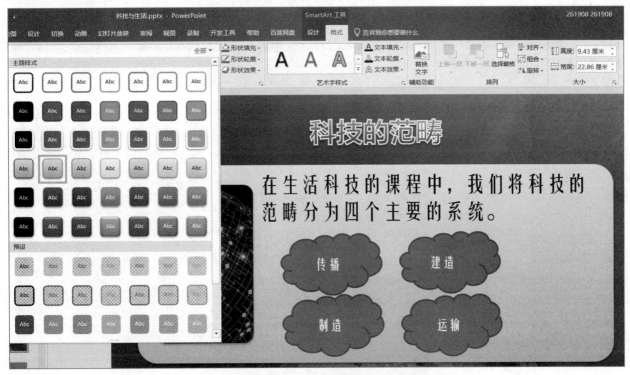

图 7-20 为形状应用样式

② 幻灯片 3 中的文本框有黄色的边框，极不美观，需要去掉这个边框。想要去掉边框，需要选中形状。单击"绘图工具–格式"选项卡→"形状轮廓"下拉按钮，在弹出的下拉列表中选择"无轮廓"命令即可。如果需要更改形状的轮廓颜色、填充颜色、阴影等，都可以在"绘图工具–格式"选项卡→"形状样式"组中更改。

③ 在幻灯片 4 中，4 个云形图排列过于紧密，不够美观。可以将云形图缩小一些。如图 7-21 所示，首先按住【Ctrl】键依次选中全部云形图，然后在"绘图工具–格式"选项卡→"大小"组中可以修改形状的高度和宽度，这里将高度设置为 2.5 厘米，宽度设置为 3.5 厘米。

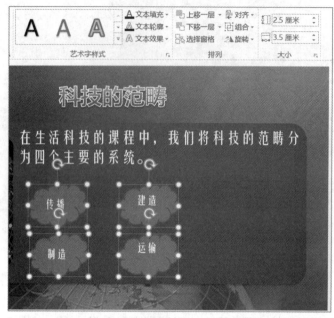

图 7-21　改变图形大小

④ 如果觉得云形不适合 PPT 的风格，也可以用其他形状来替代。首先选中想要改变的形状，单击"绘图工具–格式"选项卡→"插入形状"组→"编辑形状"下拉按钮，在弹出的下拉列表中选择"更改形状"，在扩展菜单中选择需要的形状，例如圆角矩形，如图 7-22 所示。

图 7-22　替换形状

3. 插入和格式化图片

图片是在使用 PowerPoint 进行演示时不可缺少的元素，PowerPoint 2016 较之此前版本，图片处理能力也更为强大。

① 选择第 2 张幻灯片，单击"插入"选项卡→"插图"组→"图片"按钮，在打开的"插入图片"对话框中，定位到素材文件夹，选择所需插入的"钻木取火.png"文件，再单击右下角的"插入"按钮，插入图片。

② 选中插入的图片，单击"图片工具–格式"选项卡→"图片样式"组下拉按钮，单击"圆形对角 白色"

样式，如图 7-23 所示。

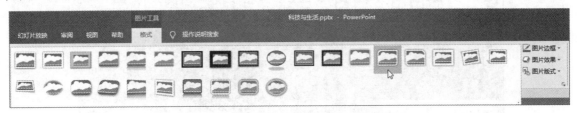

图 7-23　设置图片样式

③ 单击"格式"选项卡→"调整"组→"艺术效果"下拉按钮，在弹出的下拉列表中选择"纹理化"艺术效果。

④ 单击"格式"选项卡→"图片样式"组→"图片效果"下拉按钮，在弹出的下拉列表中选择"棱台"，在扩展菜单中选择"圆形"，如图 7-24 所示。

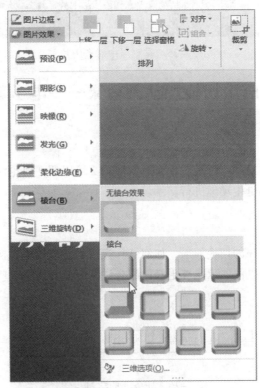

图 7-24　设置图片效果

4．排列和组合对象

当一张幻灯片中有多个对象时，经常需要对这些对象整齐排列或者设置其叠放层次。

① 同时选中第 10 张幻灯片中的 3 张图片，单击"图片工具-格式"选项卡→"排列"组→"对齐"下拉按钮，在弹出的下拉列表中选择"垂直居中"命令，如图 7-25 所示。

② 使用类似的方法也可以设置图片水平方向的对齐方式。选中第 9 张幻灯片中的"水污染""土壤污染""空气污染" 3 个形状，单击"绘图工具-格式"选项卡→"排列"组→"对齐"下拉按钮，在弹出的下拉列表中选择"左对齐"命令，就可以将所有形状与最左端形状对齐。

③ 保持上一步骤中 3 个对象为选中状态，单击"绘图工具-格式"选项卡→"排列"组→"对齐"下拉按钮，在弹出的下拉列表中选择"纵向分布"命令，就可以将所有形状垂直方向的间距设为相等。

④ 如果想让第 10 张幻灯片中 3 张图片中，"土壤污染"图片在其他两张图片上方，可以将其选中，反复单击"格式"选项卡→"排列"组→"上移一层"按钮。

图 7-25　垂直居中对齐图片

任务 3　应用切换和动画效果——电子数据交换

(任务描述)

　　学生正在参加电子商务课程的学习，已经制作了一份演示文稿以便在讨论课上进行展示。现在需要为演示文稿设置切换和动画效果，从而可以更生动地进行演示。

(解决路径)

　　在本项目中，首先要设置幻灯片的切换效果，如幻灯片换片的动画效果和换片方式等。接着要对演示文稿中的文字和图形内容应用动画效果，以便展示能够更好地配合讲解的节奏或把一些抽象的概念用形象化的方式加以展现。具体流程如图 7-26 所示。

应用幻灯片切换效果　　为幻灯片内容设置动画

图 7-26　任务 3 的学习步骤

(相关知识)

1．PPT 动画制作基本法则

　　PPT 动画包括幻灯片切换动画和对象动画两大类，而对象动画又有进入、强调、退出和路径动画之分。在设计时应该怎样使用动画才能提升 PPT 放映效果呢？这里有 4 个动画制作基本法则可供参考。

　　（1）宁缺毋滥

　　PPT 毕竟不是专业的动画制作软件，虽说动画是幻灯片的点睛之笔，能够将静态事物以动态的形式展示，但如果不能很好地使用动画，则可以考虑放弃动画。虽然少了动态效果加以点缀，但静态对象（如版面、颜色、文字、表格、图表、形状）的生动直观、丰富多彩，也能让 PPT 展现出美观的一面。特别对于一些极为商业的 PPT 而言，宁缺毋滥这个法则更应当重视。

　　（2）繁而不乱

　　一些精美 PPT 的片头或片尾，虽然可能存在很多个动画，但整体效果却相得益彰，美轮美奂。反之，一些只有几个动画的幻灯片，可能呈现出的动画效果却是杂乱无章、混乱不堪的。究其原因，就是乱用动画的结果。在使用动画时，无论动画效果数量多少，都要秉承统一、自然、适当的理念。动画效果的使用数量随情况决定，但一定不能让动画不受控制，这样不仅会降低 PPT 质量，还会让观众反感。

（3）突出重点

动画的作用不仅仅是让 PPT 变得生动形象，更重要的是通过动画演示，能够让观众接收 PPT 需要传达的重点内容。因此在设计动画时，一定要遵循突出重点这个法则，有目的地使动画为内容服务，而不单单是为了愉悦观众。例如，要强调今年销售额突破新高，则可以在最高数值处添加强调动画，进一步引导观众发现这个数据的重要性和意义。

（4）适当创新

PPT 仅有的几种动画类型，单独使用起来是非常单调乏味的。要想设计出让人耳目一新的动画效果，就需要借助这些简单的动画进行创新。例如，巧妙地组合进入动画、退出动画、强调动画或设计路径动画，并通过触发器、计时等功能的运用，多加思考、留心细节，就能制作出更加富有新意的动画效果。

2. 媒体动画

在 PowerPoint 中，除了通常的进入、退出、强调和动作路径动画，还有一类动画，就是媒体动画。媒体动画是针对在演示文稿中插入的音频或者视频。要在幻灯片中插入音频或者视频，可以单击"插入"选项卡→"媒体"组→"音频"或者"视频"下拉按钮。以插入音频为例，在插入后，幻灯片上会出现如图 7-27 所示的音频图标，选中图标，在功能区会看到关于音频工具的"格式"和"播放"两个选项卡，在其中可以对音频的外观及播放做出设置。

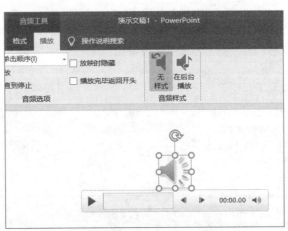

图 7-27 插入音频

保持图标为选中状态，单击"动画"选项卡，可以看到如图 7-28 所示的"媒体"动画选项，在其中可以对媒体的各种效果和计时选项做更高级的设置。

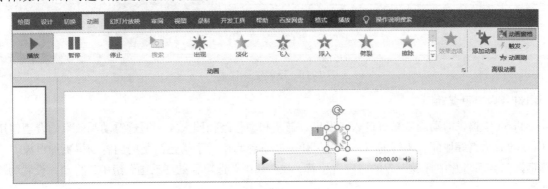

图 7-28 媒体动画

1. 应用幻灯片切换效果

幻灯片的切换包含切换动画效果、切换声音以及换片方式三方面内容。

① 单击"切换"选项卡→"切换到此幻灯片"→"推入"切换效果。

② 单击右侧"效果选项"下拉按钮，在弹出的下拉列表中选择"自左侧"，如图 7-29 所示。

③ 在"切换"选项卡的"计时"组中，选中"设置自动换片时间"复选框，并将右侧时间设置为 10 秒，如图 7-30 所示，这样在幻灯片放映时，即使不手动换片，每隔 10 秒也会自动切换到下一张幻灯片。

图 7-29 设置切换动画效果选项

图 7-30 设置自动换片

④ 单击"切换"选项卡→"计时"组→"全部应用"按钮，把之前所进行的切换动画和换片时间的设置应用到演示文稿的每一张幻灯片。

⑤ 如果在自动换片之外，还希望演示文稿能够循环播放，可以单击"幻灯片放映"选项卡→"设置"组→"设置幻灯片放映"按钮，在打开的"设置放映方式"对话框中，选中"放映选项"区段中的"循环放映，按 ESC 键终止"复选框，如图 7-31 所示。

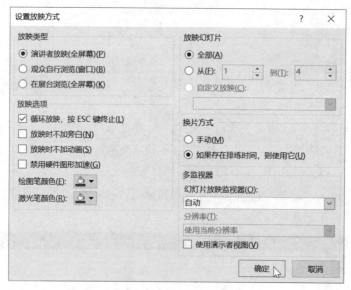

图 7-31 设置循环播放

2. 为幻灯片内容设置动画

在 PowerPoint 中提供的动画效果有进入、退出、强调和动作路径四大类，通过对动画效果的合理使用，可以让幻灯片内容的展示更好地配合讲解的节奏，可以让一些不容易用文字描述清楚的内容变得更加形象。

① 选定第三张幻灯片中标题下方的内容占位符，在"动画"选项卡的"动画"组中，将动画设置为"飞入"，如图 7-32 所示。

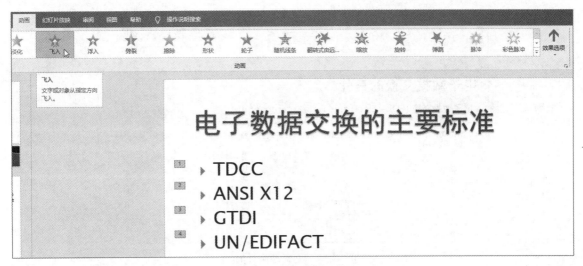

图 7-32　设置进入动画

② 单击"效果选项"下拉按钮，在弹出的下拉列表中选择"自左侧"，将文字飞入的方向改为从左侧。

③ 如果希望对第四张幻灯片中的内容也设置同样的动画，可以使用动画刷的功能快速完成。选中幻灯片 3 中设置了动画效果的文本框，单击"动画"选项卡→"高级动画"组→"动画刷"按钮。

④ 切换到第四张幻灯片，可以看到现在光标已经变成了 ▷ ▲ 样式，单击幻灯片下方的文本框，即可将动画复制到新的位置。

⑤ 选定第二张幻灯片中红色的信封图标形状，单击"动画"选项卡→"动画"组，单击动画库右侧的"其他"按钮，在弹出的下拉列表中选择动作路径中的"转弯"动画。单击右侧的"效果选项"下拉按钮，在弹出的下拉列表中选择"右下"命令。

⑥ 单击"动画"选项卡→"高级动画"组→"添加动画"下拉按钮，在弹出的下拉列表中选择动作路径中的"转弯动画"。需要注意的是，只有在"高级动画"选项中，才能为一个对象添加多个动画。与上一步操作相同，"效果选项"选择方向为"上"，将刚刚对信封图案添加的第二个动作路径动画拖动到如图 7-33 所示的位置。

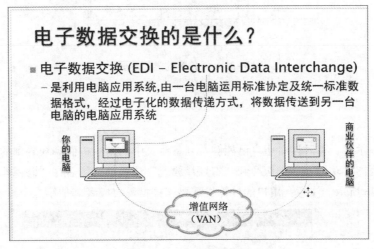

图 7-33　移动动画位置

⑦ 单击"动画"选项卡→"高级动画"组→"动画窗格"按钮，在右侧会出现"动画窗格"，如图 7-34 所示。选中第二个动画，然后在"动画"选项卡"计时"的"开始"下拉列表中，将动画的出现时间设置为"上一动画之后"，设置"延迟"数值为 1 秒。

图 7-34　设置动画计时

任务 4　审阅和发布演示文稿——互联网营销.pptx

任务描述

给公司市场部的员工做一场关于互联网营销的报告，现在已经完成了一份演示文稿，需要对演示文稿进行审阅，并在发布前进行设置，以便更好地共享信息或者保护个人隐私。

解决路径

首先需要给演示文稿的内容添加批注，并制作一份繁体字版本。然后进行发布前的准备工作，如添加或者清除个人信息以及保护演示文稿。最后以不同模式保存或者输出演示文稿。具体流程如图 7-35 所示。

图 7-35　任务 4 的学习步骤

相关知识

1．使用演讲者视图

在用户进行幻灯片演示时，有时候希望自己能够看到备注页中的内容，而观众看到的是幻灯片的放映状态，此时可以使用"演讲者视图"功能。首先切换到"幻灯片放映"选项卡，然后在"监视器"组选中"使用演讲者视图"复选框，如图 7-36 所示。注意：用户的计算机需要连接投影仪或者其他第二个显示器，此设置才有效。

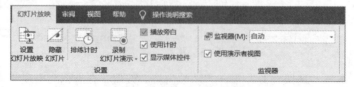

图 7-36　设置演讲者视图

2．为演示文稿录制旁白

有时候用户在播放演示文稿时，希望能够同时播放关于每张幻灯片的解说词，可以用"录制幻灯片演示"的功能来实现。在"幻灯片放映"选项卡的"设置"组，确认"播放旁白"和"使用计时"两个复选框都处于选中状态，单击"录制幻灯片演示"下拉按钮，在弹出的下拉列表中选择需要开始录制的幻灯片，例如"从头开始录制"，即可进入录制状态，如图 7-37 所示。录制完成后，PowerPoint 会自动在每张幻灯片插入所录制的音频，并根据在录制过程中的换片时间自动换片。

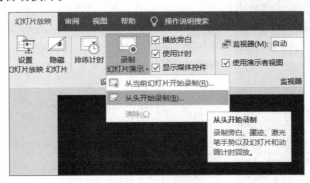

图 7-37　录制旁白

1．审阅演示文稿

① 选中第四张幻灯片中的文本"4G"，单击"审阅"选项卡→"批注"组→"新建批注"按钮。

② 在右侧出现的"批注"任务窗格中，输入批注内容"补充 5G 内容！"，然后关闭窗格，如图 7-38 所示。

任务 4

③ 新建批注后发现，在第四张幻灯片会出现了一个小的批注图标。如果不希望显示这个图标，可单击"审阅"选项卡→"批注"组→"显示批注"下拉按钮，在弹出的下拉列表中取消勾选"显示批注"选项，如图 7-39 所示。

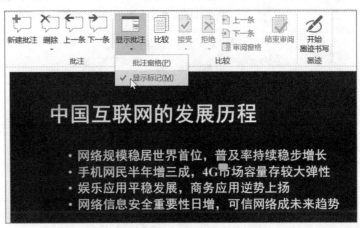

图 7-38　编辑批注内容　　　　　　　　　　图 7-39　隐藏批注

④ 将演示文稿另存一份副本，文件名为"互联网营销-繁体.pptx"，在左侧导航栏，按【Ctrl+A】组合键，选中所有幻灯片，单击"审阅"选项卡→"中文简繁转换"组→"简转繁"按钮，即可将幻灯片内容转换为繁体中文。

⑤ 默认情况下，在执行简繁转换后，除了转换为繁体字，还会转换常用词汇，例如幻灯片 11 中会把"营销"转换为"行销"，如果不希望转换常用词汇，可以单击"审阅"选项卡→"中文简繁转换"组→"简繁转换"按钮，在"中文简繁转换"对话框中，取消选中"转换常用词汇"复选框，单击"确定"按钮，如图 7-40 所示。

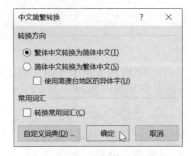

图 7-40　取消转换常用词汇

2. 检查和保护演示文稿

① 单击"文件"→"信息"命令，在右侧单击"检查问题"下拉按钮，在弹出的下拉列表中选择"检查文档"命令，如图 7-41 所示。

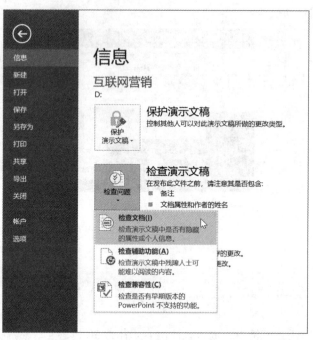

图 7-41　启用检查文档功能

② 在打开的"文档检查器"对话框中，只选中"批注和注释"复选框，单击"检查"按钮，如图 7-42 所示。

图 7-42　检查演示文稿中的批注内容

③ 在检查结果中单击"批注和注释"项目右侧的"全部删除"按钮，然后单击"关闭"按钮，结束检查。

④ 选择"文件"→"另存为"命令，在右侧单击"浏览"按钮，在打开的"另存为"对话框，单击"工具"下拉按钮，在弹出的下拉列表中选择"常规选项"命令，如图 7-43 所示。

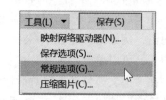

图 7-43　启动 PowerPoint 常规选项

⑤ 在打开的"常规选项"对话框中，设置修改权限密码为"123456"，如图7-44所示。单击"确定"按钮，再次输入密码确认，然后将文档保存在恰当的位置即可。

⑥ 在重新打开上面的文件时，会出现提示输入密码的对话框，如图7-45所示。没有密码的用户，可以单击"只读"按钮打开文档，但此时只能浏览而没有权限修改文档的内容。

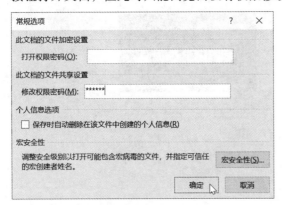

图7-44　设置修改权限密码

图7-45　打开设置了保护的演示文稿

3．发布和输出演示文稿

① 单击"幻灯片放映"选项卡→"开始放映幻灯片"组→"自定义幻灯片放映"下拉按钮，在弹出的下拉列表中选择"自定义放映"命令，在打开的"自定义放映"对话框中，单击"新建"按钮。

② 在"定于自定义放映"对话框中，输入幻灯片放映名称为"网络时代的消费"，在左侧窗格中选中幻灯片6~9的复选框，单击"添加"按钮，再单击"确定"按钮，如图7-46所示。

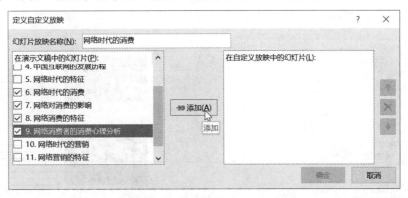

图7-46　建立自定义幻灯片放映

③ 回到"自定义放映"对话框中，单击"关闭"按钮，就完成了自定义放映的创建。未来使用时，可以单击"幻灯片放映"选项卡→"开始放映幻灯片"组→"自定义幻灯片放映"下拉按钮，选择"自定义放映"命令，如图7-47所示。

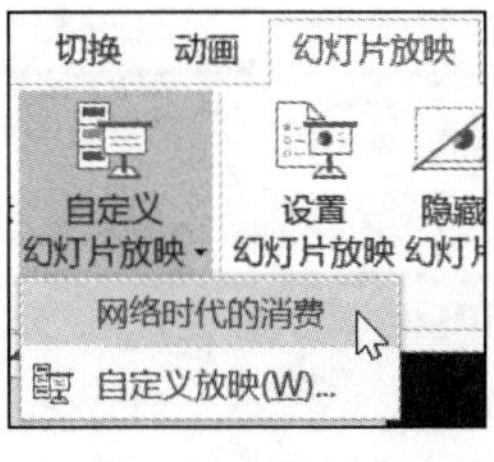

④ 除了以pptx格式保存文件，还可以用其他格式来保存。例如，如果用户希望未来的文件双击时可以直接进入放映状态，可以选择"文件"→"另存为"命令，在右侧单击"浏览"按钮，在打开对话框的保存类型处选择"PowerPoint放映(*.ppsx)"格式，并输入适当的文件名，单击"保存"按钮。

⑤ 选择"文件"→"打印"命令，在右侧选择"Microsoft XPS Document Writer"打印机，在下方选择"备注页，在右侧可以看到打印预览的效果，单击"打印"按钮，即可启动虚拟打印，如图7-48所示。

图7-47　使用自定义放映

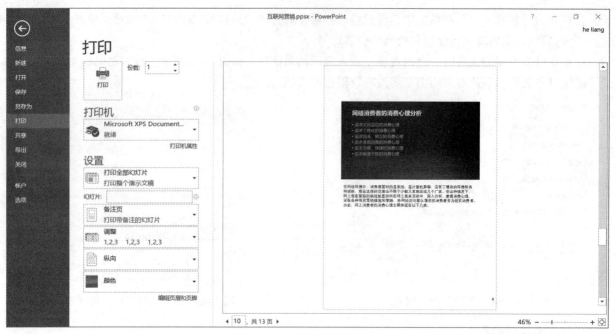

图 7-48　打印演示文稿备注页

⑥ 如果希望以讲义的形式输出，则可以选择讲义模式，例如此处的"讲义（每页 3 张幻灯片）"，其中右侧是打印效果，包括幻灯片预览和笔记栏，如图 7-49 所示。

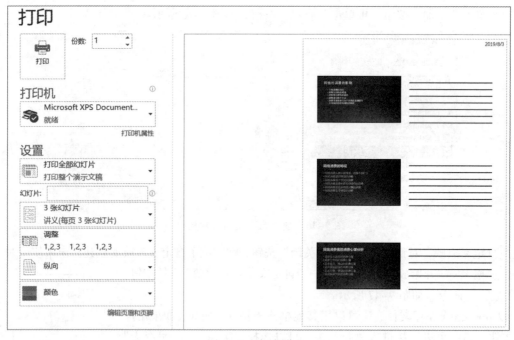

图 7-49　打印讲义

小　　结

本单元主要介绍了如何涉及幻灯片母版，如何在演示文稿中插入文本和图形等对象并进行格式化设置，以及如何设置幻灯片的切换动画和对象动画，并介绍了如何发布演示文稿，包括发布前的检查和保护，使用不同格式发布以及打印等。

习　题

1. 根据素材文件夹中的"论文.docx"创建一个演示文稿。
2. 为前题演示文稿设置恰当的动画效果。
3. 为前题演示文稿设置恰当的切换效果。
4. 为前题演示文稿录制语音旁白。

单元 **8**

新一代信息技术概论

《国务院关于加快培育和发展战略性新兴产业的决定》中列出了七大国家战略性新兴产业体系，其中包括"新一代信息技术产业"。关于发展"新一代信息技术产业"的主要内容是，"加快建设宽带、泛在、融合、安全的信息网络基础设施，推动新一代移动通信、下一代互联网核心设备和智能终端的研发及产业化，加快推进三网融合，促进物联网、云计算的研发和示范应用。着力发展集成电路、新型显示、高端软件、高端服务器等核心基础产业。提升软件服务、网络增值服务等信息服务能力，加快重要基础设施智能化改造。大力发展数字虚拟等技术，促进文化创意产业发展"。

新一代信息技术涵盖技术多、应用范围广，与传统行业结合的空间大，在经济发展和产业结构调整中的带动作用将远远超出本行业的范畴。新一代信息产业中，物联网、三网融合等都并非单一产业，而是包含多个产业及核心技术在内的产业集群，这意味着其中某项核心技术一旦取得突破，都将牵一发而动全身。

学习目标

- 了解物联网和互联网的异同。
- 了解物联网的基本框架和体系组成。
- 了解物联网技术在智能交通中的应用。
- 了解 5G 的概念和特点。
- 了解 5G 技术在制造业中的应用。
- 了解区块链的概念和工作过程。
- 了解区块链技术在教育领域中的应用。

任务 1　了解基于物联网技术的智能交通

在科学技术日渐发达的今天，互联网技术的应用已经不是什么新鲜事。而作为当下智能家居开发以及智慧城市建设的中坚力量——物联网，将应用于各个领域，并引领人们进入更加智能化的时代。

任务描述

本任务要求读者理解什么是物联网，并知道物联网的基本应用场景。

解决路径

在本任务中，读者将依次了解智能交通的概念、物联网技术在智能交通中的应用领域和具体技术，以及物联网在智能交通中的典型应用场景，学习流程如图 8-1 所示。

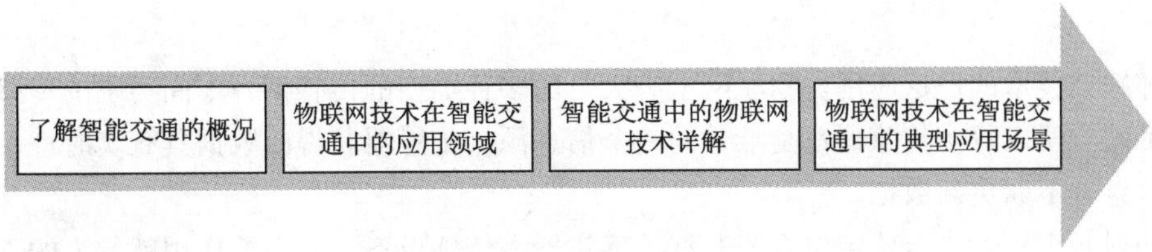

了解智能交通的概况 | 物联网技术在智能交通中的应用领域 | 智能交通中的物联网技术详解 | 物联网技术在智能交通中的典型应用场景

图 8-1 任务 1 的学习步骤

相关知识

1．物联网和互联网

物联网（Internet of Things，IoT）就是一个"物物相连"的网络。在物联网上，每个人都可以将真实的物体用电子标签上网连接，并在物联网上查找出它们的详细信息和确切位置。物联网可对机器、设备、人员进行集中管理和控制，也可以对家庭设备、汽车等进行遥控，还可以用于搜寻位置、防止物品被盗等各种领域。

与互联网只有一字之差，物联网的核心还是互联网，它是在互联网的基础上延伸和扩展的网络。不同的是，物联网的用户端能延伸和扩展到任何物品与物品之间，并能在任意物品之间进行信息交换和通信。

因此，物联网是当下所有技术与计算机互联网技术的结合，它能将信息更快、更准地收集、传递、处理并执行。世界上的万事万物，大到整个城市、楼房、汽车，小到一部手机、一块手表，甚至一把钥匙，只要在里面嵌入一个微型感应器，这个物品就可以和你"对话"，就可以和其他物品"交流"。此时会发现，自从人类应用了物联网技术之后，人们的生活就被拟人化了，万物都有了成为人的同类的可能，不再是不会说话、不会动的东西，而且每个物体都能实现可寻、可控、可连。

在物联网中，物体之间无须人工干预就可以随意进行"交流"。其实质就是利用射频自动识别技术，通过计算机互联网实现物体的自动识别及信息的互联与共享。射频识别技术能够让物品"开口说话"。它通过无线数据通信网络，把存储在物体标签中的有互用性的信息，自动采集到中央信息系统，实现物体的识别，进而通过开放性的计算机网络实现信息交换和共享，实现对物品的"透明"管理。

2．物联网的基本框架

类似于仿生学，让每件物品都具有"感知能力"，就像人有味觉、嗅觉、听觉一样，物联网模仿的便是人类的思维能力和执行能力。而这些功能的实现都需要通过感知、网络和应用方面的多项技术，才能实现物联网的拟人化。所以，物联网的基本框架可分为感知层、网络层和应用层三大层次。物联网的基本架构如图 8-2 所示。

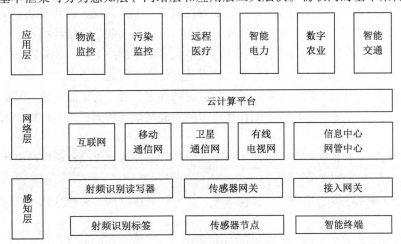

图 8-2 物联网的基本架构

（1）感知层

感知层是物联网的底层，但它是实现物联网全面感知的核心能力，主要解决生物世界和物理世界的数据获取和连接问题。

物联网是各种感知技术的广泛应用。物联网上有大量的多种类型的传感器，不同类别的传感器所捕获的信息内容和信息格式不同，所以每个传感器都是唯一的一个信息源。传感器获得的数据具有实时性，按一定的频率周期性地采集环境信息，不断更新数据。

物联网运用的射频识别器、全球定位系统、红外感应器等传感设备，它们的作用就像人的五官，可以识别和获取各类事物的数据信息。通过这些传感设备，能让任何没有生命的物体都拟人化，让物体也可以有"感受和知觉"，从而实现对物体的智能化控制。

通常，物联网的感知层包括二氧化碳浓度传感器、温湿度传感器、二维码标签、电子标签、条形码和读写器、摄像头等感知终端。感知层采集信息的来源，其主要功能是识别物体、采集信息，其作用相当于人的 5 个功能器官。

（2）网络层

广泛覆盖的移动通信网络是实现物联网的基础设施,网络层主要解决感知层所获得的长距离传输数据的问题。它是物联网的中间层，是物联网三大层次中标准化程度最高、产业化能力最强、最成熟的部分。它由各种私有网络、互联网、有线通信网、无线通信网、网络管理系统和云计算平台等组成，相当于人的神经中枢和大脑，负责传递和处理感知层获取的信息。

网络层的传递，主要通过因特网和各种网络的结合，对接收到的各种感知信息进行传送，并实现信息的交互共享和有效处理，关键在于为物联网应用特征进行优化和改进，形成协同感知的网络。

网络层的目的是实现两个端系统之间的数据透明传送。其具体功能包括寻址、路由选择，以及连接的建立、保持和终止等。它提供的服务使运输层不需要了解网络中的数据传输和交换技术。

网络层的产生是物联网发展的结果。在联机系统和线路交换的环境中，通信技术实实在在地改变着人们的生活和工作方式。

传感器是物联网的"感觉器官"，通信技术则是物联网传输信息的"神经"，实现信息的可靠传送。

通信技术，特别是无线通信技术的发展，为物联网感知层所产生的数据提供了可靠的传输通道。因此，以太网、移动网、无线网等各种相关通信技术的发展，为物联网数据的信息传输提供了可靠的传送保证。

（3）应用层

物联网应用层是提供丰富的基于物联网的应用，是物联网和用户（包括人、组织和其他系统）的接口。它与行业需求结合，实现物联网的智能应用，也是物联网发展的根本目标。

物联网的行业特性主要体现在其应用领域内。目前绿色农业、工业监控、公共安全、城市管理、远程医疗、智能家居、智能交通和环境监测等各个行业均有物联网应用的尝试，某些行业已经积累了一些成功的案例。

将物联网技术与行业信息化需求相结合，实现广泛智能化应用的解决方案，关键在于行业融合、信息资源的开发利用、低成本高质量的解决方案、信息安全的保障以及有效商业模式的开发。

感知层收集到大量的、多样化的数据，需要进行相应的处理才能做出智能的决策。海量的数据存储与处理，需要更加先进的计算机技术。近些年，随着不同计算技术的发展与融合所形成的云计算技术，被认为是物联网发展最强大的技术支持。

云计算技术为物联网海量数据的存储提供了平台，其中的数据挖掘技术、数据库技术的发展为海量数据的处理分析提供了可能。

物联网应用层的标准体系主要包括应用层架构标准、软件和算法标准、云计算技术标准、行业或公众应用类标准以及相关安全体系标准。

应用层架构是面向对象的服务架构，包括 SOA 体系架构、业务流程之间的通信协议、面向上层业务应用的流程管理、元数据标准以及 SOA 安全架构标准。

云计算技术标准重点包括开放云计算接口、云计算互操作、云计算开放式虚拟化架构（资源管理与控制）、云计算安全架构等。

软件和算法技术标准包括数据存储、数据挖掘、海量智能信息处理和呈现等。安全标准重点有安全体系架构、安全协议、用户和应用隐私保护、虚拟化和匿名化、面向服务的自适应安全技术标准等。

3．物联网的体系组成

物联网是在互联网基础上架构的关于各种物理产品信息服务的总和，它主要由三大体系组成：一是运营支撑系统，即关联应用服务软件、门户、管道、终端等各方面的管理；二是传感网络系统，即通过现有的互联网、广电网络、通信网络等实现数据的传输与计算；三是业务应用系统，即输入/输出控制终端，如图 8-3 所示。

图 8-3　物联网的体系组成

（1）运营支撑系统

物联网在不同行业的应用，需要解决一些像网络管理、设备管理、计费管理、用户管理等的基本运营管理问题，这就需要一个运营平台来支撑。

物联网运营平台是为行业服务的基础平台。在此基础上建立的行业平台有智能工业平台、智能农业平台、智能物流平台等。

物联网的运营支撑平台中的每个行业平台可以在基础平台的基础上，建立多个行业平台。物联网运营平台对大企业、小企业进入物联网行业都有促进作用。根据物联网运营平台的基础服务特性，最适合提供此服务的是运营商。不过由于中国运营商的垄断性，物联网并不能根据用户需求提供个性化的服务，因而缺乏生命力。

物联网的运营支撑系统主要依靠的是信息物品技术。为了保证最终用户的应用服务质量，我们必须关联应用服务软件、门户、管道、终端等各方面的管理，融合不同架构和不同技术，完成对最终用户有价值的端到端管理。

物联网的运营支撑和传统的运营支撑不同。在新环境下，整个支撑管理涉及的因素和对象中，管理者对它的掌控程度是不同的，有些是管理者所拥有的，有些是可管理的，有些是可影响的，有些是可观察的，有些则是完全无法接入和获取的。为了全程掌控支撑管理，对于这些不同特征的对象，必须采取不同的策略。

物联网强调"物"的连接和通信。对于终端来说，这种通信涉及传感与执行两个重要方面，而将这两个方面关联起来，就是闭环的控制。

从这方面来看，在物联网环境下，有很多形态。例如，有些闭环是前端自成系统，只是通过网络发送系统的状态信息，接收配置信息；有些通过后台服务形成闭环，需要对广泛互联所获取的信息综合处理后进行闭环的控制；有些则是不同形态的结合等。所有这些，和以往的人机、人人之间的通信是大不相同的，其运营支撑和服务、管理有很多新的因素需要考虑。

（2）传感网络系统

物联网的传感网络系统是将各类信息通过信息基础承载网络，传输到远程终端的应用服务层。它主要包括各类通信网络，如互联网、移动通信网、小型局域网等。网络层所需要的关键技术包括长距离有线和无线通信技术、网络技术等。

通过不断的升级，物联网的传感网络系统可以满足未来不同的传输需求，特别是当三网融合（三网融合是指电信网、计算机网和有线电视网三大网络通过技术改造，能够提供包括语音、数据、图像等综合多媒体的通信业务）后，有线电视网也能承担物联网网络层的功能，有利于物联网的加快推进。

（3）业务应用系统

在物联网的体系中，业务应用系统由通信业务能力层、物联网业务能力层、物联网业务接入层和物联网业务管理域 4 个功能模块构成。它提供通信业务能力、物联网业务能力、业务路由分发、应用接入管理和业务运营管理等核心功能。

通信业务能力层是由各类通信业务平台构成的，包括无线应用协议（WAP）、短信、彩信、语音和位置等多种能力。

物联网业务能力层通过物联网业务接入层，为应用提供物联网业务能力的调用，包括终端管理、感知层管理、物联网信息汇聚中心、应用开发环境等能力平台。

物联网信息汇聚中心收集和存储来自不同地域、不同行业、不同学科的海量数据和信息，并利用数据挖掘和分析处理技术，为客户提供新的信息增值服务。

应用开发环境为开发者提供从终端到应用系统的开发、测试和执行环境，并将物联网通信协议、通信能力和物联网业务能力封装成应用程序接口（Application Programming Interface，API）、组件（构件）和应用开发模板。

在物联网参考业务体系架构中，物联网业务管理域只负责物联网业务管理和运营支撑功能，原机器对机器（Machine-to-Machine，M2M）管理平台承担的业务处理功能和终端管理业务能力被分别划拨到物联网业务接入层和物联网业务能力层。

物联网业务管理域的功能主要包括业务能力管理、应用接入管理、用户管理、订购关系管理、鉴权管理、增强通道管理、计费结算、业务统计和管理门户等功能。增强通道管理由核心网、接入网和物联网业务接入层配合完成，包括用户业务特性管理和通信故障管理等功能。

为了实现对物联网业务的承载，接入网和核心网也需要进行配合优化，提供适合物联网应用的通信能力。

通过识别物联网通信业务特征，进行移动性管理、网络拥塞控制、信令拥塞控制、群组通信管理等功能的补充和优化，并提供终端到终端服务质量（Quality of Service，QoS）管理以及故障管理等增强通道功能。

任务实施

交通运输业是指国民经济中专门从事运送货物和旅客的社会生产部门，包括铁路、公路、水运、航空、管道等运输部门。随着社会的进步，人们生活水平的提高，随之而来的交通问题也越来越多。例如，交通拥堵、交通安全事故频发、城市居民乘车出行不便等，为了解决这些问题，加快智能交通的建设步伐刻不容缓。

1. 了解智能交通的概况

（1）智能交通的概念

智能交通是一个基于现代电子信息技术面向交通运输的服务系统。它以信息的收集、处理、发布、交换、分析、利用为主线，为交通参与者提供多样性的服务，如图8-4所示。

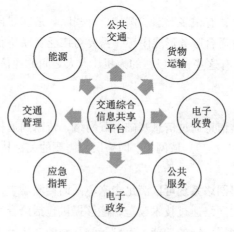

图 8-4　智能交通信息平台

21世纪将是公路交通智能化的世纪，人们将要采用的智能交通系统，是一种先进的一体化交通综合管理系统。智能交通系统（Intelligent Transportation System，ITS）是将先进的信息技术、数据通信传输技术、电子传感技术、控制技术等有效地集成运用于整个地面交通管理系统而建立的一种在大范围内、全方位发挥作用的，实时、准确、高效的综合交通运输管理系统。在该系统中，车辆可以自行在道路上行驶，智能化的公路能够靠自身将交通流量调整至最佳状态，借助于这个系统，管理人员对道路、车辆的行踪将掌握得清清楚楚。

众所周知，交通安全、交通堵塞及环境污染是困扰当今国际交通领域的三大难题，尤其以交通安全问题最为严重。智能交通通过各种物联网技术的有效集成和应用，使车、路、人之间的相互作用关系以新的方式呈现，从而实现实时、准确、高效、安全、节能的目标。相关数据显示，采用智能交通技术提高道路管理水平后，每年仅交通事故死亡人数可减少 30% 以上，交通工具的使用效率高达 50% 以上。所以，世界各发达国家都在智能交通技术研究方面投入了大量的资金和人力，很多发达国家已从对该系统的研究与测试转入全面部署阶段。智能交通系统将是 21 世纪交通发展的主流。

（2）智能交通的特征

智能交通系统一方面是交通信息的广泛应用与服务，另一方面是优化现有交通设施的运行效率，具有以下主要特点：

① 跨行业：智能交通系统建设涉及众多行业领域，是社会广泛参与的复杂巨型系统工程，需要协调的问题复杂众多。

② 技术领域：智能交通系统综合了交通工程、信息工程、控制工程等众多科学领域的成果，需要众多领域的技术人员共同协作。通过这些技术，智能交通系统可实现环保、可视、便捷等功能。

③ 安全可靠：智能交通系统主要由移动通信、宽带网、RFID、传感器、云计算等新一代信息技术作支撑，更符合人的应用需求，可信任程度大幅度提高，并变得"无处不在"。

④ 各方大力支持：政府、企业、科研单位及高等院校共同参与，恰当的角色定位和任务分担是系统有效展开的重要前提条件。

现在智能交通市场开发出来的产品几乎都有 GPS 车载导航仪器、交通信息采集系统、GPS 导航手机、人工输入等功能。智能交通的实用性强且价格实惠，可以在很多城市的交通方面发挥作用。它通过人、车、路的密切配合提高交通运输效率，缓解交通阻塞，减少交通事故，提高路网通行能力，降低能源消耗并减轻环境污染。

2．了解物联网技术在智能交通中的应用领域

智能交通可以有效地利用现有交通设施、减少交通负荷和环境污染、保证交通安全、提高运输效率，因而日益受到各国的重视。物联网技术在智能交通上的应用主要体现在以下六大领域：

（1）交通管理

交通管理包括道路交通管理、公共交通管理、高速公路管理。

① 道路交通管理：可采用实时交通信号控制系统等先进的交通指挥系统来解决道路拥堵的问题。利用信息化手段，在主要拥堵路段通过交通信号灯、交通管制等方式进行交通流量疏导，及时将拥堵信息推送至车载终端或手机终端，引导车辆规避拥堵路段，并给出行驶路径建议。

② 公共交通管理：建立完善的公共交通网络，包括进行公交系统的现代化建设，诸如公交车辆定位调度、公交视频监控、公共车辆信息管理等，进行地铁的规模化和信息化建设等，为市民出行提供完善的公共交通网络，发展城市公共交通配套。

③ 高速公路管理：建立全市统一的高速公路信息中心，可实现高速公路的联网监控，并与交管部门共享。

公路交通领域目前的热点项目主要集中在公路收费上，其中又以收费软件为主。公路收费项目分为两部分，联网收费软件和计重收费系统。此外，联网不停车收费是未来高速公路收费的主要方式。

视频监控系统是道路交通指挥系统的一个重要组成部分。它能为交通指挥人员提供道路交通的直观信息与实时交通状况，便于及时发现交通堵塞、违章等情况。它还具有实时录像功能，同时也是处理交通事故和协助社会治安整治的取证手段。视频监控对于加强安全防范和交通管理至关重要。

（2）城市道路交通管理服务信息化

兼容和整合是城市道路交通管理服务信息化的主要问题，因此，建设综合性的信息平台成为这一领域的应用热点。

除了城市交通综合信息平台，一些纵向的有前景的应用有智能信号控制系统、电子警察、车载导航系统等。

通过各个路口信息采集终端获取城市交通信息，采集的交通信息汇聚到交通信息中心后，进行分析、处理、建模，给出全市的交通拥堵状况、交通事故、道路积水等信息的全视图，引导市民规避这些路段。

（3）自动停车系统

建设现代化城市级别的停车场管理系统，实现停车场实时信息及时发布，市民可通过多种途径、多种渠道方便地获取城市各个位置停车场的相关信息。

该系统可显著提高停车效率，通过停车场引导及时将车辆导入停车位，可以减少因寻找车位产生的交通流量和空气污染。

（4）车辆调度

车辆运营公司通过语音、短消息方式，实现对司机或车辆的统一调度管理。根据交通拥堵、事故、人员集聚等因素合理调度车辆，如物流车、出租车、企业自有营运车辆等。

公司监管人员：通过车辆综合调度业务，可随时查看车辆运行情况，包括当前、历史运行轨迹。

语音调度：通过普通的语音通话对司机进行调度，为司机提供方便的语音呼叫手段，保障司机安全驾驶。

短消息调度：该功能可对指定的一辆或多辆车下发调度短消息。在车上采用外接扬声器进行语音播报或者将文字显示在调度屏上，方便调度中心对驾驶员的统一调度管理。

（5）实现对车辆的监控和管理

可实现车辆运营公司监控中心对车辆的行驶位置、线路和区域、轨迹、状态、速度以及上下人员等的监控。

通过车辆的管理监控等多种信息化手段，可保障车辆的安全，包括车辆防盗、及时报警等。采用信息化的车辆和车队管理手段，还可以降低车辆运营费用，避免无规划的私自使用车辆情形。

除此之外，车辆生产企业对卖出的各类车辆可提供车载信息服务。通过车载信息服务，可为驾驶员提供交通信息查询、行程规划、车辆综合调度、车辆远程诊断、紧急救援等服务。

（6）建立完善的应急联动和事故救援机制

若发生较大的交通事故，交管中心能实现统一调度，触发应急机制，联动公安、救援中心、120 急救中心、保险公司等相关部门，快速、有效、妥善处理现场事件，并尽快恢复交通原态。

关注各类交通出行方式，关注车辆故障、车辆防盗、车辆救援等安全相关内容。实现对涉及公共安全的客运车辆的实时监控管理，以及对危险品运输车辆的实时监控管理，保障公共交通的安全。

3．了解智能交通中的物联网技术

物联网时代的智能交通，全面涵盖了信息采集、动态诱导、智能管控等环节。通过对路况信息和机动车信息的实时感知和反馈，通过 GPS、RFID、GIS 等技术的集成应用，实现了车辆从物理空间到信息空间的双向交互式映射。通过对信息空间虚拟化车辆的智能管理控制，可以实现对真实空间的车辆和路网的可视化控制，让路网状态仿真与推断成为可能，更让交通事件从"事后处置"转化为"事前预判"这一主动警务模式。

智能交通主要应用的关键技术有以下几种：

（1）感知技术

智能交通系统中的感知技术是基于车辆和道路基础设施的网络系统，通过采用先进的检测、感知、识别技术获取人与物的地理位置、身份信息等，可实现物物相通。

信息技术、微芯片、RFID 以及廉价的智能信标感应等技术的发展和在智能交通系统中的广泛应用为车辆驾驶员提供了安全有力的保障。

车辆感知系统包括了部署道路基础设施、车辆以及道路基础设施的电子信标识别系统。

要实现智能交通管理，首先必须对交通的实时状况进行准确、及时、有效的监控，各种传感技术在这个过程中起到举足轻重的作用。

（2）无线通信技术

目前已经有多种无线通信解决方案应用在智能交通系统中。UHF 和 VHF 频段上的无线调制解调器通信，被广泛用于智能交通系统的短距离和长距离通信。

小于几百米的短距离无线通信可以使用 IEEE802.11 系列协议来实现。长距离无线通信方案通过基础设施网络来实现，例如 WiMAx (IEEE 802.16)、4G/5G 技术。使用上述技术的长距离通信方案目前已经比较成熟，但是和短距离通信技术相比，还需要进行大规模的基础设施部署，成本较高。

当前车辆已经能够通过多种移动通信设备、无线通信方式与卫星、移动电话网络、道路基础设施等进行通信，并且利用广泛部署的 Wi-Fi、移动电话网络等途径接入互联网。

（3）全球定位系统

全球定位系统（GPS）或北斗卫星导航系统是很多车内导航系统的核心技术，车辆中配备的嵌入式接收器能够接收多个不同卫星的信号，并计算出车辆当前所在的位置，其定位的误差一般在几米之内。图 8-5 所示为北斗卫星导航系统。

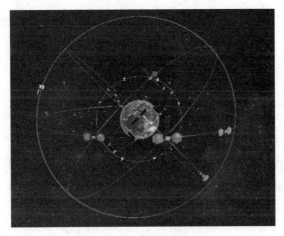

图 8-5 北斗卫星导航系统

例如，北京已经有超过 10 000 辆出租车和商务车辆安装了相应设备，并将它们的行驶速度信息发送到一个卫星上。这些信息最终将被传送到北京交通信息中心，在那里这些信息经过汇总处理后可得到北京各条道路上的平均车流速度状况。

（4）视频监测技术

利用视频摄像设备进行交通流量计量和事故检测。

视频监测系统也称为"非植入式"交通监控，具有很大优势，它们并不需要在路面或者路基中部署任何设备。当有车辆经过的时候，黑白或者彩色摄像机会将捕捉到的视频输入到处理器中进行分析，以找出视频图像特性的变化。摄像头通常固定在车道附近的建筑物或柱子上，如图 8-6 所示。

图 8-6 道路摄像头

大部分的视频监测系统需要一些初始化的配置来"教会"处理器当前道路环境的基础背景图像。该过程通常包括输入已知的测量数据，例如车道线间距和摄像机到路面的高度。

根据不同的产品型号，单个的视频监测处理器能够同时处理1～8个摄像机的视频数据。视频监测系统的典型输出结果是每条车道的车辆速度、车辆数量和车道占用情况。某些系统还会提供一些附加输出，例如停止车辆检测、错误行驶车辆警报等。

（5）计算技术

实现海量交通信息的存储、传输、处理是智能交通管理系统建设的重点。对大量的交通信息进行高效处理、分析、挖掘和利用，将是未来交通信息服务的关键。

有数据显示，目前汽车电子占普通轿车成本的30%，在高档车中占到60%。根据汽车电子领域的最新进展，未来车辆中将配备数量更少，但功能更为强大的处理器，这就需要计算技术的支持。

目前智能交通的发展趋势是要使用数量更少，但更加强大的微处理器模块以及硬件内存管理和实时的操作系统。同时新的嵌入式系统平台将支持更加复杂的软件应用，包括基于模型的过程控制、人工智能和普适计算，如图8-7所示。

图8-7　嵌入式系统平台

（6）基于车联网的车辆间协同运行技术

车联网是物联网在汽车领域的一个细分应用，是指车与车、车与路、车与人、车与传感设备等实现移动交互通信的系统，如图8-8所示。

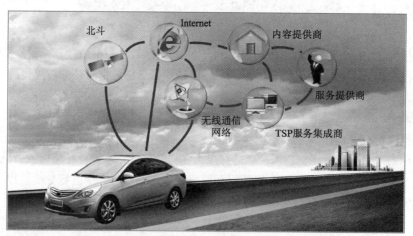

图8-8　车联网

车联网本质上是一个巨大的无线传感器网络。每一辆汽车都可以被视为一个超级传感器节点，通常一辆汽车装备有亮度传感器、内部和外部温度计、一个或多个摄像头、传声器、超声波雷达等许多其他装备。

目前，一辆普通轿车可安装100多个传感器，豪华轿车安装的传感器多达200余个。这使得汽车之间，以及汽车和路边基站之间能够无线通信。这种前所未有的无线传感器网络扩展了计算机系统对整个世界的感知与控制能力。

车联网是指利用车载电子传感装置，通过汽车导航系统、移动通信技术、智能终端设备与信息网络平台，使人、车、路、与城市之间实时联网，实现信息互联互通，从而对车、人、物、路等进行有效的智能监控、管理、调度的网络系统。

在车联网背景下，可建立车辆纵向跟随控制模型，实现车辆在车队自动驾驶的过程中，保持较小的安全车间距，减少人的因素带来的复杂影响。因此，物联网技术在智能交通管理系统中的应用，对改善交通管理质量、提高管理水平有重大意义。

4．了解物联网技术在智能交通中的典型应用场景

建设智能交通的目的是使人、车、路密切配合达到和谐统一，发挥协同效应。这样便能大幅度地提高保障交通安全、交通运输效率、改善交通运输环境以及提高能源利用效率。发展智慧交通是政务智能化、交通信息化的发展趋势。

（1）不停车收费系统的不断推进

全自动电子收费系统（Electronic Toll Collection，ETC），又称不停车收费系统。ETC 不停车收费系统是目前世界上最先进的路桥收费系统，通过安装在车辆风窗玻璃上的车载电子标签以及收费站 ETC 车道上的微波天线之间的微波专用短程通信，利用计算机联网技术与银行进行后台结算处理，从而达到车辆通过路桥收费站无须停车就能交纳路桥费的目的，如图 8-9 所示。

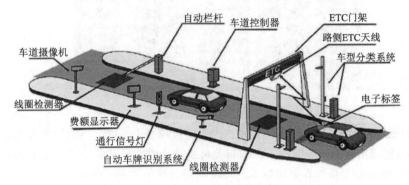

图 8-9　ETC 系统

ETC 是智能交通系统主要应用对象之一，也是解决公路收费站拥堵和节能减排的重要手段，是当前国际上大力开发并重点推广的电子自动收费系统。

为此，需要在收费点安装路边设备（RSU），在行驶车辆上安装车载设备（OBU），采用 DSRC 技术完成 RSU 与 OBU 之间的通信，如图 8-10 所示。

图 8-10　ETC 记账卡和读卡器

由于通行能力得到大幅度提高，所以可以缩小收费站的规模，节约基建费用和管理费用，同时也可以大大降低收费口的噪声和废气排放。另外，不停车收费系统对于城市来说，不仅仅是一项先进的收费技术，它还是一种通过经济杠杆进行交通流调节的切实有效的交通管理手段。对于交通繁忙的大桥、隧道，不停车收费系统可以避免月票制度和人工收费的众多弱点，有效提高这些市政设施的资金回收能力。

（2）无人驾驶车辆与旅客自动输送系统

无人驾驶车辆通过一系列复杂的传感器来完成驾驶过程。在无人驾驶车辆主导的智能交通系统中，十字路口都会安装各种感应器和摄像头，使运输流更加高效。

北京市朝阳区将建成全国首个物联网产业园，无人驾驶节能公交车便是其建设项目之一。无人驾驶系统建成后，市民可在园区乘坐无人驾驶的节能环保公交车，经过十字路口时，红绿灯也能够自动感应到公交车驶进，从而迅速变灯。

2010 年，广州建成了世界上第一条全地下的旅客自动输送（APM）系统。APM 是一种无人自动驾驶、立体交叉的大众运输系统，在首都机场航站楼之间使用的就是这种系统，如图 8-11 所示。

图 8-11　APM 系统

APM 车辆的车身像地铁列车，列车一般车体较宽，内设座位较少，大部分空间供乘客站立，每辆车大约可运载乘客 280 人。可解决当代城市人的出行问题。车厢超大玻璃使视野非常开阔，且不会给地面交通带来负荷。

2011 年夏天，英国伦敦希斯罗机场在外围停车场和航站楼间启用了无人驾驶运输线路 ULTra PRT。ULTra 的搭乘车跟普通汽车大小差不多，每辆车可乘坐 4 人，电力驱动的 ULTra 从停车场至航站楼只需要 5 分钟。希斯罗机场的运营公司 BAA 表示，未来提前实现的 ULTra 节省了乘客 60% 的时间和 40% 的运营成本。

无人驾驶公交系统是未来智能交通中的一大重要因素，美国的一份报告预测，到 2040 年，全球上路的汽车总量中，75% 将会是无人驾驶汽车。

任务 2　工业 4.0 时代用 5G 技术拓宽工业互联网

5G 已经成为当前移动通信领域最热门的研究内容，全球各国政府、标准组织、电信运营商、设备商都在 5G 研究中投入大量的人力和财力。欧盟早在 2013 年就成立 METIS (Mobile and Wireless Communications Enablers for The 2020 Information Society) 项目，以后又成立了 5G-PPP 项目；韩国和中国分别成立了 5G 技术论坛和 IMT-2020（5G）推进组等。目前，世界各国已就 5G 的发展愿景、应用需求、候选频段、关键技术指标及候选技术达成广泛共识，并正式启动商用。

任务描述

本任务要求读者了解 5G 技术的基本概念，以及未来对经济与社会生活带来的革命性影响。

解决路径

本任务通过总结工业 3.0 时代自动化生产线的不足，帮助读者了解工业 4.0 时代智能工厂的价值和特点，以及 5G 技术在其中所扮演的关键角色，学习流程如图 8-12 所示。

| 5G技术弥补传统自动化生产线的不足 | 5G技术与智能工厂 |

图 8-12　任务 2 的学习步骤

相关知识

1．5G 的概念

4G 技术的出现已经使移动通信宽带和能力有了一个质的飞跃。每个时代的出现，都会基于一定的技术基础，同时还会衍生很多创新业务和产品，以及应用场景。5G 比之前的 1G、2G、3G、4G 有更特殊的优势，它不仅具有更高的传输速率、更高的带宽、更强的通话能力，还能融合多个业务、多种技术，为用户带来更智能化的生活，从而打造以用户为核心的信息生态系统。因此，可以说，5G 时代是一个能够实现随时、随地、万物互联的时代。

从目前的发展来看，5G 与前面其他 4 个移动通信时代相比，并不是一个单一的无线接入技术，也不是几个全新的无线接入技术，而是多种无线接入技术和现有无线接入技术集成后的解决方案的总称。5G 的发展已经能够更好地扩展到物联网领域。

正如下一代移动通信网络（NGMN）联盟给出的定义：5G 是一个端到端的生态系统，它将打造一个全移动和全连接的社会。5G 连接的是生态、客户、商业模式，能够为用户带来前所未有的客户体验，可以实现生态的可持续发展。

然而，能够实现万物互联互通，能够更好地融入物联网领域，关键还在于 5G 快速的网速，其峰值理论传输速率可达 100 Gbit/s，对 5G 的基站峰值要求不低于 20 Gbit/s。一部超高清画质的电影，用 5G 下载 1s 就可以完成。与 4G 相比，5G 还呈现出低时延高可靠、低功耗的特点。

5G 网络未来支持的设备远远不止 4G 时代的智能手机。届时，智能手表、健身腕带、智能家庭设备等，都将突破原来的瓶颈，取得新的发展。

我国在 5G 方面的发展处于领先地位。华为公司早在 10 年前就已经开始研究 5G 技术，建立的 5G 基站数量有 20 000 多个。2020 年，我国 5G 技术全面进入普及和商业化阶段。广州、武汉、杭州、上海、苏州成为中国移动首批 5G 试点城市。中国联通率先在北京、天津、上海、深圳、杭州、南京、雄安 7 个城市进行 5G 试验。中国电信在成都、雄安、深圳、上海、苏州、兰州 6 个城市开通 5G 试点。

5G 时代，人与人之间的沟通更加亲密和高效，同时物质、医疗、文化、艺术、科技等各领域的信息传递也可在瞬间完成。5G 将为人类带来更智慧和美好的生活，信息随心而至，万物触手可及将不再是神话。

2．5G 技术的特点

每个技术都有其与众不同的特点，5G 技术具有以下几个特点：

（1）高速率

3G 时代，下载一张 2 MB 的图片，需要很长时间；4G 时代，同样一张图片，就能实现"秒下"。VR（虚拟现实技术）的出现带来了火爆的市场，但是由于用户在体验时，往往感觉速度很慢、效果差，看一会儿就会头晕目眩，因此 VR 的商用并没有产生很好的市场效应。VR 需要至少 157 Mbit/s 的传输速率，而 4G 难以达到。5G 解决的首要问题就是网络传输速率问题。网络传输速率提高，基站峰值要求不低于 20 Gbit/s，这个速率在使用 VR 时不受限制，能给用户带来较好的体验与感受，使 VR 能够得到广泛推广和使用。

（2）泛在网

泛在网是指在社会生活中的每个角落都有网络存在。例如，以往高山或峡谷网络覆盖不全面。如果 5G 网络能够实现全面覆盖，就可以大量部署传感器，对整个高山或峡谷的环境、地貌变化、地震等方面进行监测，为人们带来十分有价值的数据，有助于人们进行环境改善、地貌研究、地震预警等。

再如，地下车库往往网络信号较差，这虽然对普通汽车影响较小，但对智能无人驾驶汽车来说，将会带来很大的麻烦。因为智能无人驾驶汽车在工作一天之后，晚上需要回去充电，它需要自己停到地下车库的车位上，自己插上充电头。如果没有网络，智能无人驾驶汽车就犹如"瘫痪"一般，找不到车位，也充不了电。因此，像地下停车场这样的地方，就非常需要网络覆盖。

可见，网络广泛覆盖非常有必要。只有这样才能更好地支持更加丰富的业务，智能化才能在更多复杂的场景中实现。泛在网包含两方面的含义：一是广泛覆盖；二是纵深覆盖。高山或峡谷网络的覆盖属于广泛覆盖，地下车库的网络覆盖属于纵深覆盖。

很多时候，泛在网比速度快更重要，因为网络覆盖面积小、速度却很快，并不能给更多的用户带来更好的服务体验，所以泛在网是 5G 给广大用户带来更好的体验的基础。

（3）低功耗

能耗是很多用户关注的话题，低功耗产品能减少用户的充电次数，让用户可以放心使用，不用总为充电而烦恼。

以当前人们使用的智能手机为例，大多数智能手机是每天充电一次，甚至多次，尤其在户外的时候会给用户带来不便。如果能将功耗降下来，让大部分物联网产品实现一周充一次电，甚至一个月充一次电，就能极大地改善了用户的体验，很好地促进了物联网产品的快速普及。

5G 网络中有两个重要技术：eMTC 和 NB-IoT，这两个技术都能很好地降低功耗，也因此使 5G 具有低功耗的特点。

（4）低时延

相关试验研究发现：人与人之间的信息交流，时延在 140 ms 的范围内是可以接受的。如果把这个时延换成无人驾驶汽车或工业自动化，是绝对不可以的，因为这么长的时延，往往会给无人驾驶汽车内的用户或整个工业生产车间带来人身安全和财产损失。

无人驾驶汽车在行驶时，需要将中央控制中心和汽车进行互联，车与车之间也要进行互联。当无人驾驶汽车在高速行驶时，一个制动需要瞬间将信息传送到汽车，然后快速做出反应。但 100 ms 的时间，车就能开出几米。所以，在最短的时间内进行汽车制动和车控反应，是对无人驾驶汽车提出的关键要求。

在工业自动化车间中，一个机械臂的操作，如果想要做到精致化，保证工作的高效和精准性，同样需要极小的时延，在最短的时间内快速做出反应，否则很难达到生产产品的精致化。

无论是无人驾驶汽车还是工业自动化，都是在高速运行中工作的。在高速运行的过程中保证信息传递的即时性和做出反应的即时性，对时延提出了极高的要求。

5G 对时延的要求控制在 1 ~ 10 ms，甚至更低，这种要求是十分严苛的，但也是有必要的。3G 网络的时延约为 100 ms，4G 网络的时延为 20 ~ 80 ms。

任务实施

1. 用 5G 技术弥补传统自动化生产线的不足

一直以来，自动化在某种程度上始终是工厂的一部分，而且高水平的自动化也非新生事物。工业 3.0 时代流水线作业的主要特点是：物料通过流水线传送，操作工人在工位上不动，不断地简单重复一个固定的动作。这样的好处是可以避免操作工人在车间内来回走动、更换工具等劳动环节，从而显著地提升工作效率。

但是，自动化流水线也有其弊端。不能灵活地生产，不能满足个性化定制，而且重复性低、相对复杂、感知能力要求强的操作更适合人工来做。更好地满足个性化需求，提高生产线的柔性是制造业长期追求的目标。

5G 网络进入工厂，在减少机器与机器之间线缆成本的同时，利用高可靠性网络的连续覆盖，使机器人在移动过程中活动区域不受限，按需到达各个地点，在各种场景中进行不间断工作以及工作内容的平滑切换。

工业 4.0 中，在生产线、生产设备中配备的传感器，能够实时抓取数据，然后经过无线通信连接互联网，传输数据，对生产本身进行实时的监控。设备传感和控制层的数据与企业信息系统融合形成了信息物理系统（Cyber-Physical System，CPS），将大数据传到云计算数据中心进行存储、分析，形成决策并反过来指导设备运转。设备的智能化直接决定了工业 4.0 所要求的智能生产水平。

生产效率是制造企业首先考虑的问题。在具体生产流程方面，工业 4.0 对企业的意义在于，能够将各种生产资源，包括生产设备、工厂工人、业务管理系统和生产设施形成一个闭环网络，进而通过物联网和系统服务应用，实现贯穿整个智能产品和系统的价值链网络的横向、纵向连接和端对端的数字化集成，从而提高生产效率，最终实现智能工厂。通过智能工厂，制造系统在分散价值网络上的横向连接，就可以在产品开发、生产、销售、物流及服务的过程中，借助软件和网络的监测、交流沟通，根据最新情况，灵活、实时地调整生产工艺，而不再是完全遵照几个月或者几年前的计划。

2. 5G 技术与智能工厂

在工业 4.0 中，"智能工厂"一词表示通过互联互通的信息技术/运营技术格局，实现工厂车间决策及洞察与供应链以及整个企业其他部分的融合。理想中的智能工厂是一个柔性系统，能够自行优化整个网络的表现，自行适应并实时或近实时学习新的环境条件，并自动运行整个生产流程，可实现高度可靠的运转，最大限度地降低人工干预，使生产制造各环节的时间变得更短，解决方案更快更优，生产制造效率得以大幅度提高。

智能工厂并不仅仅是简单的自动化，它能够在工厂车间内自动运作，不断向实现物体、数据以及服务等无缝连接的互联网（物联网、数据网和服务互联网）的方向发展。

预计未来 10 年内，5G 网络将覆盖到工厂各个角落。5G 技术控制的工业机器人已经从玻璃柜里走到了玻璃柜外，不分日夜地在车间中自由穿梭，进行设备的巡检和修理、送料、质检或者高难度的生产动作。机器人可帮助中、基层管理人员，通过信息计算和精确判断，进行生产协调和生产决策。这里只需要少数人承担工厂的运行监测和高级管理工作。机器人已成为人的高级助手，可替代人完成人难以完成的工作，人和机器人在工厂中得以共生。图 8-13 所示为基于 5G 技术的工业 4.0 时代的智能工厂。

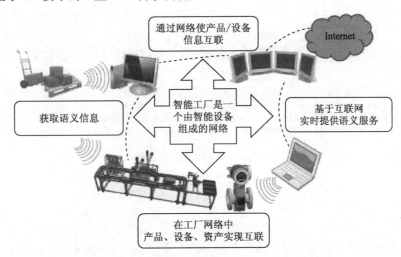

图 8-13　基于 5G 技术的工业 4.0 时代的智能工厂

5G 网络是智能工厂最重要的特征，同时也是其最大的价值所在。智能工厂须确保基本流程与物料的互联互通，以生成实时决策所需的各项数据。在真正意义的智能工厂中，传感器遍布各项资产，因此系统可不断从新兴与传统渠道，例如 PLC（可编程逻辑控制器）、数控机床、加工中心、传感器以及 AVG（自动引导小车）等抓取数据集，确保数据持续更新，并反映当前情况。通过整合来自企业资源系统(ERP)、生产制造系统(MES)以及产品生命周期管理系统（PLM）的数据，并使用卷积神经网络(CNN)、自然语言处理(NLP)以及机器学习(ML)等技术进行大数据的处理与分析，可全面掌控供应链上下游流程，从而提高供应网络的整体效率，如图 8-14 所示。

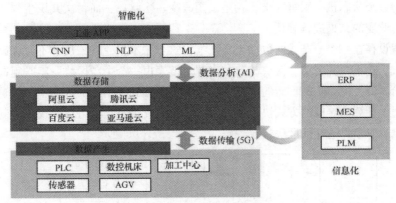

图 8-14　智能预测与智能决策

经过优化的智能工厂可实现高度可靠的运转，最大限度地降低人工干预。智能工厂具备自动化工作流程，可同步了解资产状况，同时优化了追踪系统与进度计划，能源消耗亦更加合理，可有效提高产量、运行时间以及质量，并降低成本、避免浪费。

任务3　在教育中应用区块链技术

区块链和机器学习被誉为未来十年内最有可能提高人类社会生产力的两大创新科技。如果说机器学习的兴起依赖于新型芯片技术的发展，那么区块链技术的出现，则是来自商业、金融、信息、安全等多个领域众多科技成果和业务创新的共同推动。

任务描述

本任务要求读者理解区块链技术的基本概念、特点以及最典型的应用场景。

解决路径

本任务将为读者介绍区块链技术在教育领域的常见应用，如教育数据的存储和分享、证书的检验和成绩的测评，如图 8-15 所示。

| 教育数据存储与分享 | 区块链教育证书检验系统 | 学业成绩水平测试 |

图 8-15　任务 3 的学习步骤

相关知识

区块链的概念

公认的最早关于区块链的描述性文献是中本聪所撰写的文章 *Bitcoin：A Peer-to Peer Electronic Cach System*，实际上并没有明确提出区块链的定义和概念，在其中指出，区块链是用于记录交易账目历史的数据结构。

另外，Wikipedia 上给出的定义中，将区块链类比为一种分布式数据库技术，通过维护数据块的链式结构，可以维持持续增长的、不可篡改的数据记录。

区块链的基本原理理解起来并不复杂。首先，区块链包括三个基本概念：

● 交易（transaction）：一次对账本的操作，导致账本状态的一次改变，如添加一条转账记录。

● 区块（block）：记录一段时间内发生的所有交易和状态结果，是对当前账本状态的一次共识。

● 链（chain）：由区块按照发生顺序串联而成，是整个账本状态变化的日志记录。

如果把区块链作为一个状态机，则每次交易就是试图改变一次状态，而每次共识生成的区块，就是参与者对于区块中交易导致状态改变的结果进行确认。

在实现上，首先假设存在一个分布式的数据记录账本，这个账本只允许添加、不允许删除。账本底层的基本结构是一个线性的链表，这也是其名字"区块链"的来源。链表由一个个"区块"串联组成（见图 8-16），后继区块记录前导区块的哈希值（pre hash）。新的数据要加入，必须放到一个新的区块中。而这个块（以及块里的交易）是否合法，可以通过计算哈希值的方式快速检验出来。任意维护节点都可以提议一个新的合法区块，然而必须经过一定的共识机制来对最终选择的区块达成一致。

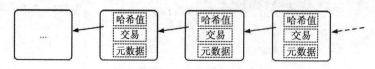

图 8-16　区块链的结构

任务实施

区块链当前主要的应用场景是金融领域，在非金融业，区块链也迅速发展，并受到了重视。这些领域包括上面几章提到的物联网、大数据、医疗等。在本任务中，将介绍区块链在教育领域的探索及应用。

1. 存储与分享教育数据

区块链的本质是一个分布式账本，所以区块链在任何领域的应用都与数据存储有关。毫无疑问，区块链在教育领域的第一个应用就是存储与分享教育数据。

（1）区块链存储教育数据

教育领域产生的数据是海量的。如果可以有效利用这些数据信息，对于指导教学、实现对教学资源的科学管理有重大意义。而且，越高等级的教育机构所产生的数据信息价值越高，机密性也相应更高。因此，教育领域的数据安全问题是一个重大问题，尤其是主张自由开放的学校网络，经常被黑客锁定为目标。

另外，因为内部监控疏漏或者内部人员故意泄露、合作机构因为拥有一定权限借此侵占信息等导致的信息数据泄露也极大地威胁到了数据存储安全。因此，教育机构应当承担起保护教师、学生信息以及学术资料数据安全的责任，预见并防止数据误用、泄露或盗窃。

区块链为教育领域的数据存储安全问题提出了最根本的解决方案。一些教育机构开始寻求区块链的帮助，研发基于区块链技术的教育信息存储系统。

区块链是一个去中心化的分布式账本，它可以将教育信息存储在由全球数以亿计节点构成的网络系统中，保证了信息安全。这种教育数据存储方案不仅成本低，而且无法轻易篡改，安全性极高。

当区块链用于教育数据存储时，教育机构在数据存储方面的花费将会大大减少，因为他们不再需要花钱建立自己的数据库。

（2）通过加密可与第三方分享

如何才能通过一个有可靠保障的检索和共享实现教育资源共享呢？区块链便是有效解决教育资源共享问题的技术方案。

教育资源共享的基础是通过区块链对教育资源数据进行分布式存储。教师担任了节点的角色，可以在区块链上发布自己的相关教学应用课件、多媒体课程。与此同时，数据经过多个节点认证后存储于网络上，每条信息有独立的时间戳证明验证，保证了数据所有权属于发布者。

另外，学生资料也可以通过区块链技术实现安全共享，这些资料包括教育经历、工作经历、在线学习工具、课外活动等。对于教育机构来说，数据共享有利于更合理地设计课程、完善学分制度、评估学生群体的资质。

数据共享在出国留学方面也有重要应用。由于国内外信息不对称，在国内很难找到国外教育机构的任何资料，包括学校环境、师资力量、教学水平等。一旦区块链应用于教育领域，构建一个数据安全共享的公共信息平台就不在话下。如此一来，任何人、任何机构、任何时间都可以查询所需要的信息，而且无法对信息进行破坏。

例如，基于区块链技术的 DECENT 内容分发平台就致力于将以上应用变为现实。作为一个独立开源平台，DECENT 允许任何人在 DECENT 协议之上构建应用。2017 年初，DECENT 已经构建完成了可以正常运行的全球网络，此后的工作就是与区块链对接以及进行顶层建设。DECENT 将大学作为首要突破口，并以此为基础建立整个生态链，形成良好的口碑效应，其他教育机构随之被吸引过来。下面是 DECENT 的规划：

初期：邀请知名教育机构、实验室加入，建设基本数据库，目标是保证网络的基础运行，增强其稳定性。这一过程需要 1~2 家教育机构进行实验，将完善学籍信息管理作为突破口，建设人才信息库。

中期：不断扩大信息收集范围，包括教育机构信息、人才信息、学术论文、实验室等相关信息。这一阶段的目标是形成高等教育联盟体系，建设以高校机构联盟的团体形式为主导，以公司方式来运营的区块链系统。

后期：将区块链系统由高等教育扩散至中小学教育系统，整合教育资源。

DECENT 的商业模式是通过信息存储、查询、会员制以及教育资源资料获取费用。在系统运行初期，会员需要支付查询、存储、下载、查看等费用。另外，任何个人或机构也可以通过发布作品、课件、实验项目以及教育资源等获得收入。在这一系统里，参与者都将会获得相应的收入或者价值。

2. 了解区块链教育证书检验系统

教育领域，很多大学都开设了数字货币课程，比较知名的包括斯坦福大学、普林斯顿大学、麻省理工学院、清华大学等。有些学校还建立了区块链教育证书检验系统，以此确保教育证书的真实性。就像医疗领域用区块链识别假冒药品一样，这是一种新的发展趋势。

对学生来说，在大学里获得的各种证书以及大学档案对于未来就业有着深远影响。但是，由于大学校园里的学生来自全国各个地区，身份证号不同，在大学学习期间获得的证书不一样，毕业后又前往不同的公司单位工作，只要任何一个环节出错，都有可能导致信息错误、档案丢失、信息伪造等问题。

有一些区块链创业公司开始利用区块链技术进行学历证书认证，这可以解决伪造文凭的问题。如果更多的学校接受利用区块链技术辨别学历证书、成绩单和文凭认证，伪造文凭等相关欺诈问题将会更容易得到解决，而且还能节约人工检查以及文档工作的时间和成本。

目前，大多数证书管理系统的运行都比较缓慢、复杂，而且不可靠，因此，需要为证书创建一个数字基础设施解决这些问题。区块链技术使当前创建一个证书认证基础设施成为可能。这一设施将会帮助用人单位验证员工的学历证书是否是学校颁发的。

2015 年年初，美国麻省理工学院媒体实验室开始研究数字证书，试图为包括学生在内的更广泛的社会群体签发数字证书。证书的本质是一种信号，其含义可能是某人是某机构的成员或者更多。数字证书的颁发与验证原理是比较简单的：首先，创建一个数字文件，这个文件里包含收件人的姓名、发行方的名字、发行日期等基本信息；然后使用一个只有发行人能够访问的私钥，对证书内容进行签名，并为证书本身追加该签名。其次，系统会通过哈希算法验证该证书内容没有被人篡改；最后，发行人使用私钥在货币区块链上创建一个记录，表明在什么时候为谁颁发了什么证书。数字证书系统可以验证发行人、收件人以及证书本身的内容。

3. 测试学业成绩水平

区块链的最初用途是记录和确认每一笔交易，发展到今天，其应用范围已经远远超过了数字货币。现如今，越来越多的行业对区块链技术产生了兴趣，包括教育行业。一些教育机构试图用区块链系统替代学务系统，记录和验证学业成绩、出勤率等。

比起传统的人工传递工作，采用教务管理信息系统可以减少很大一部分人工开支，降低信息管理成本，而且增加了获取的信息量、缩短了信息处理周期。教务管理信息系统有利于教育机构规划教学资源、提高学生信息，以及反馈教学信息的利用率。

尽管教务管理系统对教育机构的作用很大，但是区块链的出现依然完胜教务管理系统。因为区块链成绩单比教务管理系统更加智能，应用范围更广。作为公开可见的分布式账本，区块链记录的信息数据可以永久存储且无伪造的可能性。

区块链成绩单是这样的：这里保存着每一个学生的基本信息、学习过程、考试成绩、课程设置等数据，没有人可以篡改。每个学生可以根据自己的时间安排选择必要的课程学习，参加重要的考试，相对来说比较自由。对于用人单位来说，这些记录都是公开可见的。

长期以来，学生的学习成绩等档案都是由学校保存管理的，但是区块链成绩单将会改变这种传统。自此之后，学生将可以自主管理其学习过程和结果的记录及证据。而且利用区块链技术呈现学生学习的过程和结果将成为主流。区块链成绩单可以记录的数据包括学生全部的成长经历、学习过程和结果、完成的学习项目、掌握的技能、他人的评价等。

与教务管理系统相比，区块链成绩单对学生的帮助会更大。随着学习环境向技术赋能的方向发展，课程选择以及学习成果认证对学习者来说意义重大。区块链成绩单将会提供这样一个机会：学生可以从众多教学机构中自由选择想要学习的课程，然后得到学习成果认证，并将自己的学习成果、兴趣爱好和技能特长等展示给用人单位。

此外，有了区块链成绩单，学生在转学时不再需要向相关学校申请开具学习证明、成绩单等转学手续。因为通过区块链成绩单就可以了解学生的学习内容、过程和结果，包括学习的课程性质和内容、完成的作业、独立以及团队完成的项目、考试类型及成绩等。

新的信任网络也将会基于区块链成绩单形成。学生可以在网络中识别其他学生掌握的知识和技能，据此建立起基于学习过程和结果的社交网络系统。

区块链成绩单有利于学生创建、维护和共享个人学习资料，包括所学课程、学分、成绩和经历等。在此基础之上，学生的学习过程和成效将会得到明显改善。

如果区块链成绩单能够应用并普及，教育机构的运营成本将大大降低，学生的文凭成本也将跟着下降。另外，区块链教育系统还能够防欺诈，降低教育领域违法案件发生的可能性。

小　　结

本单元主要讲述了以物联网、5G 通信和区块链为代表的新一代信息技术的发展和典型应用。5G 提供了更快的信息传输速度和更广阔的信息传送范围，物联网提供了海量的生活数据来源，区块链保证了信息传输的整个过程的安全性和不可篡改性。这三者相结合，对未来生活方式的影响，也将是颠覆性的。

习　　题

1. 物联网和互联网的相同点和不同点是什么？
2. 你的身边有哪些物联网技术的应用？
3. 你认为 5G 技术会给社会生活带来哪些影响？
4. 列举一项你了解的区块链的应用场景。

随着全球数字化进程的加速，互联网、物联网每时每刻都会产生海量的数据，于是大数据（Big Data）问题摆在人们面前。数据是重要的战略资源，蕴含着巨大的经济价值，人们甚至把拥有大数据的规模和处理大数据的能力当作国家的核心竞争力之一。

大数据有许多应用，如科学决策、应急管理、环境监测、安全管控、社会计算等。其中，社会计算（Social Computing）作为计算科学与社会科学之间的交叉学科，已成为学术研究、市场商务，以及人们日常生活的重要组成部分。大数据对人们的社交、沟通、协作，对社会结构和社会组织的进步，对构建和谐社会与智慧地球提供了相关的计算理论和方法。云计算是一种商业计算模型，它通过服务器集群和网络，使各种应用系统能够根据需要获取计算力、存储空间和信息服务。人工智能（AI）的应用领域在人们的日常工作及生活中无处不在，尽管 AI 在各行各业逐步发挥更重要的作用，但也需要认识到它的局限性，从而更好地改进 AI，给人类造福。

本单元将介绍大数据、云计算及人工智能的基础知识、处理技术以及主要应用领域，并对云计算及人工智能的优势、类型进行扼要的讨论。

学习目标

- 学习大数据的基础知识。
- 了解大数据的应用领域。
- 学习云计算的基础知识。
- 了解云计算的应用领域。
- 学习人工智能的基础知识。
- 了解人工智能的应用领域。

任务 1　了解大数据的应用领域

随着大数据的应用越来越广泛，应用的行业也越来越多。很多组织或者个人都会受到大数据的分析影响，但是大数据是如何帮助人们挖掘出有价值的信息呢？本任务将通过大数据的应用领域，使读者逐步了解大数据在人们生活、工作中的重要地位和作用。

任务描述

大数据的应用领域在人们的日常工作及生活中无处不在，主要包括十大领域：满足客户服务需求、优化业务流程、改善人们的生活方式、提高医疗和研发、提高体育成绩、媒体和娱乐、改善安全和执法、改善城市和金融交易、旅游行业。本任务要求读者理解为什么要了解大数据；了解大数据在工作、教育、家庭、金融及其他方面的应用。

 **解决路径**

本任务以图文并茂的形式讲述，可使读者轻松地了解大数据的各个应用领域。总体来说，本任务可以按照以下 10 部分来了解、学习，如图 9-1 所示。

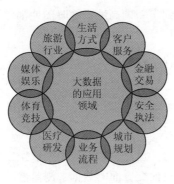

图 9-1　大数据应用的领域

相关知识

大数据简介

（1）大数据的概念

大数据技术是指从各种各样类型的数据中，快速获得有价值信息的能力。适用于大数据的技术，包括大规模并行处理（MPP）数据库、数据挖掘电网、分布式文件系统、分布式数据库、云计算平台、互联网和可扩展的存储系统。大数据是指无法在一定时间范围内用常规软件工具进行捕捉、管理和处理的数据集合，是需要新处理模式才能具有更强的决策力、洞察发现力和流程优化能力的海量、高增长率和多样化的信息资产。

（2）大数据的特征

大数据主要具有以下特点：一是数据体量巨大(Volume)；二是数据种类繁多（Variety)；三是要求实时性强，处理速度快(Velocity)；四是通过分析和提取的大数据有很高的商业价值（Value)；五是真实性（Veracity）。以上是大数据的 5V 特性。凡是符合这些特性的数据，叫作大数据。

① 体量巨大：例如，每日一个监控摄像头拍下来的数据可达到 6 拍字节①(PB)。

② 种类繁多：产生的数据量大，但可供使用的、有价值的数据量则很小。例如，某乳品厂在奶牛身上佩戴健康状况传感器，每天通过互联网传输的数据量巨大，但只有 200 MB 的数据可供乳品厂的研究人员使用，用以鉴别奶牛的健康状况。

③ 处理速度快：应用程序接口（API）每秒向谷歌(Google)和其他社交软件发送超过 150 463 次信息。

④ 商业价值：例如，刚收集到的数据量很大、很烦琐，没有商业利用价值，但可以在分析后变成有商业价值的数据。

⑤ 真实性：数据的质量。例如，一些商家和企业利用大数据造假获利，越来越多的软件自动发布信息，使得大数据真假难辨。

（3）大数据时代

大数据时代的出现，简单地讲是海量数据同完美计算能力结合的结果，确切地说是移动互联网、物联网产生了海量的数据。大数据计算技术完美地解决了海量数据的收集、存储、计算、分析的问题。大数据的应用范围越来越广泛，涉及人们生活的许多方面，不过还是有很多人对大数据的应用模糊不清。通过本单元的学习，可使读

---

① 拍字节是一种计算机存储单位。字节（B）是计算机内部的基本存储单位。计算机存储单位一般用字节、千字节(KB)、兆字节(MB)、吉字节(GB)、太字节(TB)、拍字节(PB)、艾字节(EB)、泽字节(ZB，又称皆字节)、尧字节(YB)表示，它们之间的换算关系是：1 KB=1 024 B，1 MB=1 024 KB，1 GB=1 024 MB，依此类推。

者逐步了解大数据在工作、学习及生活方面的应用。

任务实施

自诞生以来，大数据一直在不断发展，与之相关的大数据应用更是涉及人们的工作与生活中。近年来，大数据应用领域的普及，将大数据的发展推进到了新的高度，随时随地都可以享受到大数据带来的方便。

1. 了解大数据的应用

大数据不只是应用于企业和政府，同样也适用日常生活中的每个人。人们可以利用穿戴的装备（如智能手表或者智能手环）生成最新的数据。人们也可以根据自己热量的消耗以及睡眠模式来进行追踪，根据得到的数据，可以调整每天的运动量、睡眠及饮食，合理地安排工作及生活，提高健康指数。

2. 理解客户、满足客户服务需求

大数据的应用在此领域是最广为人知的。重点是如何应用大数据更好地了解客户以及他们的爱好和行为。企业为了更加全面地了解客户，非常喜欢搜集社交方面的数据、浏览器的日志、分析文本和传感器的数据。一般情况下，建立出数据模型进行预测。例如，通过大数据的应用，电信公司可以更好地预测出流失的客户，沃尔玛则更加精准地预测哪个产品会大卖，汽车保险行业会了解客户的需求和驾驶水平，超市管理者需要了解客户的需求等，下面举几个例子。

（1）零售领域应用案例

扎根仓库和社交网络数据的沃尔玛利用 NCR 数据挖掘工具对原始交易数据进行分析和挖掘，加之收购了 Kosmix 不仅能收集、分析网络上海量数据给企业，还能将这些信息个人化，提供采购建议给终端消费者。同时，针对社交网络快消息流的性质，沃尔玛内部的大数据实验室专门开发出一套追踪系统，结合手机上网，专门管理追踪庞大的社交动态，每天能处理的信息量超过 10 亿笔。

（2）"啤酒与尿布"的故事

"啤酒与尿布"的故事产生于 20 世纪 90 年代的沃尔玛超市中，沃尔玛的超市管理人员分析销售数据时发现了一个令人难于理解的现象：在某些特定的情况下，"啤酒"与"尿布"两件看上去毫无关系的商品会经常出现在同一个购物篮中，这种独特的销售现象引起了管理人员的注意，经过后续调查发现，这种现象出现在年轻的父亲身上。

在有婴儿的家庭中，一般是母亲在家中照看婴儿，年轻的父亲前去超市购买尿布。父亲在购买尿布的同时，往往会顺便为自己购买啤酒，这样就会出现啤酒与尿布这两件看上去不相干的商品经常会出现在同一个购物篮的现象。

如果这个年轻的父亲在卖场只能买到两件商品之一，则他很有可能会放弃购物而到另一家商店，直到可以一次同时买到啤酒与尿布为止。沃尔玛发现了这一独特的现象，开始在卖场尝试将啤酒与尿布摆放在相同的区域，让年轻的父亲可以同时找到这两件商品，并很快地完成购物；沃尔玛超市也可以让这些客户一次购买两件商品、而不是一件，从而获得了很好的商品销售收入。

3. 了解金融交易

大数据在金融行业主要是应用金融交易。高频交易（HFT）是大数据应用比较多的领域，其中大数据算法应用于交易决定。现在很多股权的交易都是利用大数据算法进行，这些算法现在越来越多地考虑了社交媒体和网站新闻来决定在未来几秒内是买入还是卖出。

大数据在金融行业应用范围较广，典型的案例有花旗银行利用 IBM 沃森计算机为财富管理客户推荐产品；美国银行利用客户点击数据集为客户提供特色服务，如有竞争的信用额度；招商银行利用客户刷卡、存取款、电子银行转账、微信评论等行为进行数据分析，每周给客户发送针对性广告信息，里面有顾客可能感兴趣的产品和优惠信息。

大数据在金融行业的应用可以总结为以下 5 个方面：

① 精准营销：依据客户消费习惯、地理位置、消费时间进行推荐。

② 风险管控：依据客户消费和现金流提供信用评级或融资支持，利用客户社交行为记录实施信用卡反欺诈。

③ 决策支持：利用决策树技术进抵押贷款管理，利用数据分析报告实施产业信贷风险控制。

④ 效率提升：利用金融行业全局数据了解业务运营薄弱点，利用大数据技术加快内部数据处理速度。

⑤ 产品设计：利用大数据计算技术为财富客户推荐产品，利用客户行为数据设计满足客户需求的金融产品。

4．改善安全和执法

大数据现在已经广泛应用到安全执法的过程中。企业可应用大数据技术防御网络攻击；警察可应用大数据工具进行捕捉罪犯；信用卡公司可应用大数据工具来监测欺诈性交易。下面举几个例子。

（1）预防犯罪

疾病可以预防，犯罪也可以预防。美国密歇根大学研究人员设计出一种利用"超级计算机和大量数据"来帮助警方定位那些最易受到不法分子侵扰片区的方法。具体做法是，研究人员通过大量的多类型数据，从人口统计数据、毒品犯罪数据、各区域所出售酒的种类、治安状况、流动人口数据等，创建一张犯罪高发地区热点图。同时，还将相邻片区等各种因素加入到数据模型中，并根据历史犯罪记录和地点统计并不断修正所得出的预测数据。

（2）社会行为的平台

社交媒体和朋友圈正在成为追踪人们社会行为的平台，正能量的东西有，负能量的东西也不少。例如，公安部门可以利用社交媒体分享的图片和交流信息，来收集个体信息，预防个体犯罪行为和反社会行为；警方通过微博、微信信息抓获犯罪分子等。

（3）保护数据隐私

在大数据时代，数据带来巨大价值的同时，也带来了用户隐私保护方面的难题，如何在大数据开发应用的过程中保护用户隐私和防止敏感信息泄露成为新的挑战。

在信息技术方面，人们讨论的隐私往往聚焦在数据上。数据需要在特定的情景或事件下，才会被收集/产生。从个人角度来讲，用户需要从心里和行为上重视保护数据的重要性，以下是几点建议：

① 不要使用简单的密码，如 123456，名字拼音+生日（123）等。

② 不要多个网站用同一个密码，防止撞库。

③ 不要随便在网上留 QQ/微信、真名或者身份证号。

④ 不要随便连接公共 Wi-Fi。

⑤ 留意钓鱼网站。

⑥ 不要随便接收来历不明的文件。

⑦ 如果发现自己注册的网站被拖库，请立即修改密码。

⑧ 重要账号开启登录二次验证。

⑨ 对于需要上传身份证或者其他证件信息的互联网产品谨慎使用。

⑩ 不要在不明底细的网站上用实名。

⑪ 所有的网站要用不同且长度足够的密码。

⑫ 对所有涉及个人数据的选项/纸张都要谨慎处理，不能别人要什么就给什么。

提醒大家，要防止个人信息丢失，保护数据隐私。

（4）大数据安全发展现状

国际发展现状：随着大数据的安全问题越来越引起人们的重视，包括美国、欧盟和中国在内的很多国家、地区和组织都制定了大数据安全相关的法律法规和政策，以推动大数据应用和数据保护。

国内发展现状：鉴于大数据的战略意义，我国高度重视大数据安全问题，近几年发布了一系列大数据安全相关的法律法规和政策。

大数据安全工作的重点在于如何以数据为视角进行信息安全建设，对数据以全生命周期为主线进行分类分级保护，时刻要明确"数据从哪里来（Where）、放在什么环境下（What）、允许谁（Who）、什么时候（When）、对哪种信息（Which）、执行什么操作（How）"。如果能够做到对于大数据全生命周期、全流转过程"可管可控"，那么各大教育机构、企业就能满足对大数据的安全管理和应用。这也是目前大数据产业的一大重点。

5．了解城市规划

大数据时代已经悄然走到人们的身边，不仅飞速地改变着人们的生活，也对城市发展建设产生了重要影响。通过大数据在城市规划中的灵活应用，不仅能够让城市规划建设更加有序，而且能够实现智慧化城市的发展。

大数据在城市规划中的应用主要包括城市间关联度、城市空间交互度、城市土地利用与空间结构、城市各功能组团间的联系、公共服务设施选址、空间利用等多个方面。城市规划中还有一项非常重要的是大数据在交通中的应用。下面举例说明：

大数据是智能交通的核心，如图 9-2 所示。

图 9-2 大数据是智能交通的核心

大数据在交通中的应用主要有以下五种方式：

（1）公共交通一卡通

公共交通部门发行的一卡通民众大量使用，因此积累了乘客出行的海量数据，给公交部门提供了大量的数据，由此会计算出分时段、分路段、分人群的交通出行参数，甚至可以创建公共交通模型，有针对性地采取措施提前制定各种情况下的应对预案，科学地分配运输能力。

（2）交通管理物联网传感器

交通管理部门在道路上预埋或预设物联网传感器，实时收集车流量、客流量信息，结合各种道路监控设施及交警指挥控制系统数据，由此形成智慧交通管理系统，有利于交通管理部门提高道路管理能力，制定疏散和管制措施预案，提前预警和疏导交通。

（3）卫星地图实时数据

通过卫星地图数据对城市道路的交通情况进行分析，交通部门的数据中心得到道路交通的实时数据，这些数据可以供该管理部门使用，也可以发布在各种数字终端供出行人员参考，来决定自己的行车路线和道路规划。

（4）出租车的使用

出租车是民众在城市道路上使用最频繁的交通工具，可以通过其车载终端或数据采集系统提供的实时数据，几乎可以随时了解全部主要道路的交通路况，而长期积累下的这类数据就形成了城市区域内交通的"热力图"，进而能够分析得出什么时段的哪些地段拥堵严重，为出行者提供参考。

（5）智能手机与地图应用

智能手机已经很普及，多数智能手机都会使用地图应用，于是始终打开 GPS 或北斗定位系统，地图提供商将收集到的这些数据进行大数据分析，由此就可以分析出实时的道路交通拥堵状况、出行流动趋势或特定区域的人员聚集程度，这些数据公布之后会给出行提供参考。

交通管理是城市规划中的一个重点，通过以上 5 种大数据在交通中的应用充分说明，智能交通在城市规划中发挥了重要作用。

大数据在城市规划中的作用越来越明显,其在促进城市发展方面做出的贡献也是无法替代的。只有让大数据与城市规划真正结合在一起,让大数据在城市规划中发挥作用,能够使城市建设越来越好,能够使城市发展实现可持续性,能够使城市规划更加科学合理。

6.优化业务流程

大数据也可更多地帮助优化业务流程。可以通过利用社交媒体数据、网络搜索以及天气预报挖掘出有价值的数据,其中大数据的应用最广泛的就是供应链以及配送路线的优化,如图 9-3 所示。在这两个方面,通过地理定位和无线电频率识别追踪货物和送货车,利用实时交通路线数据制定更加优化的路线。人力资源业务也通过大数据的分析来进行改进,这其中就包括了人才招聘的优化。

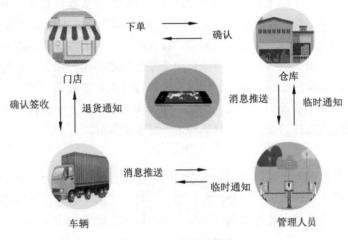

图 9-3 业务流程优化

例如,根据物流行业的特性,大数据应用主要体现在车货匹配、运输路线优化、库存预测、设备修理预测、供应链协同管理等方面,下面分别进行介绍。

（1）车货匹配

通过对运力池进行大数据分析,公共运力的标准化和专业运力的个性化需求之间可以产生良好的匹配,同时,结合企业的信息系统也会全面整合与优化。通过对货主、司机和任务的精准画像,可实现智能化定价、为驾驶员智能推荐任务和根据任务要求指派配送驾驶员等。

从客户方面来讲,大数据应用会根据任务要求,如车型、配送公里数、配送预计时长、附加服务等自动计算运力价格并匹配最符合要求的驾驶员,驾驶员接到任务后会按照客户的要求进行高质量的服务。在驾驶员方面,大数据应用可以根据驾驶员的个人情况、服务质量、空闲时间为他自动匹配合适的任务,并进行智能化定价。基于大数据实现车货高效匹配,不仅能减少空驶带来的损耗,还能减少污染。

（2）运输路线优化

通过运用大数据,物流运输效率将得到大幅提高,大数据为物流企业间搭建起沟通的桥梁,物流车辆行车路径也将被最短化、最优化定制。

某物流公司使用大数据优化送货路线,配送人员不需要自己思考配送路径是否最优,而是采用大数据系统可实时分析 20 万种可能的路线,3 秒找出最佳路径。通过大数据分析,规定卡车不能左转,所以,该公司的驾驶员宁愿绕个圈,也不往左转。根据往年的数据显示,因为执行尽量避免左转的政策,货车在行驶路程减少 2.04 亿的前提下,多送出了 350 000 件包裹。

（3）库存预测

互联网技术和商业模式的改变带来了从生产者直接到顾客的供应渠道的改变。这样的改变,从时间和空间两个维度都为物流业创造新价值奠定了很好的基础。大数据技术可优化库存结构和降低库存存储成本。运用大数据分析商品品类,系统会自动分解用来促销和用来引流的商品;同时,系统会自动根据以往的销售数据进行建模和分析，以此判断当前商品的安全库存，并及时给出预警，而不再是根据往年的销售情况来预测当前的库存状况。总之，使用大数据技术可以降低库存存货，从而提高资金利用率。

（4）设备修理预测

某知名物流公司从 2000 年就开始使用预测性分析来检测自己车队，这样就能及时地进行防御性的修理。如果车在路上抛锚，损失会非常大，因为那样就需要再派一辆车，会造成延误和再装载的负担，并消耗大量的人力、物力。以前，该公司每两三年就会对车辆的零件进行定时更换，但这种方法不太有效，因为有的零件并没有什么毛病就被换掉了。通过监测车辆的各个部位，该公司如今只需要更换零件，从而节省了好几千万元。

（5）供应链协同管理

随着供应链变得越来越复杂，使用大数据技术可以迅速高效地发挥数据的最大价值，集成企业所有的计划和决策业务，包括需求预测、库存计划、资源配置、设备管理、渠道优化、生产作业计划、物料需求与采购计划等，这将彻底变革企业市场边界、业务组合、商业模式和运作模式等。良好的供应商关系是消灭供应商与制造商间不信任成本的关键。双方库存与需求信息的交互，将降低由于缺货造成的生产损失。通过将资源数据、交易数据、供应商数据、质量数据等存储起来用于跟踪和分析供应链在执行过程中的效率、成本，能够控制产品质量；通过数学模型、优化和模拟技术综合平衡订单、产能、调度、库存和成本间的关系，找到优化解决方案，能够保证生产过程的有序与匀速，最终达到最佳的物料供应分解和生产订单的拆分。

7. 提高医疗和研发

除了较早前就开始利用大数据的互联网公司，医疗行业是让大数据分析最先发扬光大的传统行业之一。医疗行业拥有大量的病例、病理报告、治愈方案、药物报告等。同时，病菌、病毒以及肿瘤细胞的数目及种类都处于不断的进化过程中。如果这些数据可以被整理和应用将会极大地帮助医生和病人。在发现诊断疾病时，疾病的确诊和治疗方案的确定是最困难的。大数据分析应用的计算能力可以让人们能够在几分钟内就可以解码整个 DNA，并且让人们可以制定出最新的治疗方案。同时，可以更好地去理解和预测疾病。就好像人们戴上智能手表等可以产生的数据一样，大数据同样可以帮助病人对于病情进行更好的治疗。大数据技术目前已经在医院应用监视早产婴儿和患病婴儿的情况，通过记录和分析婴儿的心跳，医生针对婴儿的身体可能会出现不适症状做出预测。这样可以帮助医生更好地救助婴儿。

尽管医疗行业的数据应用一直在飞速的发展中，但是有一些数据还没有打通（孤岛数据），这样就无法进行大规模应用。未来需要将这些数据统一收集起来，纳入统一的大数据平台，为人类健康造福。政府和医疗行业是推动这一趋势的重要动力。

8. 提高体育成绩

现在很多运动员在训练时应用大数据分析技术，例如，用于网球数据分析的 IBM SlamTracker[①]工具。此外，人们也可使用视频分析来追踪足球或棒球比赛中每个球员的表现，而运动器材中的传感器技术（例如篮球或高尔夫俱乐部）让人们可以获得对比赛的数据以及如何改进。很多精英运动队还追踪比赛环境外运动员的活动，通过使用智能技术来追踪其营养状况及睡眠，通过社交对话来监控其情感状况。

根据官网的介绍，数据采集主要通过图像可视化加人工辅助统计的方式，能够在一场比赛中收集超过 6 000 项数据，并且几乎可以实时地通过统计和数据可视化呈现出来。下面举几个例子。

（1）制定比赛策略

在体育方面，各种大数据应用层出不穷，例如，可穿戴设备，实时捕捉手机运动员的运动数据：轨迹、心跳、速度、消耗等，帮助教练更加科学系统的制订训练计划，更加全面地了解一个运动员的水平和表现，挖掘一个新队员的潜能。另外，数据分析得到的攻守、球与人及人与人的位置、丢分得分等数据，可以帮助球队更有针对性地制定比赛策略。

[①] IBM SlamTracker 是美国网球公开赛首届一指的评分应用程序。

（2）教练的眼睛

通过视频分析应用程序，供教练在任何设备上录制视频，与播放器共享视频分析；提供慢动作重播、回放，并为运动员提供有意义的反馈；支持足球、健身、高尔夫、棒球、足球和田径运动。

（3）改善运动员的健康状况

大数据和分析帮助教练和体育团队更好地为运动员的营养和健康状况打好基础。例如，美式橄榄球体育组织在近10年内收集了更多关于脑震荡的信息，医生利用这些数据可以改善对运动员的治疗策略。科学家也可以应用这些数据来设计更好的美式橄榄球头盔以帮助预防脑震荡的发生。此外，跟踪运动员的成绩以及膳食的数据可以更好地帮助营养师设计最佳的膳食计划，从而帮助运动员最大限度地发挥他们的优势。

9．推动媒体和娱乐行业的发展

随着云计算的出现和普及，"大数据"由一个技术热词变成一股浪潮，影响到社会生活的方方面面，带来了人类思维方式的革命。在大数据的推动下，电视媒体走出了"内容为王"的自我禁锢，在内容生产和媒体管理中都引入了大数据技术。大数据逐渐改变电视内容的生产方式、节目传播方式和观众反馈方式。观众对于节目质量、传播效果以及评判机制的实时参与，给电视媒体带来了革命性的变化。观众通过互动短信、网络留言、微博跟帖等与电视节目制造者互动，这些资料都成为媒体产品，并通过多种媒体实时发布。随着观众越来越多地参与到媒体生产的各个环节中，和观众有关的各种数据也日益庞大，这些数据也成为媒体的资产。

在观看媒体和娱乐节目硬件方面，全球范围内有越来越多观影者不再使用电视等传统媒介收看内容，而是利用如智能手机、平板计算机等科技产品观影。文娱产业需要关注这个需求，并跟上时代的发展。这些数据，也是通过各大媒体公司和移动运营商的合作采集的大数据。

10．促进旅游行业

各行各业基于海量数据挖掘潜在价值，大数据已经成为非常重要的资产。那么，大数据对于旅游业意味着什么？大数据可以准确预测客流动向，进而采取合理措施疏导客流；大数据可以了解游客喜好，进而开发适销对路的产品；大数据可以明晰游客的公共服务需求，进而改进旅游公共服务等。可以说，大数据的发展带动了旅游行业的全面升级。大数据应用最核心的价值，在于从巨量、复杂的数据中挖掘其蕴藏的、能够帮助企业创造商业价值。

例如，对于一次旅行，通过人工智能可分析用户以往出行记录及近期生活轨迹；结合对各大旅游景点、交通状况、天气预测等数据的分析，提供给用户最贴合心意的目的地；规划好线路的无人驾驶车辆依照行程将用户送至景点，并根据用户的行程及时调配车辆接送。

所有的酒店、餐饮、服务都已经依照用户的生活数据进行深度订制，机器甚至会提醒用户将美好时刻记录下来，发送给相关好友，提升关系的亲密度。而用户遇到的所有异国文字和语言，都将经由翻译器实时转化为用户的母语。这只是诸多场景中较简单的一个方面。

以上是大数据应用最多的10个领域，当然随着大数据的应用越来越普及，还会有越来越多新的大数据的应用领域。在此由于篇幅有限，不一一讲解。

任务2　了解云计算应用的领域

任务描述

云计算的应用领域在人们的日常工作及生活中无处不在，主要包括十大领域：金融、制造、教育、商务、安全、存储、社交、交通、医疗和游戏。本任务要求读者理解云计算的定义，并深度理解了解云计算在工作、教育、家庭、金融及其他方面的应用。

解决路径

本任务以图文并茂的形式讲述，可使读者轻松地了解云计算的各个应用领域。总体来说，本任务可以按照以下 10 部分来了解、学习、理解云计算的各个应用领域，如图 9-4 所示。

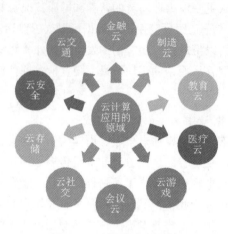

图 9-4　云计算应用领域

相关知识

1. 云计算的概念、服务和特点

（1）云计算的概念

云计算（通常简称为"云"）最早是 Google 公司正式提出的概念，是通过互联网，按需分配计算资源。计算资源包括服务器、数据库、存储、平台、架构及应用等。云计算支持按用量付费，即只需支付用户需要的量。

下面分享几种关于云计算的通俗观点：

① 水龙头观点：当需要的时候，扭开水龙头，水就来了，只需要按时交水费即可。

② 当需要用一个软件时，不用跑去电脑城，打开应用商店，即可下载。

③ 当想看报纸时，不用跑去报刊亭，只要打开头条新闻，新闻唾手可得。

④ 当想看书时，不用跑去书城，只需要打开阅读软件，找到这样的一本书，在手机上阅读。

⑤ 当想听音乐时，不用再跑去音像店苦苦找寻光盘，打开音乐软件，就能聆听音乐。

云计算没有地域限制，优秀的云软件服务商向世界每个角落提供软件服务——就像天空上的云一样，不论用户身处何方，只要抬头，就能看见。

云计算是一种模型，它支持无处不在、方便、按需访问共享的可配置计算资源池（例如，网络、服务器、存储、应用程序和服务），这些资源可以最少的管理工作快速配置和发布。

（2）云计算的服务

云计算通过互联网提供服务。一般来说，用户使用云计算提供的服务，就是计算机不需要硬盘，不需要安装客户端软件，只需要网卡和一个网页浏览器就能够接入互联网，通过网络浏览器即可随时访问云计算提供的服务，即在任何时间、任何地点、任何设备都能使用云计算提供的服务。

实际上，在日常网络应用中使用云计算提供的服务随处可见，例如，QQ 空间提供的在线制作 Flash 图片、Google 的搜索服务等。由此可见，云计算提供的服务多种多样。云计算提供的服务主要可分为三类：软件即服务（Software as a Service，SaaS）、平台即服务（Platform as a Service，PaaS）、基础设施即服务（Infrastructure as a Service，IaaS）。这三类服务常被称为 SPI 模型，其中 SPI 分别代表软件（Software）、平台（Platform）和基础设施（Infrastructure）。

云计算提供的三类服务的层次结构如图 9-5 所示。对普通用户而言，由于主要面对的是 SaaS 这种服务模式，而且几乎所有的云计算服务最终的呈现形式都是 SaaS。

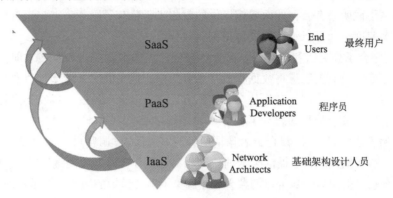

图 9-5　云计算服务的层次结构

① SaaS：基于云的应用（软件即服务）在"云端"的远程计算机上运行，这些应用由其他参与方拥有和运营，并通过互联网连接到用户的计算机，一般通过 Web 浏览器使用。

② PaaS：平台即服务提供基于云的环境，具备支持构建和交付 Web（云）应用的完整生命周期所需的一切，帮助用户消除购买和管理底层硬件、软件、配置和托管的成本与复杂性。

③ IaaS：基础架构即服务根据使用量付费的原则，为企业提供各种计算资源，包括服务器、网络和数据中心空间。

（3）云计算的特点

云计算的可贵之处在于高灵活性、可扩展性和高性比等，与传统的网络应用模式相比，其具有如下优势与特点：

① 虚拟化技术；② 动态可扩展；③ 按需部署；④ 灵活性高；⑤ 可靠性高；⑥ 性价比高；⑦ 可扩展性。

2. 云计算的类型

云与云之间存在一定差异性，不是说一种云计算就适合所有的人。云服务会根据云开发类型或云计算基础结构等内容进行实现。部署云计算的方法有以下 3 种：私有云、公有云和混合云。云的类型示意图如图 9-6 所示。

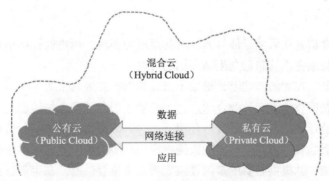

图 9-6　云的类型示意图

① 私有云：私有云是为一个客户单独使用而构建的，因而提供对数据、安全性和服务质量的最有效控制。该公司拥有基础设施，并可以控制在此基础设施上部署应用程序的方式。私有云可部署在企业数据中心的防火墙内，也可以将它们部署在一个安全的主机托管场所。私有云的核心属性是专有资源。

举一个通俗易懂的例子说明私有云：在家里自己做饭属于自建私有云，需要建造厨房购买锅碗瓢盆柴米油盐等，吃完饭还需要自己刷锅洗碗等运维工作，费时费力。

② 公有云：一般情况下，公有云是由第三方供应商提供给用户的云，它可以在因特网上使用，可以是免费的，也可以是廉价的，其核心属性是共享资源服务。

举一个通俗易懂的例子说明公有云：外面餐馆提供的就相当于公有云服务，客户用餐后走人，餐馆后厨如何安排做菜顺序并加快出菜速度，确保所管理的资源得到有效分配。

③ 混合云：混合云融合了公有云和私有云，是近年来云计算的主要模式和发展方向。因为私有云主要是面向企业用户，出于安全考虑，企业更愿意将数据存放在私有云中，但是同时又希望可以获得公有云的计算资源，在这种情况下混合云被越来越多地采用，它将公有云和私有云进行混合和匹配，以获得最佳的效果，这种个性化的解决方案，达到了既省钱又安全的目的。

举一个通俗易懂的例子说明混合云：混合云就像请厨师到家里做饭，厨师可以上门提供烹饪服务（公共资源）。但是自家需要提供厨房、购买锅碗瓢盆、提供柴米油盐等原料（私有资源）。如果家里有这样的条件，并雇佣厨师上门提供烹饪服务，那么家里就能享受到可口的菜肴，并避免了不会做饭的尴尬。这是资源优化利用的一种表现。

任务实施

云计算自诞生以来，一直在不断发展，它的应用领域在近几年内发展到了新的阶段，让人们随时随地都可以享受到云计算带来的方便。

云计算具有可扩展性、强大性、便宜性和敏捷性的特点，能够将创新带到前沿，能够使人们在更短的时间内完成更多的工作，是运输和存储系统的首选。目前，云计算已被广泛应用于电子商务、教育、医疗、交通、游戏、机场、生物科学、汽车、物流等行业。下面通过 10 个价值非常高的云计算的应用，使读者逐步了解云计算的关键领域。

1. 了解金融云

金融云是利用云计算的模型构成原理，将金融产品、信息、服务分散到庞大分支机构所构成的云网络当中，提高金融机构迅速发现并解决问题的能力，提升整体工作效率，改善流程，降低运营成本。

金融云是服务于银行、证券、保险、基金等金融机构的行业云，采用独立的机房集群提供云产品，并为金融客户提供更加专业周到的服务。金融云按照国家标准建设，在安全性、服务可用性和数据可靠性等方面作了大幅增强。

金融行业对云的一个巨大担忧是安全性，但解决方案允许用户体验加密信息及对机密数据的有限访问凭证。有了这种严密的安全性，金融企业可以探索完成客户计费或互动等日常任务的难易程度。

2. 了解制造云

制造云是云计算向制造业信息化领域延伸与发展后的落地与实现，用户通过网络和终端就能随时按需获取制造资源与能力服务，进而智慧地完成其制造全生命周期的各类活动。

制造云是在"制造即服务"理念的基础上，借鉴了云计算思想发展起来的一个新概念。制造云是先进的信息技术、制造技术以及新兴物联网技术等交叉融合的产品，是制造即服务理念的体现。采取包括云计算在内的当代信息技术前沿理念，支持制造业在广泛的网络资源环境下，为产品提供高附加值、低成本和全球化制造的服务。

在制造方面，公司不断面临管理需要大型复杂数据库应用程序的不同地点和供应链的挑战。RapidScale 的云允许这些公司在任何地方连接，并提供必要的基础设施来为每个位置供电。在生产行业中发生的众多大规模部署中，解决方案的成本效益大放异彩。云可以帮助消除巨额资本支出，同时削减维护各个位置的运营成本。云价格实惠且可靠，可在用户最需要的时候提供高度可用的服务。

3. 了解教育云

教育云是"云计算技术"的迁移在教育领域中的应用，包括了教育信息化所必需的一切硬件计算资源，这些资源经虚拟化之后，向教育机构、从业人员和学习者提供一个良好的云服务平台。

事实证明，云是学校的宝贵解决方案。教育不断应对资金紧张的情况，这是云可以直接缓解的问题。对于学校来说，获取最新技术以提供尽可能最好的教育非常重要，而 RapidScale 的云则可以做到这一点。学生可以在一处访问他们需要的所有信息。教师可以更轻松地分配作业。两者之间的合作将得到极大改善。

4. 了解云会议

云会议是基于云计算技术的一种高效、便捷、低成本的会议形式。用户只需要通过互联网界面进行简单易用的操作，便可快速高效地与全球各地团队及客户同步分享语音、数据文件及视频。

例如，腾讯会议的六大功能如下：

① 共享屏幕：桌面和移动端均可共享，可共享声音、画面，配备多种工具辅助理解，批注内容可保存。企业版支持互动批注。

② 电子白板：支持画笔、文本编辑、图形等多种工具，辅助演示。企业版支持互动批注。

③ 会议文档：支持文档、表格、幻灯片、PDF 等多种格式文档在线协作，最大可上传 50 MB 文件，也可直接从腾讯文档中导入文件，充分满足互动编辑需求。

④ 会议弹幕：支持发送聊天和表情弹幕，展示更生动，会议反馈更及时。

⑤ 在线投票：企业版支持主持人发起会议投票，助力快速达成决策。

⑥ 会议红包：移动端支持收发会议红包，防止会议迟到、超时，有效活跃会议氛围，提升会议效率。

5. 了解云安全

云安全是指保护基于云的应用程序、数据和虚拟基础架构的完整性的做法。该术语适用于所有云部署模型（公共云、私有云、混合云、多云）以及所有类型的基于云的服务和按需解决方案。

一般而言，对于基于云的服务，云提供商负责保护底层基础架构，而客户则负责保护云中的应用程序和数据。云安全通过网状的大量客户端对网络中软件行为的异常监测，获取互联网中木马、恶意程序的新信息，推送到服务器端进行自动分析和处理，再把病毒和木马的解决方案分发到每一个客户端。

6. 云存储

云存储是指通过集群应用、网格技术或分布式文件系统等功能，将网络中大量各种不同类型的存储设备通过应用软件集合起来协同工作，共同对外提供数据存储和业务访问功能的一个系统。

云存储是一种云计算模型，可通过云计算提供商在 Internet 上存储数据。该模型按需适时提供容量和成本，无须用户自行购买和管理数据存储基础设施。因此，用户可以享受敏捷性、全球规模和持久性，以及"随时随地"访问数据的优势。这些云存储供应商对于所有数据的容量、安全性和持久性进行统一管理，使用户利用其应用程序从世界各地都能访问数据。用户可以根据需求添加或删除容量、快速更改性能和保留特性，并且只需为用户实际使用的存储付费。系统甚至可以根据可审核的规则将访问频率较低的数据自动迁移到成本更低的层，从而实现规模经济效益。

7. 了解云社交

云社交是物联网、云计算和移动互联网交互应用的虚拟社交应用模式。云社交的主要特征是把大量的社会资源统一整合和评测，构成一个资源有效池，以便为用户提供个性化的服务。参与分享的用户越多，能够创造的利用价值就越大。

云社交随着人类交流媒介的飞速发展，每日都在不断革新。在历史上，从来没有一个时代能够让人们如此自由、轻松地联系与互动。在移动互联网时代，人和人、人和信息的互动都具备了前所未有的可能性。技术的即时性也带来了使用上的"随时"，不受时间和空间的限制。微信等移动社交应用的出现，对空间的无限扩张和对时间的无限消费，是以往任何社交媒体都无法企及的。由于移动社交媒体随身而伴的便捷性和 Wi-Fi 网络的广泛覆盖，人们的碎片化时间和各种场合都可以被利用。

同时，人们也可以使用虚拟身份或符号化主体建立社会关系，如微博、微信等，为个人用户提供了一个平台用于打造自身形象，并在亲友圈之外推广这个形象。

例如，2021 年在创维电视的陪伴下，人们度过了一个"大有可玩"的新年，让年味重启，迎来一个"大有希望"的新气象。创维电视通过"新年大有可玩"系列活动，举办了六路视频通话与亲朋好友"云拜年"的活动，如图 9-7 所示。

图 9-7　六路视频通话

可以说，网络创造了新的传播形式与频道，网络塑造了生活，同时也为生活所塑造。数字时代的交往拓展到了云端，形成了一个庞大无边的交往空间，这个空间内的所有实践已经从虚拟和想象变为现实。

8．了解云交通

云交通将车辆监控、路况监视、驾驶员行为习惯等错综复杂的信息，集中到云计算平台进行处理和分析，并能推送到云终端，以便建立一套信息化、智能化、社会化的交通信息服务系统。云交通可以为每位驾驶员和每辆机动车建立档案，收集车辆位置、车况、车内空气、车辆保养、车辆维修、驾驶员驾驶行为等信息。经过云计算处理后，一方面把结果（如交通路况、驾驶提醒、保养提醒等）反馈给驾驶员和他的家人；另一方面利用大数据分析，预测车辆故障和交通事故的发生，提前做好预防措施，这将大大减少交通事故和人员伤亡。同时交警、汽车厂商、保险公司、维修部、汽车俱乐部等部门通过交通云都能获取相应的信息。

此外，云交通将借鉴全球先进的交通管理经验，打造立体交通，彻底解决城市发展中的交通问题。它具有覆盖范围广的特点：地上（各种机动车辆）、地下（多轨地铁）、空中飞机及海上船只等，相当于海陆空的立体交通的全面管理。云交通是人类从 IT 时代走向 DT（Data Technology）时代的一大标志。IT 时代是以自我控制、自我管理为主，而 DT 时代是以服务大众、激发生产力为主。云交通示意图如图 9-8 所示。请看以下五个例子。

图 9-8　云交通示意图

下面通过具体例子进行说明：

例 1：在首都北京广泛使用的一卡通是云交通的典型例子，交通局有一个终端系统，可以详细地统计出每天进出地铁的人数、每个人在地铁上的行踪，并根据这些数据调控地铁发车、维护等管理措施。

例 2：运输车辆的车联网系统，将所有车辆都与 GPS 卫星连接，国家可以实时监控这些车辆的路线，对交通进行规划管理。

例 3：随着车联网的逐步普及，交通部也能更快地掌握车辆出行数据，再根据比例进行模拟，已制定交通政策和管理方案。

例 4：路网监控，国家在道路监控上的投入非常大。2021 年 4 月 28 日，记者从重庆市交通行政执法总队获悉，"五一"节期间，高速公路网总流量将可能达到 820 万辆次，日均约 164 万辆次。车辆管理部门，通过路网监控将车辆的数据记录并分析，以便帮助各城市制定有效的交通出行规定。

例 5：北京首都国际机场作为我国最忙的机场之一，每天都会有 1 600 多架飞机在这里起飞和降落，平均一分钟就能起飞一架。首都机场动力能源公司能源信息数据中心于 2019 年 6 月正式投运，除了核心网络设备投入建设外，软件方面，综合管理系统包括动力监控、环境监控、安保监控、远程监控、多媒体报警五大监控管理功能，使得整个数据中心机房内所有的物理环境、微环境因素得到了实时的监控管理。它具备依靠大数据和云计算等先进信息技术提供能源信息的应用，能有效为机场能源保障和节能服务提供数据和运算服务支撑。

除了以上 5 个例子之外，云交通的例子还有很多，这里不再一一列举。云交通目前的最大挑战是很多数据有时像孤岛一样，各自管控各自的系统，将来的目标是能够把各方面的数据中心统一管理，采用云平台部署方式，统一构建城市轨道交通综合监控系统、自动售检票系统、乘客信息系统、门禁系统、列车自动运行监视系统、集中告警系统等系统云平台，实现业务应用的标准化、统一化，提升各业务系统数据共享及业务应用的效率。云交通将借鉴全球先进的交通管理经验，打造立体交通，彻底解决城市发展中的交通问题，为人类提供更好的出行条件，提供更好的服务。

9. 了解医疗云

医疗云是指在医疗卫生领域采用云计算、物联网、大数据、4G/5G 通信、移动技术以及多媒体等新技术基础上，结合医疗技术，使用"云计算"的理念来构建医疗健康服务云平台。

医疗云的核心是以全民电子健康档案为基础，建立覆盖医疗卫生体系的信息共享平台，打破各个医疗机构的信息孤岛现象，同时围绕居民的健康情况提供统一的健康业务部署，建立远程医疗系统，尤其使得很多偏远地区受惠，其示意图如图 9-9 所示。依托医疗云，可以在人口密集居住区增设各种体检自助终端，甚至可以使自助终端进入家庭。

图 9-9　医疗云示意图

实际上，随着"互联网+云计算"概念的广泛运用，借助互联网思维进行思考、探索，成了许多领域实现突破创新的一个新途径。如今，"互联网+医疗"的理念，正在被越来越多的人接受，也为医疗行业创造了新的机会和挑战。现在不少城市和医院开启就医新模式，利用云计算、物联网、大数据、移动通信、新媒体、微平台等先进信息化技术，通过建设"健康云、医疗云、影像云、管理云、社区云、药品云"，实现医疗服务线上线下资源整合，在线为居民提供智能导诊、分时预约、智能排队、查询提醒、统一支付等便捷服务，给患者带来更多的便利。

10. 了解云游戏

云游戏从概念上来说十分简单，就是基于云计算技术，把游戏放到服务器上运行，而游戏渲染出来的视频画面，通过网络传送到终端（包括 PC、机顶盒、移动终端等）。如此一来，终端客户不需要下载、安装游戏，只要连接互联网，即使是硬件配置要求高、运算量大的游戏也能顺利运行。

云游戏客户端的作用仅限于数据发送、接收游戏画面，游戏的存储与运行都是在云端服务器上完成的。在进行游戏时，玩家操作客户端向云端发送数据，云服务器根据操作运行游戏，将游戏画面编码压缩，通过网络返回客户端，最后客户端进行解码并输出游戏画面，如图 9-10 所示。

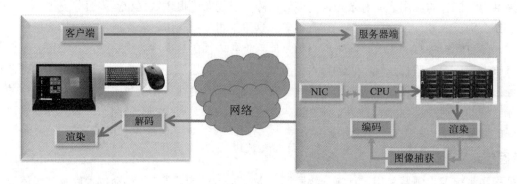

图 9-10 云游戏示意图

云游戏的优点显而易见：首先，云游戏不必再依赖于本地硬件（尤其是 CPU 和显卡），只需具备基础的视频解压能力，以及输入设备（键鼠或者手柄等）和输出设备（显示器）即可；其次，开发平台也不用担心玩家侧硬件性能，可以开发更高质量的内容；此外，云游戏还能节省本地游戏版本更新时间，长远来看也能节省硬件迭代升级成本等。

目前，各大厂商都推出了自己的云计算平台，其中比较典型的有 Google 公司的云计算平台、IBM 公司的"蓝云"计算平台、Amazon 公司的弹性计算云 EC2 以及阿里云、百度云、新浪云、华为云等。下面介绍几种云平台特点：

（1）Google 云

Google 云计算平台为计算、存储、网络、大数据、机器学习和物联网（IoT）以及云管理、安全和开发人员工具提供服务。其中的核心云计算产品主要包括如下四项服务：

① 虚拟机：Google Compute Engine 是一种基础架构即服务（IaaS）产品，为用户提供用于工作负载托管的虚拟机实例。

② 软件产品：Google App Engine 是一种平台即服务（PaaS）产品，可让软件开发人员访问 Google 的可扩展托管。开发人员还可以使用软件开发工具包（SDK）来开发在 App Engine 上运行的软件产品。

③ 数据库：Google Cloud Storage 是一个云存储平台，旨在存储大型非结构化数据集。Google 还提供数据库存储选项，包括用于 NoSQL 非关系存储的 Cloud Datastore、用于 MySQL 完全关系存储的 Cloud SQL 和 Google 的原生 Cloud Bigtable 数据库。

④ 编排引擎：Google Container Engine 是一个运行在 Google 公共云中的 Docker 容器的管理和编排系统。Google Container Engine 基于 Google Kubernetes 容器编排引擎。

随着国内云计算技术的不断成熟，云服务厂商也不断增多，对用户来说，如何选择对个人或企业最适合的云服务商，成为摆在面前的一道难题。下面介绍国内较实用的两种云平台。

（2）阿里云

阿里云目前市场占有率为 72%，超过国内云服务商第 2～第 5 的总和，其特点是安全、稳定、高速，但用户反映价格太高。阿里云自有的庞大阿里系产品成了阿里云的首要布局阵地，双 11、双 12 等活动期间，由于庞大的网上购物数据和活动，所需要用到的云计算资源大多数都是由阿里云支持的。阿里云是目前国内云计算市场首屈一指的云计算服务商，它不但存储和处理数据的功能强大，并且能够很快地解决各种云计算面临的疑难问题。虽然阿里云价格贵，但品质还是一如既往得好，这一点深受用户的认可，正因此阿里云才能够占据如此大的市场份额。对于那些更关注数据的安全稳定性的企业而言，阿里云是最好的选择。

（3）腾讯云

腾讯云在社交与游戏方面的布局规模很大，所以腾讯云主机在依托自身天量级用户的基础上也能够使自己上升到云服务前 2 的位置。腾讯云主机的优势在于 QQ 聊天窗口绿勾认证以及腾讯云在娱乐游戏领域的经验与专业性，而且在 QQ/微信等社交小程序中能够有更好的兼容性。如果经常需要在聊天窗口发送网址或接洽小程序等，可以选择腾讯云。

在选择云平台的决定上，最重要的是要根据用户的需求以及云平台的优势和缺点来选择对自己或企业合适的云平台。

任务 3　了解人工智能应用的领域

任务描述

人工智能的应用领域在人们的日常工作及生活中无处不在，主要包括八大领域：金融、教育、安防、电商零售、个人助理、医疗健康、自驾领域以及游戏等。本任务要求读者理解人工智能的概念及功能，并基本了解人工智能在教育、医疗、电商零售、自驾领域、金融、棋类及其他方面的应用。

解决路径

本任务以图文并茂的形式讲述，可使读者轻松地了解人工智能的各个应用领域。总体来说，本任务可以按照以下 7 部分来了解、学习、理解人工智能的各个应用领域，如图 9-11 所示。

图 9-11　人工智能的主要应用领域

相关知识

1. 人工智能的概念和特点

人工智能这一概念是由斯坦福大学名誉教授 John McCarthy 在 1955 年提出的，是指"制造出智能设备的科学和工程技术。"多数研究是通过计算机编程使得机器表现出智慧，如下象棋。但今天更强调机器能够像人类一样进行学习。

（1）人工智能的概念

人工智能（Artificial Intelligence，AI）指创造并运用算法构建动态计算环境来模拟人类智能过程的基础。简单来说，人工智能努力的目标是让计算机像人类一样思考和行动。要实现这个目标，需要 3 个关键要素（计算系统、数据和数据管理、高级人工智能算法，如图 9-12 所示。期望结果越接近人类，对数据量和处理能力的要求越高。

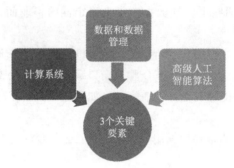

图 9-12　三个关键要素

人工智能是研究、开发用于模拟、延伸和扩展人的智能的理论、方法、技术及应用系统的一门新的技术科学。人工智能是计算机科学的一个分支，它企图了解智能的实质，并生产出一种新的能以人类智能相似的方式做出反应的智能机器，该领域的研究包括机器人、语言识别、图像识别、自然语言处理和专家系统等。

（2）人工智能的特点

新一代的人工智能主要是大数据基础上的人工智能。具有以下 5 个特点：

① 从人工知识表达到大数据驱动的知识学习技术。

② 从分类型处理的多媒体数据转向跨媒体的认知、学习、推理，这里讲的"媒体"不是新闻媒体，而是界面或者环境。

③ 从追求智能机器到高水平的人机、脑机相互协同和融合。

④ 从聚焦个体智能到基于互联网和大数据的群体智能，它可以把很多人的智能集聚融合起来变成群体智能。

⑤ 从拟人化的机器人转向更加广阔的智能自主系统，如智能工厂、智能无人机系统等。

（3）人工智能的类型：

① 弱人工智能：就是利用现有智能化技术，来改善社会发展所需要的一些技术条件和发展功能。

② 强人工智能：非常接近于人的智能，这需要脑科学的突破，国际上普遍认为这个阶段要到 2050 年前后才能实现。

③ 超级人工智能：指在脑科学和类脑智能有极大发展后，人工智能就成为一个超强的智能系统。

2．人工智能研究的方向及发展

（1）人工智能研究的方向

人工智能是研究、开发用于模拟、延伸和扩展人的智能的理论、方法、技术及应用系统的一门新的技术科学。人工智能是计算机科学的一个分支，它企图了解智能的实质，并生产出一种新的能以人类智能相似的方式做出反应的智能机器。该领域的研究包括机器人、语言识别、图像识别、自然语言处理和专家系统等。

（2）人工智能技术的发展

人工智能技术的发展需要 3 个要素：数据、算法和算力，目前的人工智能主要由于机器学习，尤其是深度学习技术取得了巨大进展，基于大数据，在大算力的支持下发挥出巨大的威力，其示意图如图 9-13 所示。

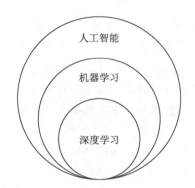

图 9-13 人工智能技术的发展示意图

3．人工智能的分类

① 认知 AI （Cognitive AI）：认知计算是最受欢迎的一个人工智能分支，负责所有感觉"像人一样"的交互。

② 机器学习 AI （Machine Learning AI）：机器学习是指计算机的算法能够像人一样，从数据中找到信息，从而学习一些规律。例如，机器学习 AI 是能在高速公路上自动驾驶汽车的那种人工智能。

③ 深度学习：它是机器学习研究中的一个新的领域，其目的在于建立、模拟人脑进行分析学习的神经网络，它模仿人脑的机制来解释数据，如图像、声音和文本。

任务实施

人工智能自从 1955 年诞生以来，一直在不断发展，其应用领域在近几年内发展到了新的阶段，让人们随时随地都可以感受到人工智能给人类带来的方便。

人工智能在当今社会中具有各种应用，已被应用于金融、教育、安防、电商零售、个人助理、医疗保健、自驾领域以及娱乐等行业。下面通过 7 个有价值的人工智能的应用，使读者逐步了解人工智能的关键领域。

1．在金融中应用 AI

人工智能和金融行业是彼此最好的匹配，AI 能帮助金融行业简化和优化从信贷决策到量化交易和金融风险管理的流程。

例如，一些投资公司运用人工智能技术不断优化算法、增强算力、实现更加精准的投资预测，提高收益、降低尾部风险。通过组合优化，在实盘中取得了显著的超额收益，未来智能投资的发展潜力巨大。另外一个例子是关于管理风险：在金融界，准确的预测对于许多企业都至关重要。金融市场越来越多地转向机器学习（人工智能的一个子集），已创建更精确、更灵活的模型。这些预测可帮助金融专家利用现有数据来确定趋势、识别风险、节省人力并确保为未来规划提供更好的信息。

2．在教育中应用 AI

AI 可以自动进行评分，以便老师可以有更多的时间进行教学。AI chatbot（聊天机器人）可以作为助教与学生交流。未来的 AI 可以作为学生的个人虚拟辅导员，可以随时随地轻松访问。

人工智能目前在在线教育中的应用包括：语言识别与分析、图像识别、自然语言处理、智能课堂通过语音识别和图像识别技术。随着 AI 技术的普及，未来每一个在线教育课堂都会引入声音、图像等 AI 技术，让师生互动起来，而不只是简单的信息传播。

（1）克服传统教育中存在的问题

AI 利用自己的优势，可以帮助克服传统教育中存在的以下 3 个问题：

① 绝大部分课程是视频或图文的形式，是固定的授课，无论什么水平的听课者，都要听同样的内容，没有因材施教，并未完全解决匹配程度的问题。

② 绝大部分课程仅仅是将线下的课程录像放到网上，相比于线下课程，甚至少了参与感和互动感，质量只会更低不会更高，并未完全解决课程质量的问题。

③ 在不发达地区，对互联网真正了解的人不多，更何况在线教育。

人工智能教育不只是新的教育技术和教育装备，也是培养人工智能时代高智能人才的教育，是面向未来的教育。通过着力打造"智能教育共同体"，深度融合学生、教师、技术、知识、学习环境与真实生活，让学生、教师和人工智能系统密切配合、共同创新，实现协同发展。AI 通过加强社群学习功能建立学习伙伴之间的互动，能够为学生创造良好的学习环境，借助自身认知技术提升学习效果，培养学习能力。

（2）两种教育模式的对比

分析互联网教育和传统教育模式各自的优劣势，如图 9-14 所示。

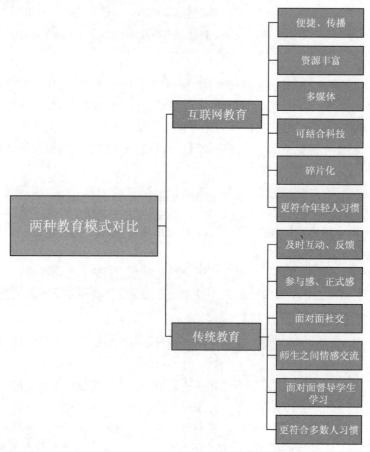

图 9-14　两种教育模式对比

通过图 9-14 可以看出，两种教育模式各有千秋，它们进行互补，将来的发展趋势是取长补短。当科技无法弥补互联网教育与传统教育相比的劣势时，传统教育就一定有它存在的价值。科技将会颠覆人类的现有教育体制，掀起一场教育改革的狂潮，两种教育互补互益地发展会越来越完善。

3. 在安防中应用 AI

智能监控、安保机器人是 AI 在安防中常见的应用领域。

近几年安防产业亦出现相当热门的数据化人工智能学习和识别技术的概念，自从道路视频监控系统在全球兴起之后，目前世界各国的城市视频监控建设即将进入扩张与结构改变的阶段，在这种需求变革下，安防监控系统将需要更多元化与人工智能化的整体解决方案。

智能工业安防系统，运用自身开发算法，接入传统安防系统，即可实现人脸识别、车牌识别、安全帽识别、火焰识别、吸烟行为识别、特定人员轨迹记录、可疑人员识别、老人异常行为识别、课堂专注度识别等，可以低成本把传统安防系统升级为智能安防系统，提高传统安防系统警觉性，大幅降低传统安防系统的运营成本。

4．在电商零售中应用 AI

仓储物流、智能导购和客服（如阿里、京东、亚马逊、每日优鲜）是典型的例子。

目前，电商巨头都在积极应用人工智能技术优化自身电商平台，以此来增加行业竞争力。阿里巴巴、京东以及亚马逊相继推出了智能客服机器人。这里举一个"每日优鲜"的实例，主要介绍人工智能在"智能供应链"上发挥的作用：每日优鲜主要把人工智能用到了前置仓商品的进销存管理方面。每日优鲜在全国有 1 500 个仓，每个仓有将近 3 000 款 SKU[①]，因为大多数商品都是生鲜商品，每日优鲜实行的是城市大仓每天向前置仓补货的方法。这样一来，3 000 乘以 1 500，每天就会产生 400 多万次关于补货的计算。每日优鲜的 AI 补货会根据仓所处的位置和不同时间、不同天气、不同商品属性，甚至不同的营销策略，来做前置仓未来 1~2 周的销量预估，从而计算出各个前置仓需要补货的品类及补货系数。可以说，AI 补货算法每天的 400 多万次计算的准确率，确保了前置仓备货的准确率。目前每日优鲜的商品损耗率控制在了 1%。图 9-15 所示为智能供应流程图。

图 9-15　智能供应流程图

当前，人工智能已经驶入快车道，它对电子商务中的交易、客户维系、客户满意度等方面正在产生越来越大的影响。

5．在个人助理中应用 AI

智能个人助理能够组织和维护信息，包括管理电子邮件、日历事件、文件和待办事项列表。一些自动化个人助理可以根据语音输入或命令执行礼宾类任务或提供信息，而一些智能个人代理可以根据在线信息自动执行管理或数据处理任务，而无须用户启动或交互。

此外，自然语言处理、计算机视觉、语音识别、专家系统以及交叉领域等，都属于个人助理应用范畴。智能个人助理软件是一种应用程序，旨在使用内置的自然语言用户界面帮助人们完成基本任务。智能个人助理根据用户输入的数据帮助回答和响应查询。它们是帮助实时解决问题的机器人，从而提高人类的能力和生产力，如我们常见的"小度"音箱。

6．在医疗健康中应用 AI

人工智能在医疗健康的监测诊断以及智能医疗设备中发挥了重要作用。例如，Enlitic、Intuitive Surgical、碳云智能、精确诊断、降低误诊率、挖掘和管理医疗数据、放射学诊断、诊断严重血液疾病、早期癌症筛查、私人订制护理等。

AI 可以帮助医生做出更精确的诊断并降低误诊率。为改善参差不齐的医生治疗水平，通过 AI 来提高诊断准确率是最受人期待的人工智能应用之一。

7．在自驾领域中应用 AI

智能汽车、公共交通、快递用车、工业应用，如 Google、Uber、特斯拉、亚马逊、奔驰、京东等。

例如，无人驾驶汽车特斯拉（Tesla）继续加大研发全自动驾驶（FSD）的力度，旨在最终依靠视觉并消除

[①] SKU=Stock Keeping Unit(库存量单位)，即库存进出计量的单位，可以件、盒、托盘等为单位。SKU 这是对于大型连锁超市 DC(配送中心)物流管理的一个必要的方法，现在已经被引申为产品统一编号的简称，每种产品均对应有唯一的 SKU 号。

其车辆中的雷达。

特斯拉表示，两只眼睛的人（就像两个摄像头）不能同时控制汽车周围的一切。作为驾驶员，我们会尽力安全驾驶，避免事故。而特斯拉汽车有 8 个摄像头，可以同时看到周围发生的事情，如图 9-16 所示。

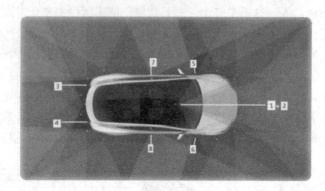

图 9-16　特斯拉（供配有 8 个摄像头）

环绕车身共配有 8 个摄像头，视野范围达 360°，对周围环境的监测距离最远可达 250 米。12 个新版超声波传感器作为整套视觉系统的补充，可探测到柔软或坚硬的物体，传感距离和精确度接近上一代系统的两倍。增强版前置雷达通过发射冗余波长的雷达波，能够穿越雨、雾、灰尘，甚至前车的下方空间进行探测，为视觉系统提供更丰富的数据。这种能力使车辆成为超人，永远不会分心或疲劳，这也意味着它将比人类驾驶员安全得多。各种行业目前正致力于开发自动驾驶汽车，使旅程更安全。

由于篇幅有限，以下用举例的方式来说明未来人类与人工智能和平共处的方法：

例如，人工智能系统，在 20 世纪 90 年代最有代表性的成果就是国际象棋程序 IBM 的深蓝。这个国际象棋程序，在 1997 年 5 月击败了世界冠军卡斯帕罗夫。IBM 深蓝与世界冠军卡斯帕罗夫下棋界面，如图 9-17 所示。

图 9-17　IBM 深蓝与世界冠军卡斯帕罗夫下棋界面

计算机的深蓝程序为什么可以打败人类的象棋大师呢？主要包含 3 个要素：第一个要素是知识和经验，也就是说他分析了人类大师下过的 70 万盘棋局，总结成为下棋的规则，并保存在计算机里。然后又通过大师和机器之间的对弈，调试评价函数中的参数，把大师的经验也保存在程序里。

今天，智能手机运行国际象棋引擎的能力堪比 1997 年 IBM 巨型主机。更重要的是，由于人工智能日趋进步，机器正在自我学习和探索研究国际象棋。

尽管 AI 在各行各业逐步发挥更重要的作用，但也需要人们认识到人工智能的局限性。从而更好地改进 AI，给人类造福。比如，当前的 AI 缺少信息进入"大脑"后的加工、理解和思考等，做的只是相对简单的比对和识别，仅仅停留在 "感知" 阶段，而非"认知"，以感知智能技术为主的 AI 还与人类智能相差甚远。但是，为了构建人工智能（AI）的未来，推动新一代技术进一步发展，还需要对其设定一组目标和期望——到 2025 年，人工智能将会发生质的飞跃，机器也将明显变得更加智能。科技让每一个人生活变得更快捷、高效、美好。

小　结

本单元主要讲述了大数据、云计算及人工智能的基础知识，以及它们的应用领域。每部分内容的介绍以图文并茂的形式展现，使读者直观形象地理解、领会所学知识。下面分四点简单总结大数据、云计算以及人工智能的特点和功能。

① 大数据是重要的战略资源，蕴含着巨大的经济价值，拥有大数据的规模和处理大数据的能力已逐渐成为国家的核心竞争力之一。大数据通常指那些能够在较合理的时间内，规模超过了常用的软件工具能够采集、存储、管理和处理的数据集。大数据的特点可以用 5V 模型来概括，分别是体量巨大、种类繁多、处理速度快、商业价值、真实性。大数据在科学探索、学术研究、政府信息系统、私营部门和企业以及人们的日常生活中起到的作用是显赫的。大数据产生的来源很多，典型的例子有超级科学实验、网络日志、射频识别、传感器网络以及社交网络服务等。大数据处理技术还有很多发展空间。

② 云计算的目的是将计算、服务和应用作为一种公共设施提供给公众，使人们能够像使用水、电、煤气和电话那样使用计算机资源。云计算是一种商业计算模型，它通过服务器集群和网络，使各种应用系统能够根据需要获取计算力、存储空间和信息服务。云计算指的是厂商通过分布式计算和虚拟化技术搭建数据中心或超级计算机，以按需租用方式向技术开发者或者企业客户提供数据存储、分析以及科学计算等服务，比如亚马逊数据仓库出租生意。

③ 人工智能(AI)是创造并运用算法构建动态计算环境来模拟人类智能过程的基础。它与大数据以及云计算密不可分。在近 20 年，AI 已经在我们生活、学习、工作的方方面面产生了巨大的影响。如今，AI 的应用范围在交通、医疗、教育、商业等行业中逐渐延伸并扩大，为未来城市规划、国际交流、数据安全等重要领域奠定了良好的发展基础。

④ 大数据、云计算及人工智能的关系：人工智能（Artificial Intelligence）、大数据（Big Data）和云计算（Cloud Computing）是当前最受关注的技术，业内常常取这三个技术英文名的首字母将其合称为 ABC。

近年来，资本和媒体对这三种技术的热度按时间排序依次为：云计算、大数据和人工智能。事实上，若按照技术出现的时间排序，结果正好相反，人工智能出现最早，大数据其次，云计算则出现得最晚。ABC 示意图如图 9-18 所示。

大数据、云计算以及人工智能有着密切的关系。大数据和人工智能相辅相成，如果人工智能被提供的数据越多，它就会变得更好或更 "聪明"，它能帮助企业和学校更好地了解客户和学生。同时，人工智能功能现在与云计算分层，帮助公司管理数据、寻找信息中的模式和规律、为客户服务、体验和优化工作流程做出了重大贡献。一个大数据公司，积累了大量的数据，会使用一些人工智能的算法提供一些服务；一个人工智能公司，也不可能没有大数据平台支撑。它们之间的关系示意图，如图 9-19 所示。

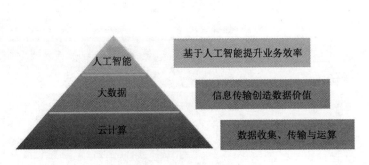

图 9-18　ABC 示意图

图 9-19　云计算、大数据、人工智关系示意图

所以，当云计算、大数据、人工智能这样整合起来，便完成了相遇、相识、相知的过程。

云计算从量变到质变带来前所未有、平民化的计算资源。在进入 21 世纪以来，大数据、云计算以及人工智能的迅猛发展已对人类的日常生活、学习和工作方式产生了翻天覆地的变化，促使人们不断学习、不断提高新计算的发展。同时，也需要注意云计算、大数据和人工智能可能产生的信息安全隐患，真正利用其优势，为人类造福。

习　题

1. 为什么说"大数据"会逐渐成为像水、石油那样的战略资源？怎样看待它的经济价值？讨论一下如何通过大量数据的收集、处理、整合、分析、利用，以便发现新知识、创造新价值、形成大科技、带来大利润、实现大发展。

2. 大数据赖以生存和发展的基础是什么？

3. 举例说明你接触到的云计算有哪些，它们能解决什么问题，有什么弊病，如何保护隐私权。

4. 云计算提供 SaaS、IaaS 和 PaaS 服务，它们之间有何联系？

5. 讨论一下"黑客攻击"、"舆情分析"及"感情分析"，它们在未来社会、未来战争以及人际关系、家庭关系上会起什么作用？

6. 学校会面对大数据的挑战吗？个人会遇到大数据的威胁吗？

7. 什么是人工智能？

8. 人工智能主要研究的应用领域是什么？

9. 在人工智能领域，有些人认为可以通过进一步发展深度学习来实现更高级别的机器智能，而另一些人则认为这需要合并其他基本机制，你认为该如何处理？

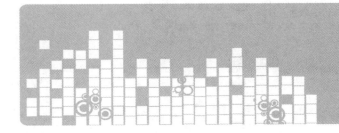

单元 ⑩

信息素养与社会责任

随着信息技术的发展和普及，信息技术与人们的日常工作、学习和生活联系日益紧密，我国计算机用户的规模已经非常庞大。总体来看，目前民众只是简单地被灌输了要"重视信息安全"。很多用户知道要重视信息安全，但并不知道为什么要重视，当然就更不知道如何解决自身面临的信息安全问题。因此，人们在享受着信息技术给自身工作、学习和生活带来便捷的同时，对信息的安全问题也日益关注。如何保障信息的安全存储、传输、使用，如何实现信息的保密性、完整性、可用性、不可否认性和可控性，成为困扰信息技术进一步发展的关键问题之一。当前，信息的安全问题不仅涉及人们的个人隐私安全，而且与国家的金融安全、政治安全、国防安全息息相关，大多数国家已经将信息安全上升到国家战略的高度进行规划和建设。

学习目标

- 了解信息安全的基本概念。
- 了解信息安全的主要技术。
- 掌握 Windows 10 下如何设置病毒扫描和防火墙。
- 了解新的信息技术带来的挑战。
- 能够具备对于以人工智能为代表的新一代信息技术批判性的思考能力。

任务 1　设置 Windows 安全中心

在我国，与信息技术被广泛应用形成鲜明对比的是信息安全问题日益突出。中国互联网络信息中心（CNNIC）的研究表明，虽然多年来我国不断加强信息安全的治理工作，但信息安全问题仍然十分严重，新的信息安全事件不断出现，且迅速向更多网民蔓延，导致信息安全事件的情境日益复杂多样化。信息安全所引起的直接经济损失已达到很大规模，发起信息安全事件的因素已从此前的好奇心理升级为明显的逐利性，经济利益链条已然形成，信息安全事件中所涉及的信息类型、危害类型越来越多，且日益深入涉及网民的隐私，潜在的后果更严重。

任务描述

本任务要求学习掌握在 Windows 10 操作系统中进行安全设置的基本方法。

解决路径

在本任务中，读者将依次了解 Windows 安全中心的开启方法，如何设置不同的病毒扫描模式，如何设置病毒和威胁防护相关的选项以及如何扫描和处理病毒，学习流程如图 10-1 所示。

开启Windows安全中心	设置病毒扫描模式	设置病毒和威胁防护相关选项	扫描和处理病毒

图 10-1　任务 1 的学习步骤

相关知识

1. 信息安全的概念与属性

国际标准化组织（ISO）对信息安全的定义是："在技术上和管理上为数据处理系统建立的安全保护，保护计算机硬件、软件和数据不因偶然的和恶意的原因而遭到破坏、更改和泄露。"

信息安全是一个广泛和抽象的概念。所谓信息安全就是关注信息本身的安全，而不管是否应用了计算机作为信息处理的手段。信息安全的任务是保护信息财产，以防止偶然的或未授权者对信息的恶意泄露、修改和破坏，从而导致信息的不可靠或无法处理等。这样可以使得人们在最大限度地利用信息的同时而不招致损失或使损失最小。

信息安全之所以引起人们的普遍关注，是由于信息安全问题目前已经涉及人们日常生活的各个方面。以网上交易为例，传统的商务运作模式经历了漫长的社会实践，在社会的意识、道德、素质、政策、法规和技术等各个方面都已经非常完善。然而对于电子商务来说则不然，假设作为交易人，无论从事何种形式的电子商务都必须清楚以下事实：你的交易方是谁？信息在传输过程中是否会被篡改（即信息的完整性）？信息在传送途中是否会被外人看到（即信息的保密性）？网上支付后，对方是否会不认账（即不可抵赖性）？等等。因此，无论是商家、银行还是个人，对电子交易安全的担忧都是必然的。电子商务的安全问题已经成为阻碍电子商务发展的"瓶颈"之一，如何改进电子商务的安全现状，让用户不必为安全担心，是推动信息安全技术不断发展的动力。

从消息的层次来看，信息安全的属性包括以下几方面：

① 完整性（Integrity）：指信息在存储或传输的过程中保持未经授权不能改变的特性，即对抗主动攻击，保证数据的一致性，防止数据被非法用户修改和破坏。对信息安全发动攻击的最终目的是破坏信息的完整性。

② 保密性（Confidentiality）：指信息不被泄露给未经授权者的特性，即对抗被动攻击，以保证机密信息不会泄露给非法用户。

③ 不可否认性（Non-Repudiation）：也称为不可抵赖性，即所有参与者都不可能否认或抵赖曾经完成的操作和承诺。发送方不能否认已发送的信息，接收方也不能否认已收到的信息。

从网络层次来看，信息安全的属性包括以下两方面：

① 可用性（Availability）：指信息可被授权者访问并按需求使用的特性，即保证合法用户对信息和资源的使用不会被不合理地拒绝。对可用性的攻击就是阻断信息的合理使用，例如破坏系统的正常运行就属于这种类型的攻击。

② 可控性（Controllability）：指对信息的传播及内容具有控制能力的特性。授权机构可以随时控制信息的机密性，能够对信息实施安全监控。

2. 主要信息安全技术介绍

目前，实现信息安全的主要技术包括：信息加密技术、数字签名技术、身份认证技术、访问控制技术、网络安全技术、反病毒技术和信息安全管理等。

（1）信息加密技术

信息加密是指使有用的信息变为看上去似为无用的乱码，使攻击者无法读懂信息的内容，从而保护信息。信息加密是保障信息安全的最基本、最核心的技术措施和理论基础，它也是现代密码学的主要组成部分。信息加密过程由形形色色的加密算法来具体实施，它以很小的代价提供强大的安全保护。在多数情况下，信息加密是保证信息机密性的唯一方法，据不完全统计，到目前为止，已经公开发表的各种加密算法多达数百种。如果按照收发

双方密钥是否相同来分类，可以将这些加密算法分为对称密码算法和公钥密码算法。在实际应用中，人们通常是将对称密码和公钥密码结合在一起使用，如利用 DES 或者 IDEA 加密信息，采用 RSA 传递会话密钥。如果按照每次加密所处理的比特数来分类，可以将加密算法分为序列密码和分组密码。前者每次只加密一个比特，而后者则先将信息序列分组，每次处理一个组。

（2）数字签名技术

数字签名是保障信息来源的可靠性，防止发送方抵赖的一种有效技术手段。根据数字签名的应用场景和实现方式，目前常见的数字签名包括：不可否认数字签名和群签名等。实现数字签名的基本流程包括两个过程：

① 签名过程：利用签名者的私有信息作为密钥，或对数据单元进行加密，或产生该数据单元的密码校验值。

② 验证过程：利用公开的规程和信息来确定签名是否是利用该签名者的私有信息产生的。

数字签名是在数据单元上附加数据，或对数据单元进行密码变换。通过这一附加数据或密码变换，使数据单元的接收者可以证实数据单元的来源和完整性，同时对数据进行保护。

验证过程是利用了公之于众的规程和信息，但并不能推出签名者的私有信息，即数字签名与日常的手写签名效果一样，可以为仲裁者提供发信者对消息签名的证据，而且能使消息接收者确认消息是否来自合法方。

（3）数据完整性保护技术

数据完整性保护用于防止非法篡改，利用密码理论的完整性保护能够很好地对付非法篡改。完整性的另一用途是提供不可抵赖服务，当信息源的完整性可以被验证却无法模仿时，收到信息的一方可以认定信息的发送者，数字签名就可以提供这种手段。

（4）身份认证技术

身份识别是信息安全的基本机制，通信的双方之间应互相认证对方的身份，以保证赋予正确的操作权力和数据的存取控制。网络也必须认证用户的身份，以保证合法的用户进行正确的操作并进行正确的审计。

目前，常见的身份认证实现方式包括以下 3 种：

① 只有该主体了解的秘密，如口令、密钥。

② 主体携带的物品，如智能卡和令牌卡。

③ 只有该主体具有的独一无二的特征或能力，如指纹、声音、视网膜或签字等。

（5）访问控制技术

访问控制的目的是防止对信息资源的非授权访问和非授权使用信息资源。它允许用户对其常用的信息库进行一定权限的访问，限制随意删除、修改或拷贝信息文件。访问控制技术还可以使系统管理员跟踪用户在网络中的活动，及时发现并拒绝"黑客"的入侵。

访问控制采用最小特权原则：即在给用户分配权限时，根据每个用户的任务特点使其获得完成自身任务的最低权限，不给用户赋予其工作范围之外的任何权力。权利控制和存取控制是主机系统必备的安全手段，系统根据正确的认证，赋予某用户适当的操作权力，使其不能进行越权的操作。该机制一般采用角色管理办法，针对不同的用户，系统需要定义各种角色，然后赋予他们不同的执行权利。Kerberos 存取控制就是访问控制技术的一个代表，它由数据库、验证服务器和票据授权服务器三部分组成。其中，数据库包括用户名称、口令和授权存取的区域；验证服务器验证要存取的人是否有此资格；票据授权服务器在验证之后发给票据允许用户进行存取。

（6）网络安全技术

实现网络安全的技术种类繁多而且还相互联系。这些网络安全技术虽然没有完整统一的理论基础，但是在不同的场合下，为了不同的目的，许多网络安全技术确实能够发挥较好的功能，实现一定的安全目标。

当前主要的网络安全技术包括以下几方面：

① 防火墙技术：它是一种既允许接入外部网络，但同时又能够识别和抵抗非授权访问的安全技术。防火墙扮演的是网络中"交通警察"的角色，指挥网上信息合理有序地安全流动，同时也处理网上的各类"交通事故"。防火墙可分为外部防火墙和内部防火墙，前者在内部网络和外部网络之间建立起一个保护层，从而防止"黑客"的侵袭，其方法是监听和限制所有进出通信，挡住外来非法信息并控制敏感信息泄露；后者将内部网络分隔成多

个局域网，从而限制外部攻击造成的损失。

② VPN 技术：虚拟专用网（Virtual Private Network，VPN）被定义为通过一个公用网络（通常是因特网）建立一个临时的、安全的连接，是一条穿过混乱的公用网络的安全、稳定的隧道。虚拟专用网是对企业内部网的扩展。VPN 的基本原理是：在公共通信网上为需要进行保密通信的通信双方建立虚拟的专用通信通道，并且所有传输数据均经过加密后再在网络中进行传输，这样做可以有效地保证机密数据传输的安全性。在虚拟专用网中，任意两个节点之间的连接并没有传统专用网所需的端到端的物理链路，虚拟的专用网络通过某种公共网络资源动态组成。

③ 入侵检测技术：用于扫描当前网络的活动，监视和记录网络的流量，根据已定义的规则过滤从主机网卡到网线上的流量，提供实时报警。大多数的入侵监测系统可以提供关于网络流量非常详尽的分析。

④ 网络隔离技术：主要是指把两个或两个以上可路由的网络（如 TCP/IP）通过不可路由的协议（如 IPX/SPX、NetBEUI 等）进行数据交换而达到隔离的目的。由于其原理主要是采用了不同的协议，因此通常也叫协议隔离。网络隔离技术的目标是确保把有害的攻击隔离在可信网络之外，在保证可信网络内部信息不外泄的前提下，完成网间数据的安全交换。网络隔离技术是在原有安全技术的基础上发展起来的，它弥补了原有安全技术的不足，突出了自己的优势。

⑤ 安全协议：整个网络系统的安全强度实际上取决于所使用的安全协议的安全性。安全协议的设计和改进有两种方式：一是对现有网络协议（如 TCP/IP）进行修改和补充；二是在网络应用层和传输层之间增加安全子层，如安全协议套接字层（SSL）、安全超文本传输协议（SHTTP）和专用通信协议（PCP）。依据安全协议实现身份鉴别、密钥分配、数据加密、防止信息重传和不可否认等安全机制。

（7）反病毒技术

由于计算机病毒具有传染的泛滥性、病毒侵害的主动性、病毒程序外形检测和病毒行为判定的难以确定性、非法性与隐蔽性、衍生性、衍生体的不等性和可激发性等特性，因此必须花大力气认真加以应对。实际上，计算机病毒研究已经成为计算机安全学的一个极具挑战性的重要课题，作为普通的计算机用户，虽然没有必要去全面研究病毒和防止措施，但是养成"卫生"的工作习惯，并在身边随时配备最新的杀毒工具软件是完全必要的。

任务实施

Windows 10 操作系统中的 Windows Defender 是一款完整的反病毒软件，日常应用中，完全可以使用 Windows Defender 和 Windows 防火墙来保护计算机而不必安装第三方的防护软件。

1. 设置病毒和威胁防护

（1）开启 Windows 安全中心

选择"开始"→"设置"，在"Windows 设置"窗口中，单击"更新和安全"，在左侧选择"Windows 安全中心"，其中集合了"病毒和威胁防护""账户保护""防火墙和网络保护"等方面内容，如图 10-2 所示。

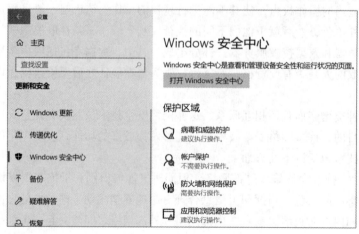

图 10-2 开启"Windows 安全中心"

（2）设置病毒扫描模式

在病毒和威胁防护模块，也就是常用的杀毒模块中，显示病毒扫描历史、文件扫描等。病毒文件扫描方式有4种，默认为快速扫描，单击"扫描选项"会显示更多扫描选项。

① 快速扫描：使用快速扫描 Windows Defender 只会扫描系统关键文件和启动项，扫描速度也是最快的。

② 完全：完全扫描及扫描计算机内的所有文件，扫描速度也是最慢的。

③ 自定义：可以自定义要扫描文件或文件夹，扫描速度取决于自定义扫描文件的数量。

④ Windows Defender 脱机版扫描：由于某些顽固病毒无法在系统正常运行的情况下删除，使用此扫描模式会重启计算机进入 Windows RE 环境进行病毒扫描。推荐在正常方式无法查杀病毒软件的情况下使用该扫描方式。

（3）设置病毒和威胁防护相关选项

在"病毒和威胁防护"窗口中，单击"管理设置"，会显示有关病毒防护的有关选项，可以选择关闭与开启，如图 10-3 所示。

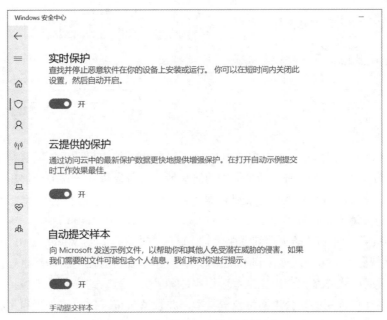

图 10-3 病毒与威胁防护设置

① 实时保护：此处可以选择是否关闭实时保护，如果不安装其他防护软件，强烈建议启用实时保护。

② 基于云的保护：启用云保护之后，Windows Defender 会向微软发送一些潜在的安全问题，以便能获得更好、更快的保护体验。建议启用该功能。

③ 自动提交样本：也就是微软自动保护服务，主要功能是向微软发送检测到的恶意软件信息以便进行分析。建议开启此选项，同时也可以手动通过网页提交样本。

除此之外，在窗口下方，单击"排除项"部分的"添加或删除排除项"链接，打开"排除项"窗口，单击"添加排除项"，可以看到，排除设置中分为文件、文件夹、文件类型、进程4种排除选项，如图10-4所示。如果对计算机某些位置，例如某个文件夹的安全情况有所了解，就可以选择"文件夹"排除选项，在扫描时排除这些位置，以加快扫描速度。如果计算机上有大量的视频文件或图片，可以使用"文件"或"文件类型"排除选项，排除此类文件。Windows Defender 在扫描时也会扫描当前操作系统运行的进程，可以使用"进程"排除选项，排除某些安全的进程来提高扫描速度。排除的进程只能是.exe、.com、.scr 程序创建的进程，手动输入进程的名称即可。

（4）扫描并处理病毒

在"病毒和威胁防护"窗口中，单击"快速扫描"，开始扫描病毒，如果发现威胁，会出现提示，此时用户可以选择所需要的操作，可以直接删除病毒文件，如果尚不能确认其风险，也可以将文件暂时进行隔离，如果确认文件是安全的，则可以选择"允许在设备上"，从而避免将其删除，如图 10-5 所示。

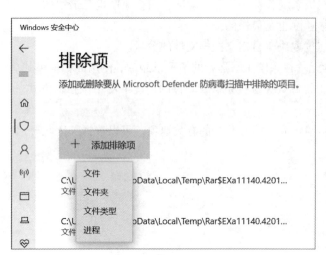

图 10-4 添加排除项

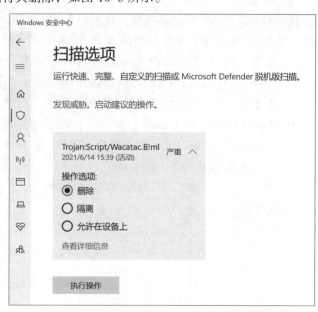

图 10-5 扫描和处理威胁

2. 使用 Windows 防火墙

Windows 防火墙默认处于开启状态，所以安装 Windows 10 操作系统之后，无须安装第三方防火墙软件操作系统就能立即受到保护。Windows 防火墙属于轻量级别的防火墙，对普通用户来说完全够用。但是，对操作系统安全性要求高的专业用户，建议使用专业级别防火墙软件。

（1）认识 Windows 防火墙网络位置类型

在"Windows 安全中心"中单击"防火墙和网络保护"链接，就可以看到 Windows 10 中不同类型的网络位置。

① 公用网络：默认情况下，第一次连接到 Internet 时，操作系统会为任何新的网络连接设置为公用网络位置类型。使用公用网络位置时，操作系统会阻止某些应用程序和服务运行，这样有助于保护计算机免受未经授权的访问。如果计算机的网络连接采用的是公用网络位置类型，并且 Windows 防火墙处于启用状态，则某些应用程序或服务可能会要求用户允许它们通过防火墙进行通信，以便让这些应用程序或服务可以正常工作。例如，网络连接采用的是公用网络位置类型并安装有迅雷，当第一次运行迅雷时，Windows 防火墙会出现安全警报提示框。提示框中会显示所运行的应用程序信息，包括文件名、发布者、路径。如果是可信任的应用程序，单击"允许访问"就可以使该应用程序不受限制地进行网络通信。

② 专用网络：适合于家庭计算机或工作网络环境。由于 Windows 10 操作系统安全性的需求，所有的网络连接都默认设置为公用网络位置类型。用户可以对特定应用程序或服务设置为专用网络位置类型，专用网络防火墙规则通常要比公用网络防火墙规则允许更多的网络活动。

③ 域：此网络位置类型用于域网络（如在企业工作区的网络），仅当检测到域控制器时才应用域网络位置类型。此类型下的防火墙规则最严格，而且这种类型的网络位置由网络管理员控制，因此无法选择或更改。

单击某个网络类型链接，如"公用网络"，在打开的窗口中，可以关闭或者重新开启此类型下的防火墙。

（2）允许程序或功能通过 Windows 防火墙

在 Windows 防火墙中，可以设置特定应用程序或功能通过 Windows 防火墙进行网络通信。在"防火墙和网络保护"窗口下方，选择"允许应用通过防火墙"，在打开的界面中单击"更改设置"按钮，如图 10-6 所示。然后，对应用程序设置其在不同网络类型中是否可以通过防火墙进行通信。如果程序列表中没有所要修改的应用程序，可以单击"允许其他应用"按钮，手动添加应用程序。

应用程序的通信许可规则可以区分网络类型，并支持独立配置，互不影响，所以这对经常更换网络环境的用户来说非常有用。

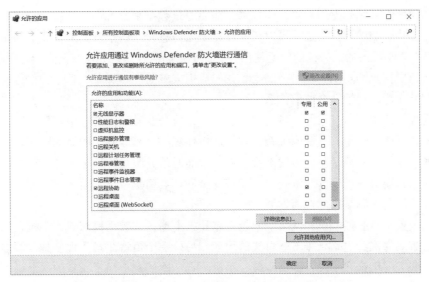

图 10-6　允许应用通过 Windows 防火墙通信

任务 2　了解无人驾驶的责任划分

国内外许多公司都在积极研发无人驾驶技术，如谷歌、百度的无人驾驶汽车均引起了广泛关注。自动驾驶技术的快速发展意味着部分或完全自动驾驶的汽车已经向我们走来，其广泛应用是可行的。关于无人驾驶技术的责任问题，也引起了学者们的普遍关注。

任务描述

本任务要求读者了解以无人驾驶汽车为代表的新一代信息技术可能造成的风险及可能的应对措施。

解决路径

本任务首先对无人驾驶汽车技术可能带来的新的风险进行部分，并提出不同的思考和可能的解决方案，如图 10-7 所示。

图 10-7　任务 2 的学习步骤

相关知识

1. 认识人工智能时代带来的挑战

以人工智能为代表的新一代信息技术的发展深刻影响了世界经济、政治、社会和军事的变革，极大地推动了人类的发展和进步。与此同时，这些技术也给人类社会带来的伦理问题和安全问题也引起了世界范围的关注。

（1）人工智能的岗位替代作用深刻影响着人类的就业安全

人工智能革命对人类就业的冲击，同历史上任何一次技术革命相比，范围更广、层次更深、影响更大。必须面对的事实是，人工智能将要在许多领域就业岗位上替代人类劳动。中国工程院院士邬贺铨表示，人工智能会部分取代现在的就业，49%的劳动人口可能会被取代。人工智能不仅可以替代体力劳动，大量依靠脑力劳动的岗位也会被其取代，这将给人类就业问题带来极大的挑战。

（2）数据泄露和信息泛滥导致对隐私权的侵犯

建立在大数据和深度学习基础上的人工智能技术，需要海量数据来学习训练算法，带来了数据盗用、信息泄露和个人侵害的风险。从人们的数据轨迹中可以获取许多个人信息，这些信息如果被非法利用，将会构成对隐私权的侵犯。此外，用于商业目的的无人机的广泛使用、无处不在的监控系统，在方便人们生活、保障安全的同时，其跟踪、收集、存储特定信息的功能，也对公民隐私权构成极大威胁。

（3）信息伪造和欺诈严重侵蚀社会诚信体系

互联网已经成为人们的主要信息来源，各类网站、自媒体、公众号、微博、微信群、朋友圈，都是信息发布源，可以说真假难辨。互联网传销、互联网金融诈骗、P2P诈骗、众筹诈骗、网络理财诈骗、手段隐蔽、技术含量高、涉众性强，各类互联网犯罪呈高发多发态势。人工智能时代，眼见不一定为实。信息的伪造和欺诈，不仅会侵蚀社会的诚信体系，还会对国家的政治安全、经济安全和社会稳定带来负面影响。

（4）网络沉迷和智能依赖影响人的全面发展

一个相当普遍的现象是，智能手机和网络空间越来越让人上瘾，人被手机绑架，手机利用率之高，令人叹为观止。一些人对网络游戏的痴迷更是到了不能自拔的程度。另外一个值得注意的现象是，智能设备简易、便捷的操作方式，催生了一些人的懒惰和依赖，键盘一敲、手机一点，吃的送上门了，穿的送上门了，用的送上门了，汽车到门口来接了。机器智能了，人类在某些方面的能力却面临退化的危险。

（5）数据质量、算法歧视带来偏见和非中立性

在大数据时代，数据的质量、算法歧视以及人为因素往往会导致偏见和非中立性，如性别歧视、种族歧视以及"有色眼镜"效应。事实上，数据和算法导致的歧视往往具有更大的隐蔽性，更难以发现和消除。例如，凭算法对个人信息的分析，银行就可以拒绝提供贷款，买票时你的优先度就被降低，购物时只能看到低廉的产品。

2．如何构建友好的人工智能

在人工智能受到高度关注的时代背景中，人们需要冷静思考"人工智能究竟应该向何处去"的问题。在人类社会深度科技化的历史背景中，想要阻止人工智能的快速发展几乎是不可能的，更为现实的做法是为人工智能规划合理的发展方向。

（1）政府层面：社会管理制度的发展进步

在大科学时代，政府管理对科技发展发挥着举足轻重的影响。为了建构友好的人工智能，从政府管理层面来看，至少需要重视以下几方面的工作：

① 加大人工智能对社会的影响研究。尽管许多学者都强调人工智能将对人类社会产生深远影响，而且部分影响已经出现，但人工智能对人类产生全面性的影响，可能还需要一段时间，人们还有进行相应准备的余地。政府需要加大对人工智能进行研究的投入力度，组织不同领域的学者联合攻关，从而为政府的科学决策提供强有力的理论支撑。

② 努力实现人工智能时代社会的公平正义。人工智能会提高社会生产率，降低商品成本，使社会大众均可享受智能社会带来的种种益处。但是，人工智能与其他高新技术一样，具有高投入、高收益等特征，人工智能研发的高投入决定了大型企业的主导地位。如何避免人工智能可能产生的社会不公现象是人们普遍关心的问题。

③ 加强对人工智能科技的监管与调控，积极鼓励友好人工智能研究。政府管理人员需要与科技专家合作，共同制定友好人工智能的选择标准与监控机制，加大对友好人工智能研究成果的奖励力度，使科研人员的注意力集中到友好人工智能方面。同时，政府需要对人工智能的应用限度做出明确的规定，就像对克隆技术的限定那样。

（2）技术层面：技术本身的安全性、公正性与人性化

技术本身的安全性、可控性与人性化是实现友好人工智能的关键性内在因素。只有从技术层面实现人们对友好人工智能的预期，尽量减少或避免出现负面效应，才能使公众真正接受人工智能。

首先是人工智能技术的安全性、可控性与稳健性。人们有时会开玩笑似的说，如果人工智能对我们产生了

威胁，就把电源拔掉。这种说法表面上看似乎是可行的，但细究起来似乎并非如此。与此类似的问题是，如果人们感觉互联网构成了威胁而想要去关掉它，那么它的开关在哪里？在智能时代，人工智能必然与互联网结合起来，而人们根本就无法关掉它们。为了防止现实世界中的人工智能系统由于设计缺陷导致的意料之外的、有害的行为，也就是预防人工智能系统的意外事故，目前技术专家至少从以下几方面来保证安全性。首先，避免由于错误的目标函数产生的问题；其次，避免因成本过高而不能经常性评估的目标函数；再次，避免在机器学习过程中出现不良行为。

其次是人工智能算法的公正性与透明性。人工智能主要通过算法进行推理与决策，因此人工智能系统的公正与透明主要体现为算法的公正与透明。目前，人工智能系统如何通过深度学习等手段得出某种结论，其中的具体过程在很大程度上人们不得而知，人工智能的决策过程在相当程度上是一种看不见的"黑箱"。人们很难理解智能系统如何看待这个世界，智能系统也很难向人们进行解释。为了使人工智能系统得到人们的信任，需要了解人工智能究竟在做什么，就像许多学者强调的那样，需要打开"黑箱"，在一定程度上实现人工智能的透明性。由此，才能对人工智能系统产生的问题更好地进行治理。具体可以从以下几方面着手：在一定程度上实现对深度学习过程的监控，解决深度学习的可解释性问题，这方面的工作已经得到了一些科学家的重视；由于深度学习依赖于大量的训练数据，所以对于训练数据的来源、内容需要进行公开，保证训练数据的全面性、多样性；人工智能系统得到的结果如果受到质疑，需要人类工作人员介入，不能完全依赖人工智能系统；在一定程度上保证人工智能从业人员的性别、种族、学术背景等方面的多样性。

（3）公众层面：公众观念的调整与前瞻性准备

作为公众，需要积极应对人工智能对就业的影响。

对于公众来说，最紧要的问题可能是在人工智能等科技的影响下，哪些职业可能消失，哪些职业会有较好的发展前景，从而提前做好相应的准备。

将来对低技能、低薪酬行业的从业者需求量会大量减少，人们需要转向更具创造性和社会技能的工作，如健康护理、教育、法律、艺术、管理以及科学技术等行业。

虽然人工智能科技发展日新月异，但人类与人工智能也存在很大程度上的互补性。在常规的重复性工作方面，人类已经没有任何优势，但在语言表达、情感、艺术、创造性、适应性以及灵活性等方面，人类还是略胜一筹，这种优势在短期内人工智能还难以超越。

对于在校学生与工作时间不长的年轻人而言，需要根据人工智能科技的现状与发展趋势，有针对性地掌握一些与人工智能科技互补的技能，使自己在智能社会的竞争中处于相对有利的位置。

任务实施

1. 无人驾驶汽车自动化程度的划分

2021 年 8 月 20 日，由工业和信息化部提出、全国汽车标准化技术委员会归口的 GB/T 40429—2021《汽车驾驶自动划分级》推荐性国家标准（以下简称：标准）由国家市场监督管理总局、国家标准化管理委员会批准发布（国家标准公告 2021 年第 11 号文），该标准于 2022 年 3 月 1 日起开始实施。该标准规定了汽车驾驶自动化分级遵循的原则、分级要素、各级别定义和技术要求框架，旨在解决我国汽车驾驶自动化分级的规范性问题。

该标准将自动驾驶划分为 0 级至 5 级，共 6 个等级的驾驶自动化。

在汽车驾驶自动化的 6 个等级之中，0～2 级为驾驶辅助，系统辅助人类执行动态驾驶任务，驾驶主体仍为驾驶员；3～5 级为自动驾驶，系统在设计运行条件下代替人类执行动态驾驶任务，当功能激活时，驾驶主体是系统。各级名称及定义如下：

0 级驾驶自动化（应急辅助，Emergency Assistance）系统不能持续执行动态驾驶任务中的车辆横向或纵向运动控制，但具备持续执行动态驾驶任务中的部分目标和事件探测与响应的能力。

1 级驾驶自动化（部分驾驶辅助，Partial Driver Assistance）系统在其设计运行条件下持续地执行动态驾驶任务中的车辆横向或纵向运动控制，且具备与所执行的车辆横向或纵向运动控制相适应的部分目标和事件探测与响应的能力。

2 级驾驶自动化（组合驾驶辅助，Combined Driver Assistance）系统在其设计运行条件下持续地执行动态驾驶任务中的车辆横向和纵向运动控制，且具备与所执行的车辆横向和纵向运动控制相适应的部分目标和事件探测与响应的能力。

3 级驾驶自动化（有条件自动驾驶，Conditionally Automated Driving）系统在其设计运行条件下持续地执行全部动态驾驶任务。

4 级驾驶自动化（高度自动驾驶，Highly Automated Driving）系统在其设计运行条件下持续地执行全部动态驾驶任务并自动执行最小风险策略。

5 级驾驶自动化（完全自动驾驶，Fully Automated Driving）系统在任何可行驶条件下持续地执行全部动态驾驶任务并自动执行最小风险策略。

2．无人驾驶汽车责任划分

无人驾驶汽车的传感、控制等多种技术当然适用于机器人，人们完全可以把无人驾驶汽车看作一个可以自由移动的机器人。

一种意见是，应该让无人驾驶汽车的所有者承担较多的责任。

另一种意见认为，现有的法律系统不能解决无人驾驶引发的事故问题，而应该进行更加系统的分析。也就是说，要对整个系统进行考察，而不是考察事件链中所涉及的每一部分的个体责任。对于无人驾驶汽车来说，系统包括制造商、工程师、驾照管理机构、司机以及外部因素（比如天气）。如果把所有情况当作一个整体来考察，那么就能更容易、更精确地分摊责任和失误，并对受害者的损失进行赔偿。也就是说，与无人驾驶相关的所有方面，均有可能承担相应的责任。

还有些意见认为，由于无人驾驶技术的特殊性，制造商和经销商或许需要承担另外的责任。制造商和经销商不能假定，有驾驶普通汽车驾照的司机没有经过特殊训练就可以驾驶自动汽车。为了安全使用无人驾驶汽车，要求进行专门的训练，制造商和经销商可能被要求提供这种训练，或者提供训练的机会，同时给予训练必需的警告。另外，制造商也有义务及时更新软件，而不是在政府干预的情况下才这样做。

随着汽车自动程度的提高，发生事故的原因会越来越多地源于汽车的性能，越来越少地源于司机的行为。在车与司机之间的责任分配可能会从所有者和司机（他们主要基于过失侵权法而负责），转向销售者和分销商（他们主要根据产品责任法而对产品缺陷负责）。也就是说，汽车的制造商和经销商需要承担更多的责任。

小　结

本单元主要讲述了在互联网时代和正在到来的人工智能时代，人们在享受信息技术带来便利的同时，面临的安全风险和新的技术、伦理乃至法律方面的挑战。作为微软新一代操作系统，Windows 10 提供了更简单和强大的安全防护。此外，以人工智能为代表的新一代信息技术也带来了一些新的隐患和问题，对这些问题，需要进行更多的思考，能够从技术上、法律上防范和解决这些问题。

习　题

1. Windows 10 的病毒扫描模式有哪些？
2. 如何处理 Windows 系统中的病毒？
3. 结合自己的经验，谈谈人工智能技术会带来哪些风险？
4. 无人驾驶汽车导致的交通事故，责任该如何划分？